彩图-1 液力喷头的雾化

U0821163

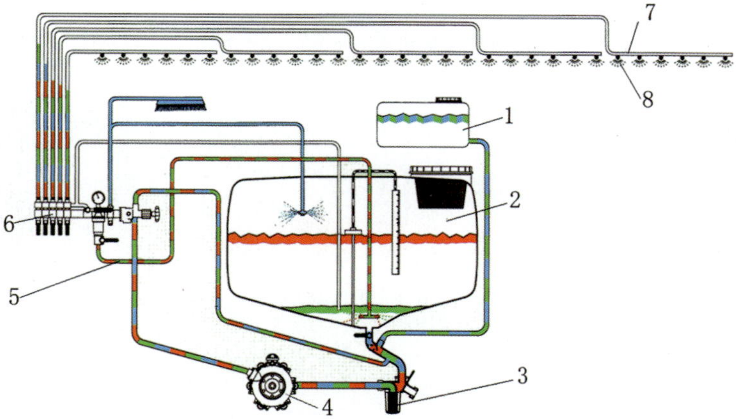

彩图-2 喷杆喷雾机工作原理
1. 清水箱 2. 药液箱 3. 过滤器 4. 液泵 5. 回流搅拌 6. 管路控制部件 7. 喷杆桁架 8. 喷头

彩图-3 FALCON VORTEX HORTI 风幕式喷杆喷雾机

彩图-4 高地隙自走式喷杆喷雾机

彩图-5　手动背负式喷雾机果园作业

彩图-6　机动喷枪果园作业

彩图-7　悬挂式果园喷雾机
1.药箱　2.过滤器　3.液泵　4.喷头　5.风机

彩图-8　牵引式果园喷雾机
1.药箱　2.液泵　3.机架　4.喷头　5.风机

彩图-9　自走式果园喷雾机
1.喷雾控制器　2.自走底盘　3.风机　4.药箱　5.喷头

彩图-10　导流式果园风送喷雾机

彩图-11　射流喷气果园风送喷雾机
1.出风口　2.喷头　3.蛇形风管　4.离心风机

彩图 -12　循环喷雾机
1.防飘罩盖　2.药液回收器

彩图-13　正在准备进行田间作业的果园自动对靶静电喷雾机

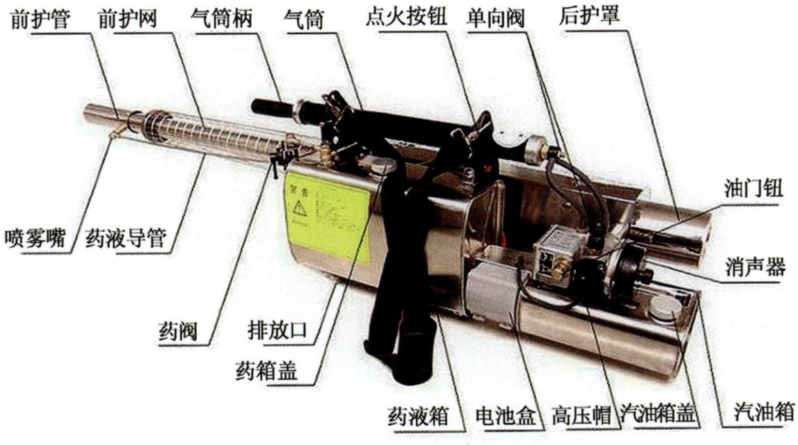

彩图-14　热烟雾机基本组成

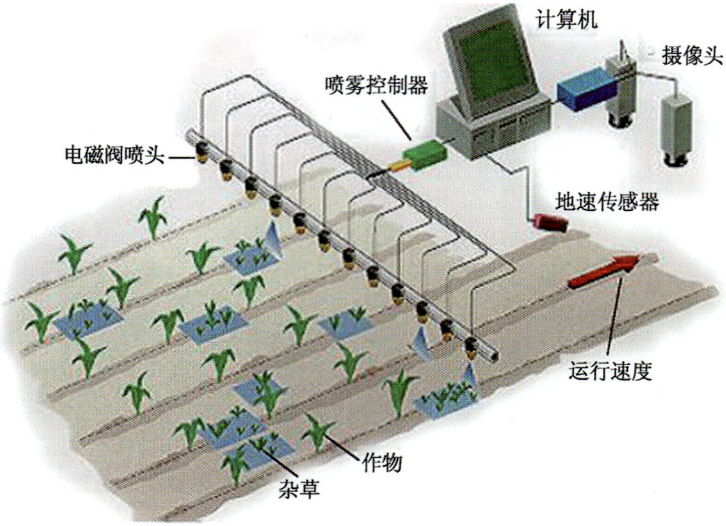

彩图-15　基于机器视觉技术的变量施药系统原理图

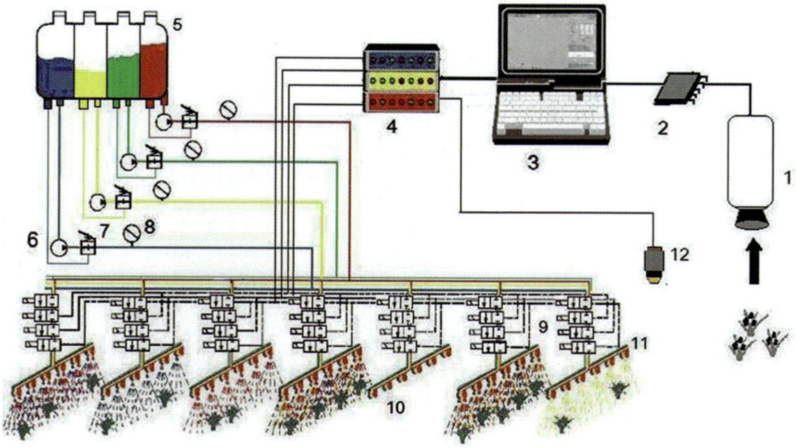

彩图-16　基于机器视觉技术的变量施药系统结构示意图
1.CCD摄像机　2.图像采集卡　3.计算机　4.变量控制器　5.药箱　6.电动隔膜泵
7.调压阀　8.压力表　9.电磁阀　10.喷杆　11.喷头　12.速度传感器

彩图-17　多行作业循环喷雾机

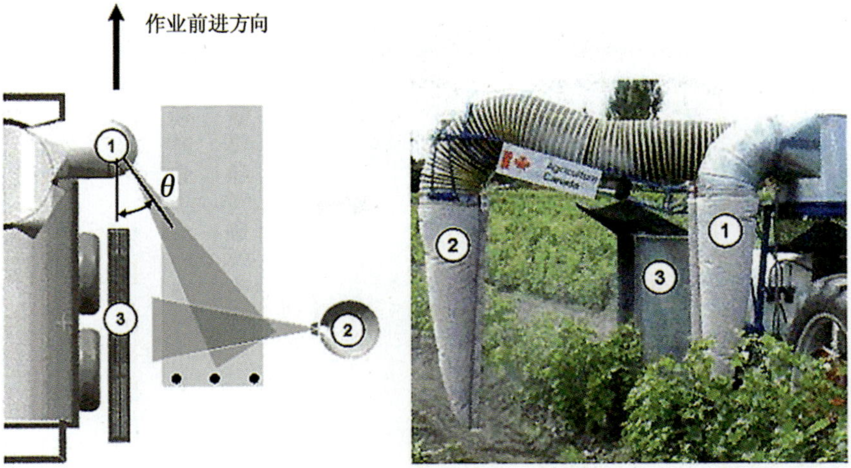

彩图-18 非隧道式循环喷雾机

1. 内侧风囊 2. 外侧风囊 3. 栅格型雾滴拦截装置

彩图-19 ESS大田气力式静电喷杆喷雾机

彩图-20 日本农用无人直升机田间作业

彩图21　电动无人直升机及系统主要组成

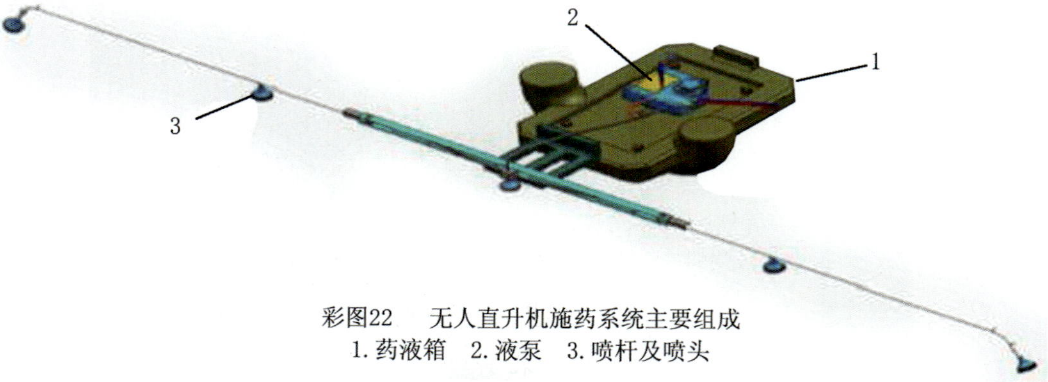

彩图22　无人直升机施药系统主要组成
1. 药液箱　2. 液泵　3. 喷杆及喷头

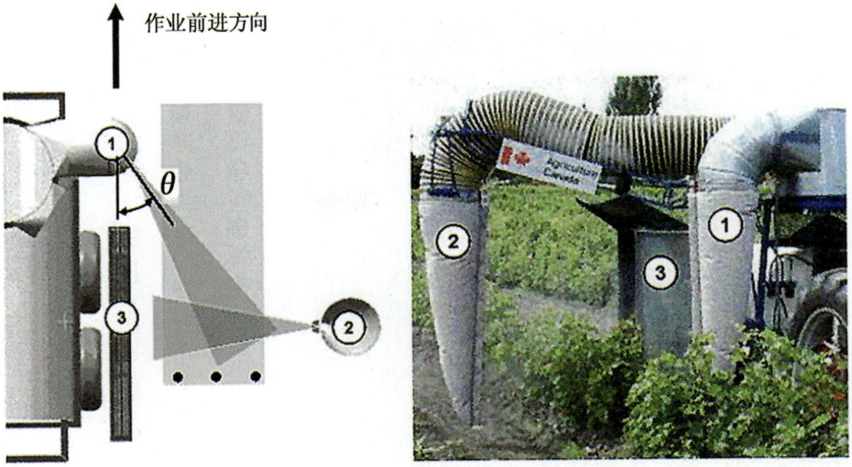

彩图-18　非隧道式循环喷雾机

1. 内侧风囊　2. 外侧风囊　3. 栅格型雾滴拦截装置

彩图-19　ESS大田气力式静电喷杆喷雾机

彩图-20　日本农用无人直升机田间作业

彩图21 电动无人直升机及系统主要组成

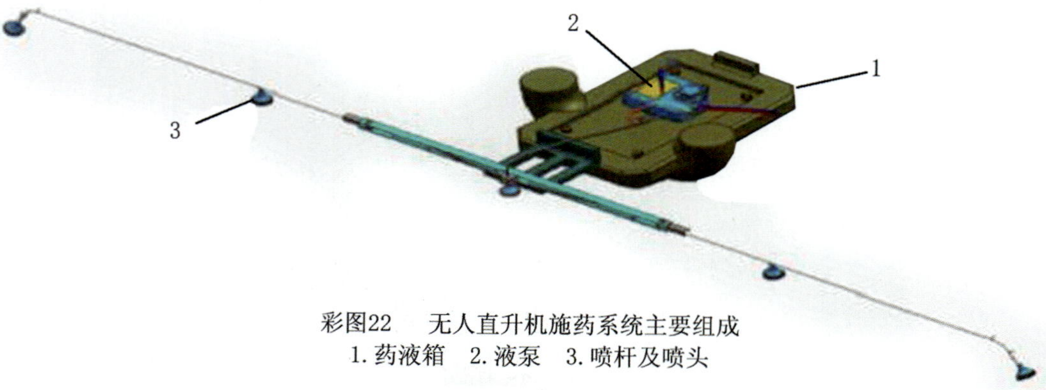

彩图22 无人直升机施药系统主要组成
1. 药液箱 2. 液泵 3. 喷杆及喷头

药械与施药技术

何雄奎　主编

中国农业大学出版社
· 北京 ·

内容提要

本书共分为两篇：第一篇动力机械，主要介绍柴油机、汽油机、拖拉机和电动机；第二篇植保机械与施药技术，介绍典型的植保机械与施药技术，并以提高农药利用率的施药技术为主线，按不同专业作物机械化化学植保过程来讲解植保机械主要工作部件、农药雾化与喷雾方法、农药雾滴的沉积与飘失、喷杆喷雾机、果园喷雾机、自动对靶喷雾机、烟雾机、精准施药技术、循环喷雾技术、防飘喷雾技术、静电喷雾技术、保护地施药设备与施药技术、航空施药设备及施药技术。本书在内容选择和讲述方法方面注重农机与农艺相结合，以植保机械的基本结构、基本工作原理和施药技术方法为重点。

本书可作为高等农业院校农药学、植保、农学、园艺专业植保机械与施药技术课程教材，也可供从事相关专业师生及科研和工程技术人员使用。

图书在版编目(CIP)数据

药械与施药技术/何雄奎主编. —北京：中国农业大学出版社，2012.12(2021.8重印)

ISBN 978-7-5655-0627-7

Ⅰ.①药… Ⅱ.①何… Ⅲ.①植物保护-农业机械②农药施用 Ⅳ.①S49②S48

中国版本图书馆 CIP 数据核字(2012)第 258712 号

书　　名　药械与施药技术

作　　者　何雄奎　主编

策划编辑　刘　聪　孙　勇　　**责任编辑**　洪重光

封面设计　郑　川　　**责任校对**　陈　莹　王晓凤

出版发行　中国农业大学出版社

社　　址　北京市海淀区圆明园西路 2 号　　**邮政编码**　100193

电　　话　发行部 010-62818525,8625　　读者服务部 010-62732336

编辑部 010-62732617,2618　　出　版　部 010-62733440

网　　址　http://www.cau.edu.cn/caup　　**e-mail**　cbsszs@cau.edu.cn

经　　销　新华书店

印　　刷　涿州市星河印刷有限公司

版　　次　2013 年 2 月第 1 版　2021 年 8 月第 2 次印刷

规　　格　787×980　16 开本　17.75 印张　323 千字　彩插 3

定　　价　45.00 元

主　　编　何雄奎

编写人员　（以姓氏拼音为序）

何雄奎　刘亚佳　宋坚利
曾爱军　张　京

前 言

21 世纪前 10 年，我国粮食连年丰收，化学农药为保证我国粮食安全做出了杰出的贡献，其贡献率高达 30%～40%。自 2007 年始，我国农药产量与使用量已居全球第一。但随着农药在农业生产中的广泛应用，农药用量大、施药次数多、操作人员中毒、农产品农药残留超标的情况经常发生，环境污染等负性问题已严重威胁到我国从业人员、食品及环境的安全，造成了不应有的损失以及其他不良后果，引起了从政府政策决策者到普通消费者的高度重视。重要原因之一是我国施药机械与技术落后于当今发达国家数十年，农药有效利用率不足 30%。

20 世纪 50 年代以来，国际上农药施用技术不断改进、完善，大量应用低容量(LV)、超低容量(ULV)、控滴喷雾(CDA)、循环喷雾(RS)、反飘喷雾(AS)等一系列新技术、新机具，施药量大大降低，农药的利用率和工效大幅提高。但我国至今仍沿用市场占有率达 80%的手动喷雾机采用大容量喷雾方法，造成农药大量流失于环境中，既浪费了农药，又污染了环境，同时还产生了农产品的安全问题。

现代农业需要现代化的植保，现代农业发展离不开高效安全的植保机械与施药技术，因植保机械与施药技术涉及农产品安全、操作人员安全与环境安全，许多发达国家将植保机械作为特种产品进行研究、生产、销售与使用，我国也把植保机械作为特种生产资料进行 3C 认证。植保机械与施药技术是高等院校农学、植保、园艺、农药与农业工程等专业的专业基础课程之一。针对这一专业特点，我们在多年教学、科研和生产实践的基础上，编写了这本书。本书突破了长期以来按照植保机械类型分别讲解种类繁多的喷雾作业机具的内容体系，建立了以施药技术体系为主线，按照植保机械与施药技术相结合的生产应用过程讲解各类作业机具的基本结构、基本工作原理和基本使用方法的新体系。同时，编者力求从农业生产的实际出发，反映植保机械与施药技术在科研、生产和应用方面的最新成果，在大量阅读国内外相关书籍与文献基础上，总结作者数十年在本领域的科研成果，以农药雾化与喷雾方法、农药雾滴的沉积与飘失为基础理论，以主要植保机械与关键工作部件为重点，充实了在实现全过程植保机械化生产中的许多新技术和新机具，例如自动对靶喷雾机、循环喷雾机、精准施药技术、循环喷雾技术、防飘喷雾技术、静电喷雾技术、保护地施药设备与施药技术、航空施药设备及施药技术等。新的内容体系把农机与农艺、教学与植保机械化生产更加紧密地结合起来，较好地符合了农科院校学生的特点，具有农业大学植保机械与施药技术教材的特殊性，内容充实，较好地反映了植保机械与施药技术学科的新成果和新发展。由于与农科学生所学专业知识结合紧密，本书实践性和应用性强，能使读者开阔思路，接受得快，理解得深，掌握得牢。

本书由动力机械篇和植保机械与施药技术篇两篇内容组成，其中动力机械篇包括植保机械用内燃机工作原理、柴油机、汽油机、拖拉机和电动机等内容；植保机械与施药技术篇包括植保机械主要类型及特点、植保机械主要工作部件、农药雾化与喷雾方法、农药雾滴的沉积与飘失、喷杆喷雾机、果园喷雾机、自动对靶喷雾机、烟雾机和各种施药技术等内容。重点对近年来研发的新型药械与高效施药技术的各环节进行讨论。编者认为，高效施药技术与机具是实现我国农业生产全程机械化的重要环节，是“公共植保、绿色植保”及“专业化统防统治”的主要组成部分。随着我国社会经济的快速发展，高效施药机械与新型施药技术必将成为实现现代化农业、机械化植保、农业高产高效、农产品安全、环境保护目标的重要技术手段与理论指导。

本书可作为高等农业院校农学、植保、园艺、农药与农业工程等专业植保机械与高效施药技术课程教材，也可供从事相关专业师生及科研和植保工程技术人员使用。

中国农业大学药械与施药技术研究中心的许多教师和研究生参加了本书有关资料的收集和部分章节的编写与讨论，李秉礼先生与吴罗罗先生不辞辛苦审阅了有关章节，并提出了许多有重要意义的建议，曾爱军、刘亚佳、宋坚利、张京等为本书的组织与撰写做了大量的工作，在此一并表示衷心的感谢！

由于作者水平有限，不当之处在所难免，敬请读者指正。

何雄奎

2013 年 1 月

目　录

1 绪 论

1.1 引言

植保机械、农药与施药技术为植物化学保护的三大支柱。植保机械作为施药的工具，是农药发展的产物，至今已有100多年的历史。19世纪中叶，人们开始使用农药防治病虫害，为了将农药均匀分布沉积到靶标上，对液体农药用扫帚或刷子泼洒，粉剂用布包药粉拍打撒施。以后逐渐发展使用如拉管、唧筒等简单的药液喷洒工具(喷雾器前身)和使用皮老虎鼓风分散和吹送药粉。19世纪末罗得曼(Lodemen)设计了空心圆锥雾和20世纪60年代德国人Lechler设计了扇形雾喷头，借助唧筒产生的液体压力将药液分散成细小的雾滴，这就是现代液力式喷雾器的雏形。鼓风机也代替了皮老虎，能够连续地吹送药粉。随着时代的发展，19世纪末，人们开始将汽油机安装在药械上，以机械动力代替人力驱动，机动的植保机械开始有了发展。第二次世界大战后，在工业发展较快的国家，劳动力紧张，要求高的生产效率，在农业生产上逐渐以动力驱动和机引的形式代替了人力，大型机动药械纷纷问世。例如，在美国，利用飞机施药于20世纪20年代即已开始，大发展则在第二次世界大战期间和以后，有大量军用飞机和驾驶人员退役，由于耕种面积大，农业劳动力紧缺，促进了航空植保的迅速发展。20世纪40年代，在美国的大型果园中使用了以风机气流输送药液雾滴的果园风送式喷雾机进行喷雾作业，它比传统的单纯利用液压喷送药液的果园喷枪施药，省人工，省农药，且作业效率大幅度提高。它的应用曾被誉为植保的一次革命。美国、前苏联在郁闭条件下的森林和密闭的温室仓库等处使用了利用增压燃烧法加热处理油剂农药的热烟雾机，能形成极细的雾滴，作业效率很高。前联邦德国的科学家在第二次世界大战后，还根据V—2火箭发动机的原理设计了脉冲式热烟雾机。在20世纪70年代，日本首先开发出适合在温室中使用的常温烟雾机。将高压静电用于加强喷雾、喷粉的沉积效果，虽早在20世纪40年代已有研究，但取得突破性进展和大规模试用还是在70年代以后。70年代末80年代初，计算机控制技术开始用在大型喷雾机上，可以实现按照喷雾机作业的行进速率自动控制喷头喷量。随后，液压技术、光电视觉系统、超声波、现代传感技术、图像处理等先进科学技术也纷纷应用于药械的调控系统。

20 世纪 90 年代，全球卫星定位系统、地理信息系统、遥感技术（3S 技术）开始用在飞机及地面农药喷施机具上。100 多年来，随着中国国民经济的发展和科技进步，人们对施药规律的认识和对施药质量的要求也不断提高，中国的药械从结构简单、品种单一发展至今，已能适应于各种作业的质量要求，除喷雾、喷粉外，还开发出冷、热雾，撒粒，涂抹，熏蒸，拌种，土壤消毒，树干注射，静电喷雾，自动对靶喷雾，图像处理喷雾等药械，且各种类型都各成系列，成龙配套。现代高科技成果也更加快速地运用到药械产品的设计制造和田间作业上。

1.2 植保机械与施药技术的功用与特点

1.2.1 植保机械功用

目前使用的植保机械，其功用早已超出了仅防治病虫害的范围，它的功用表现在以下诸多方面：

①喷施杀虫剂、杀菌剂用以防治植物虫害、病害；

②喷施化学除草剂用以防治杂草；

③喷施病原体及细菌等生物制剂用以防治植物病害；

④喷施液体肥料进行叶面追肥；

⑤喷施生长调节剂、花果减疏剂促进果实的正常生长与成熟；

⑥撒布人工培养的天敌昆虫进行植物病虫害的生物防治；

⑦对病、虫、草、兽、鸟等施以射线、光波、电磁波、超声波、高压电以及火焰、声响等物理能量，达到控制、驱赶或灭除的目的；

⑧对植物种子进行药剂消毒及包衣处理，用以防治播种后的病虫害；

⑨喷施落叶剂或将作物进行适当处理以便于机械收获；

⑩将农药施于翻整过的地面或注入地下，进行土壤消毒用以防治杂草及地下害虫等。

1.2.2 施药技术特点

施药技术必须充分发挥农药效用和植保机械的性能。农药与药械的关系就像弹药与枪支的关系，而施药技术则是如何学会用枪，瞄准打死敌人的关系。使用时，必然有人参与和操纵。人参与的素质水平直接影响到施药的效果。操作人员在对所用农药的性质（甚至包括农药的物理化学特性、毒理）、药械的性能、操作特点和施药对象（靶标）了解透彻的基础上，根据施药的实际情况，参照施药的环境

(含气象因子)和所掌握的农药雾滴或粉粒在不同条件下运动沉积规律的知识,来选择和使用农药和药械,做到充分发挥农药的效用和药械的性能。这样就可以做到防治效果良好并节省农药,作业效率高和避免或减少植物化学保护对环境的负面影响。所以施药也是个系统工程问题。综合运用上述知识和规律进行施药,这就是施药技术的内涵,也可以叫施药工程。它体现出了人主观能动性的发挥,所以有很大的潜力。施药技术的研究也就是探索上述诸多因素在施药过程中的行为、规律和相互间的关系,以及新的施药方法,并为研制新型药械提供理论依据。随着国民经济的发展、科技的进步,农药和药械的发展是永不停顿的。使用经验的积累,对施药诸多因素行为规律和关系的认识的加深,施药技术就会不断提高。同时施药技术的发展,也反过来促进农药和药械的发展,如 CDA 法促进了转盘式喷雾器的改进。因此,施药技术、农药和植保机械是植物化学保护的三大支柱。

1.3 中国植保机械与施药技术发展现状及问题

我国是一个农业大国,幅员辽阔,地形、气候各不相同,种植的农作物种类繁多,对其危害的病虫草鼠害种类也不相同,受到危害的程度也不尽相同,但是都很严重。我国目前每年化学药剂的产量和使用量都在 100 万 t 左右,每年有上万吨的化学药液流失到非靶标环境中,造成严重的环境污染,因此我国植保机械和施药技术的发展直接影响着我国农作物病虫害的防治效果及我国生态环境的好坏。

我国植保机械和施药技术的开发可追溯到 20 世纪 30 年代,新中国成立后,我国植保机械行业得到了快速发展,为防治农作物病虫害,实现粮棉、油料、水果等作物的高产稳产做出了积极贡献。近年来,随着我国农业机械化的快速发展,我国植保机械化也有了很大的进步,机动植保机械保有量大幅增长,植保机械的性能不断改善,机动植保机械化作业面积不断扩大,高效植保机械化技术得到推广应用,为促进农业抗灾夺丰收做出了重要贡献。但是从总体上来说,我国植保机械性能和施药技术水平落后,无法满足当今农业生产和环境保护要求。

现阶段我国植保机械仍以背负式手动喷雾器和背负式机动弥雾机为主,主导产品的技术水平至少落后于发达国家 20~30 年。近几年有些单位开发了一些性能较好的高效施药机械,但由于成本高等原因,目前仍只是少量销售。此外,我国的科研工作者在低量施药和雾滴的防飘方面也做了大量工作。我国很早就开始了静电喷雾技术的研究,但由于经费和技术方面的原因,至今没有推出成熟产品。“九五”期间,我国还研制了系列低量喷头和 24 m 风幕式喷杆喷雾机,但由于经济水平的限制,除销售一些喷头外,风幕喷杆喷雾机目前仍处于样机阶段。农业部调查结果表明，目前我国的植保机械生产厂家有200多家，年产量虽然长期保持在600万～1 000万台，社会保有量稳定在1.25亿台以上，但品种很少，仅有20多个品种，80多个型号，主要机型是手动喷雾器，其社会保有量达1.1亿台，防治面积达60%～70%；而背负式机动喷雾喷粉机，保有量500万台，防治面积占15%～20%，大型喷杆喷雾机(药箱250 L以上)40万台。这些喷雾器大部分产品结构简单，防治功效低，其中80%左右处于发达国家20世纪五六十年代的水平，尤其是各种手动喷雾器存在严重的"跑、冒、滴、漏"现象，每台机器在每年的使用过程中平均出现故障6次以上。相比国际上一些发达国家的植保机械已由"机械化＋电子化"向"精准、精量化"发展，我国仍处于植保机械化的初级阶段，主要表现在以下方面。

1. 产品结构单一，专业化、系列化程度低

目前国内植保机械种类较少，植保机具及喷洒部件落后、型号品种单一，基本上以手动和小型机具为主，不能满足不同作物、不同病虫害防治的需要。此外，专用植保机械还没有发展起来，大多利用同一种机具进行多种不同的施药作业，尤其是这些器械所使用的喷头只有少量几种，无法满足农作物病虫害防治对施药器械多样化的需求。造成农药用量过大、农药浪费、农产品中农药残留超标、环境污染、作物药害、操作者中毒等问题。

2. 高新技术应用少，产品技术水平低

现代微电子技术、仪器与控制技术、信息技术等许多高新技术现已在发达国家植保机械产品中广泛地应用，并朝着智能化、光机电一体化方向快速发展，以实现病虫害防治作业的高效率、高质量、低成本和保障操作者的舒适性和安全性。然而，目前我国植保机械产品结构简单、技术陈旧、科技含量低。现有喷雾机及喷洒部件不适合现代多元农药科学使用的要求，针对圆锥雾喷头不能均匀喷施农药的缺点，20世纪60年代一些发达国家已在除草剂、生长调节剂等喷洒方面用扇形喷头代替了圆锥雾喷头，开发出了防止农药飘失的反飘(AD喷头)和几乎无飘失(ID喷头)的喷头及其他各种专用扇形雾喷头，并将能实现均匀喷雾的扇形雾喷头应用于杀虫、杀菌剂的喷施。目前我国90%以上的喷雾器使用的还是圆锥雾喷头。近几年来，虽然化学除草发展很快，但由于没有与之配套、质量好的扇形喷头，使除草效果大大降低，单位面积上使用的除草剂剂量增加，飘失的除草剂还造成周围敏感作物的药害。而发达国家植保机械研制开发中广泛采用的低容量宽喷幅喷洒、全密封自动混药、宽喷幅风送防飘移、机器视觉技术、静电喷雾技术、自动对靶喷雾技术、GPS和GIS技术等高新技术在国内植保机械中很少得到应用，由此导致了国内植保机械主导产品的技术水平只有发达国家20世纪六七十年代的水平，也仅有少数产品达到国际20世纪80年代末90年代初水平。

3. 行业技术标准不健全,产品质量和使用监控体系不完善

我国从1985年开始实行国家植保机械检测中心监督抽检制度,但没有实行市场准入制度,市场监督和使用管理跟不上。同时,近几年植保机械实行了3C认证制度,本可以限制和约束一些企业及其产品,但实际上也没有达到预期的目的。一方面,现在农业植保部门管理应用和推广,农机部门管理检测、认证,质检部门管理质量抽查,没有形成权威机构和合力,缺乏统一、有效的监管和处罚机制,市场秩序不规范;另一方面,国内对植保机械产品监控力度不够,缺乏严格市场管理,致使许多假冒伪劣产品充斥市场,不仅严重干扰了我国植保机械的正常市场秩序,而且还损害了广大农民切身利益和人身安全。

4. 施药技术落后,农药利用率低,农药和施药器械的研究缺乏有机结合

农药的科学使用涉及农药制剂、喷洒机具、施药方法、生物行为、毒理学、气象学以及环境科学等许多方面的高度综合性的应用工艺学。防治水平的提高依赖于施药机具和技术的发展,机械施药技术的先进与否对农药在农作物的沉积率,农药施用量和利用率,对操作人员的危害以及对环境的污染上有着重要影响。20世纪50年代以来,国际上农药使用技术不断改进、完善,为了减少环境污染,大量应用低容量(LV)、超低容量(ULV)、控滴喷雾(CDA)、循环喷雾(RS)、防飘喷雾(AD)等一系列新技术、新机具,施药量大大降低,农药的利用效率和工效大幅度提高。但在我国至今仍沿用50年代的大容量淋雨式喷雾法,甚至还推行"水唧筒"、"喷雨"、"泼浇"等土方法。由于施药技术落后,致使大量喷洒的农药不到位或不均匀,其有效利用率只有20%~30%左右,药剂不能充分地发挥作用,造成了大量农药的浪费和环境水土资源污染。实际上,水在农药喷洒过程中主要起"载体"的作用,即把药剂均匀地分散并运载到靶标生物体上。研究表明,采用低容量喷雾技术喷施除草剂,施药液量为60 L/hm^2,只是常规施药液量的1/10,却能够取得同样的防治效果。

5. 缺乏完整和系统的机械施药技术规范与培训

当今许多发达国家对于农药的使用以及废弃的农药和使用过的农药容器的安全处理都有详细且明确的规定,施药人员必须经过专业培训后,持证上岗。目前,国内机械施药还没有形成一套完整的技术规范,农民未得到相应规范的施药方法的指导与培训教育,一般根据农药使用手册中规定农田面积确定药液的数量或根据经验进行喷施,这与现代施药技术所要求的根据农作物不同的发育阶段和病虫害种群密度来选择施药机械种类、农药剂型和喷雾方法相差很多。由此带来了农药利用率低,防治功效低,病虫害防治效果差,作物药害,操作者中毒和污染环境等一系列问题。据统计,目前我国平均每公顷的用药量是以色列、日本的1/8~1/4,

美国和德国的1/2,但农产品残留却是他们的数倍,甚至数十倍,同时农药有效利用率最高不足30%,流失量却高达60%~70%。

1.4 国外植保机械与施药技术的发展趋势

国外植保机械行业属于“特殊农业机械”,发达国家的植保机械产品已开始走专业化的道路,开发和大量使用各种专用喷雾机,适应各种防治作业的需要。目前发达国家的植保机械以大、中型喷雾机为主(自走、牵引和悬挂),朝着特大型自走式方向发展(喷幅38~62 m,药箱5~10 t,欧美国家目前最大的农业机械是植保机械),智能化、航空化,并采用了大量的先进技术。大型喷雾机上,用液压机构控制喷杆的工作姿态定位、平衡与稳定,采用电子技术和电脑对作业速度、作业面积、喷雾压力、喷雾量等进行监测和自动调整,提高了作业效率和准确性。各种大型植保机械都是机、电、液一体化的复杂系统,设备齐全,工作可靠,操作方便,作业安全,以提高设备的可靠性、安全性及方便性,同时满足越来越高的环保要求,实现了低喷量、精喷洒、少污染、高工效、高防效。其植保机械的研究开发重点集中在提高机具工作效率和农药的有效利用率,以及减少农药对环境污染和对人体危害;为特定作物和特定种植制度提供特定的施药机械;提高植保机械的自动化水平。

目前国外植保机械与施药技术具有以下发展趋势。

1. 发展超低容量喷雾技术

如减少单位面积上施液量或将作物置于防治特定环境下施药,以提高防治效果。除了使用低量高效的农药外,还开发了系列低量喷头,供不同的作业对象、气候情况等选用,以最少的农药达到最佳防治效果。

2. 风送系统、自动控制系统等多功能系统仍将具有广阔的发展前景

风送系统、自动控制系统在宽幅或快自走式、牵引式大中型机械中将被进一步应用。在施药过程中,控制雾滴的飘移、提高药液的附着率是减少农药流失、降低对土壤及环境污染的一个重要措施。国外在这方面采用了多项技术,如采用防飘喷头、风幕技术、静电喷雾技术及雾滴回收技术等。

3. 进一步发展精准施药技术

如自动对靶喷雾、静电喷雾、控滴喷雾、气流辅助施药、微电脑控制光电自动选择靶标针对性喷雾及卫星定位系统等精准施药技术。

4. 提高植保机械的安全性

继续发展并完善自动混药和农药定量注入系统,采用无人操作技术,积极发展小型航空植保技术等。在施药过程中,药液对人体造成的危害主要来自加药和清洗过程人体与药液的接触。

5. 广泛采用机电液一体化自动控制技术,提高操作的方便性,减小劳动强度

电子显示和控制系统已成为大中型植保机械不可缺少的部分。自走式喷雾机所配电子系统较复杂,功能也较全,牵引或悬挂式机型所配的相对简单些。电子控制系统一般可以显示机组前进速度、喷杆倾斜度、喷量、压力、喷洒面积和药箱药液量等。

在大型植保机械,尤其是自走式喷杆喷雾机上采用全液压系统,如转向、制动、行走、加压泵等都由液压驱动,不仅使整机结构大为简化,也使传动系统的可靠性大大增加。

6. 发展生物防治技术

利用害虫天敌、生物间的寄生关系或抗生关系防治病虫害;开发物理和机械防治技术,利用物理方法和工具来消灭害虫。目前国外发达国家积极开展生物防治技术研究,不断提高天敌繁殖及天敌释放的机械化水平;生物农药的品种也愈来愈多,喷洒药械趋于成熟,生防面积逐步加大。

7. 农药回收循环喷雾技术

德国在植保机械上设置农药循环回收装置,利用截流系统或气流负压等技术将靶标外的雾滴回收,然后再循环回药箱,农药利用率高达85%,大大减少了对环境与作业人员的风险,提高了农产品的安全性。

第一篇

动力机械

在植保机械作业中常用的动力机械包括内燃机(柴油机与汽油机)、电动机和拖拉机。动力机械在实现我国农业、工业、国防和科学技术现代化的过程中担负着重要使命。仅以农业生产为例,内燃机不仅用作拖拉机、汽车的发动机、自走机械的动力,而且还能直接驱动多种农业机械进行固定作业。电动机是一种固定的动力机械,而拖拉机则是一种移动式的动力机械,其用途广泛,它们与植保机械配套可完成许多作物的田间施药喷雾作业。

2 内燃机工作原理

2.1 概述

将某种形式的能量转变为机械能的机器统称为发动机。如常见的热力、风力、水力、电力、太阳能、原子能发动机等。发动机按其能量转换形式可分成外燃机和内燃机。如蒸汽机、汽轮机、热气机等属于外燃机;而内燃机是将燃料引入气缸内部燃烧,再经过燃烧膨胀,推动活塞、曲柄连杆机构,从而输出机械功的热力发动机,能量的转化都在气缸内部进行。内燃机的应用范围极其广泛,交通运输、工程机械、农业机械、矿山、石油、发电、船舶等国民经济重要部门与军用领域所需动力,绝大多数来自内燃机。

2.1.1 内燃机的主要分类

内燃机的种类很多,常见的分类方法有:按所用燃料不同,分为柴油机、汽油机及其他代用的液体、气体燃料的内燃机。按着火方式不同,分为点燃式和压燃式。按完成一个工作循环的行程数不同,分为四行程和二行程内燃机。按气缸数不同,分为单缸、双缸和多缸内燃机。按气缸布置不同,分为立式、卧式、V 型、对置式和星型等多缸内燃机。按冷却方式不同,有水冷式和风冷式。按用途不同,分为农用、车用、船用、固定动力用和发电用内燃机。本书主要介绍农用往复活塞式内燃机。

2.1.2 内燃机的系列及型号

1. 内燃机的系列

为提高标准化、通用化、系列化(“三化”)程度,减少机型、统一规格、简化生产和维修、降低生产成本,国家按气缸直径不同将内燃机分为几个系列。在同一系列中包括单缸和多缸机。例如 95 系列柴油机有 195、295、395、495、695 等型号。这样的产品系列,可以满足生产上从几千瓦到几百千瓦发动机的不同用途的要求。

2. 内燃机的型号

为表明内燃机的类型、结构、特征、用途、系列以及换代情况,我国颁布了内燃机名称和型号编制国家标准(GB/T 725—2008)。内燃机型号由阿拉伯数字和汉语拼音文字的首位字母组成，型号由首部、中部和尾部 3 部分组成。

首部：缸数符号，用数字表示。

中部：机型系列代号，由行程符号和缸径符号两部分组成。有 E 表示二行程，没有 E 表示四行程；缸径符号用气缸直径的毫米数表示。

尾部：机器特征符号或变型符号。变型符号表示该机型经过改型后，在结构和性能上发生变化，一般用数字表示顺序。特征符号表示内燃机的主要用途和不同结构特点，用汉语拼音字母表示，常用符号如下：Q—汽车用，T—拖拉机用，C—船用，F—风冷（没有 F 表示水冷）。举例如下。

495 型柴油机：表示四缸、四行程、缸径 95 mm 的水冷式柴油机。

1E40F 汽油机：表示为单缸、二行程、缸径 40 mm 的风冷式汽油机。

4125T 柴油机：表示四缸、四行程、缸径为 125 mm、水冷式拖拉机用柴油机。

6135C—1 柴油机：表示六缸、四行程、缸径 135 mm、水冷式船用柴油机，第一种变型产品。

有些内燃机在其型号前增加了企业代号，如：CA 为长春第一汽车制造厂(CA6102)，EQ 为中国第二汽车制造厂，BN 为北京内燃机总厂等。

2.2 内燃机的工作原理

在内燃机圆筒形的气缸中装有活塞，活塞通过活塞销与连杆小端铰接，连杆大端与曲轴铰接。曲轴末端固定有飞轮，如图 2-1 所示。气缸上端面用气缸盖密闭。气缸盖上装有进气门、排气门及喷油器或火花塞。当活塞在气缸内作往复运动时，通过连杆推动曲轴旋转。相反，当曲轴旋转时，通过连杆的推动也能使活塞在气缸内作往复运动。曲轴旋转一周，活塞上、下运动一次。

2.2.1 基本术语和概念

(1)*上、下止点* 也称上、下死点。表示活塞在气缸中运动的两个极限位置。活塞离曲轴中心最远时，活塞顶所在的位置为上止点；活塞离曲轴中心最近时，活塞顶所在的位置为下止点。

(2)*活塞行程* 也称冲程。活塞上、下止点之间的距离称为活塞行程，常用 S 表示。对于图 2-1 所示的中心曲柄连杆机构，活塞每经过一个行程，相应的曲轴转过 180°，当以 R 表示曲轴半径时，则 $S=2R$，即活塞行程为曲柄半径的 2 倍。

(3)*燃烧室容积* 活塞位于上止点时，活塞顶部与气缸盖之间的空间称为燃烧室容积，常用 V_c 表示。

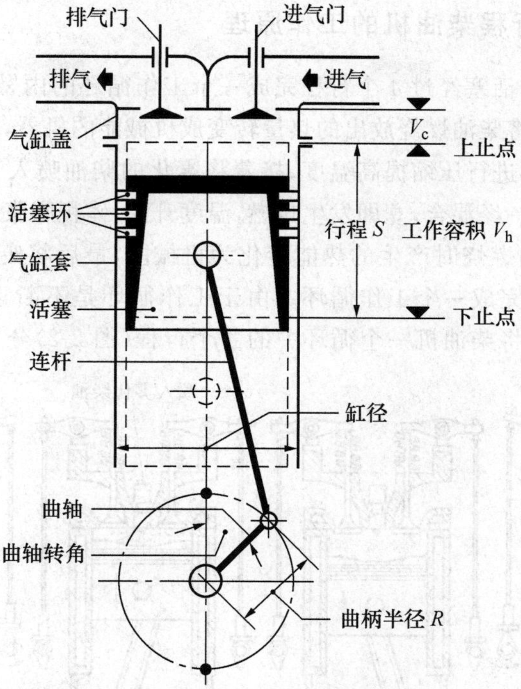

图 2-1　单缸发动机结构简图

(4)气缸工作容积　活塞上止点与下止点之间气缸容积称为气缸的工作容积，常用 V_h 表示。内燃机各缸工作容积的总和称为内燃机的排量，单位为升(L)。

(5)气缸总容积　活塞位于下止点时，活塞顶部上方的容积称为气缸的总容积。常用 V_a 表示。气缸总容积为气缸工作容积与燃烧室容积的和。即：

$$V_a = V_c + V_h$$

(6)压缩比　气缸总容积与燃烧室容积之比，常用 ε 表示。

$$\varepsilon = V_a / V_c$$

压缩比表示气体在气缸内被压缩的程度。压缩比越大，表示气体在气缸中被压缩得越厉害，它对内燃机的性能指标有重要影响。柴油机的压缩比一般为 16～22，汽油机的压缩比一般为 5～9，轿车汽油机有的可达到 11。增加压缩比可提高内燃机循环热效率。

内燃机工作时气缸内能量的转化需要经历进气、压缩、燃烧做功和排气 4 个过程。内燃机每完成这 4 个过程一次，就叫一个工作循环。根据完成一个工作循环活塞所经过的行程数，内燃机又可分为二行程和四行程 2 种。

2.2.2　单缸四行程柴油机的工作原理

曲轴旋转两圈,活塞经过 4 个行程完成一个工作循环的内燃机称为四行程内燃机。柴油发动机是将柴油燃烧放出的热量转变成机械能的机器,工作时,首先将干净的空气吸入气缸,再进行压缩提高温度,接着将雾化的柴油喷入气缸,雾化的柴油与被压缩的高温空气一经混合,立即发生自燃,温度升高,体积膨胀,产生很高的压力推动活塞做功,把柴油燃烧时产生的热能转化为机械能,最后将废气排出气缸。这样每经过 4 个行程就完成一个工作循环。由于工作循环是不断重复的,因而动力也是连续不断的。现将柴油机一个循环中的 4 个行程(图 2-2)分别叙述如下:

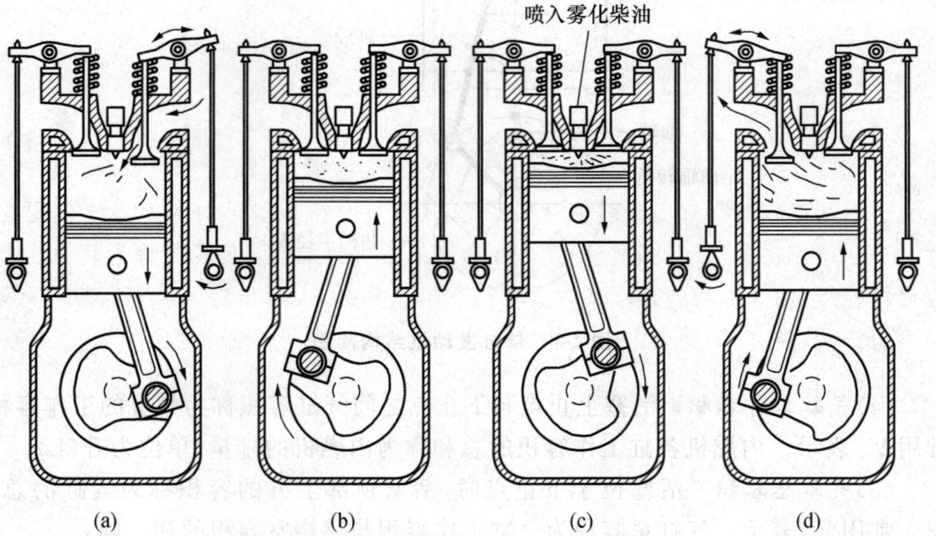

图 2-2　单缸柴油机工作过程

(a)进气行程　(b)压缩行程　(c)做功行程　(d)排气行程

(1)进气行程(图 2-2(a))　活塞从上止点向下止点运动,活塞顶上气缸容积增大使气缸内形成低压。此时进气门打开,排气门关闭,经过滤清的新鲜空气被吸入气缸。活塞到达下止点时,进气行程结束,进气门关闭。这时气缸内的气体压力为 0.085～0.095 MPa,温度可达 300～340 K(新鲜空气加残余废气)。

(2)压缩行程(图 2-2(b))　活塞从下止点向上止点运动,此时进、排气门均关闭,气缸内的气体受到压缩,温度和压力均不断上升。活塞到达上止点时气缸内的空气被压缩到最小的体积,压缩行程结束。这时气缸内的气体压力一般为 3～5 MPa,温度为 750～950 K,比该状态下柴油的自燃温度高出 200～300 K,为柴油喷入气缸后的迅速燃烧创造了良好的条件。

(3)做功行程(图 2-2(c))　压缩行程接近终了,活塞到达上止点之前,喷油器将柴油以雾状喷入气缸(喷油提前角为 10°～35°曲轴转角),被喷入气缸内的柴油与高温、高压的空气迅速混合,自行着火燃烧,放出大量热能,此时,进、排气门仍然关闭着。汽缸中的气体温度和压力急剧上升。压力达到 6～9 MPa,温度达到 1 900～2 300 K,高温高压的气体推动活塞迅速从上止点向下止点运动,从而推动曲轴旋转。这样混合气的燃烧膨胀,就转换成了活塞和曲轴的机械运动,活塞到达下止点时,做功行程结束,此时气缸内的气体压力降到 0.2～0.4 MPa,温度降到 1 000～1 400 K。

(4)排气行程(图 2-2(d))　由于惯性作用,曲轴继续旋转,推动活塞由下止点向上止点运动,这时排气门打开,而进气门仍然关闭,废气在自身压力和活塞的推动下,经排气门排出,活塞到达上止点时,排气行程结束。此时气缸内的废气温度为 700～900 K,压力为 0.105～0.125 MPa。

排气终了,排气门关闭,活塞经过了 4 个行程,完成了一个工作循环。排气行程结束后,曲轴依靠飞轮转动的惯性仍继续旋转,上述各行程又重复进行。在 4 个行程中只有做功行程是活塞带动曲轴对外做功,其他 3 个行程都是由曲柄连杆机构的惯性带动活塞作辅助运动。但它们又是互相联系不可分割的。做功行程为其他 3 个行程提供能量,而 3 个辅助行程又为做功行程准备条件。所以,这 4 个行程缺一不可,而且工作次序不能颠倒。由于柴油机是压缩燃烧的,所以又被称为压燃式发动机。

2.2.3　单缸四行程汽油机的工作原理

在汽车上广泛采用的四行程汽油机是将汽油燃烧的热能转变成机械能的机器。四行程汽油机的工作原理与上述柴油机工作原理基本类似,每一个工作循环同样包括进气、压缩、做功和排气 4 个行程。其工作过程与四行程柴油机的差别在于可燃混合气的形成和着火方式(图 2-3):

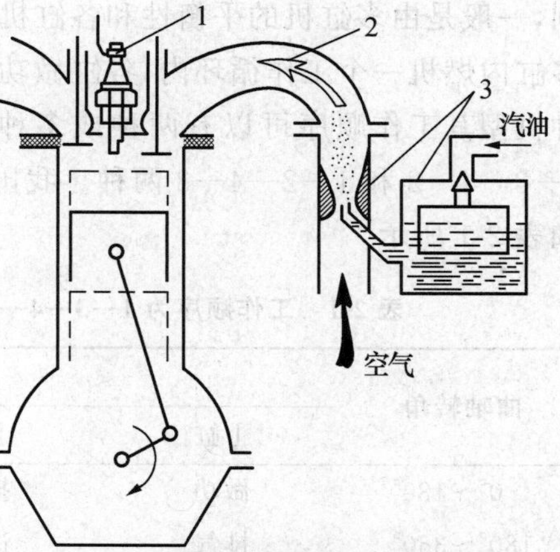

图 2-3　单缸四行程汽油机简图

1—火花塞　2—可燃混合气
3—汽化器

①进气行程时,进入气缸的气体不是纯空气,而是空气与汽油经汽化器(或称化油器)混合后的新鲜可燃混合气。

②在压缩行程达到上止点前 10°～35°曲轴转角处,可燃混合气是由火花塞

强制点燃，所以汽油机又称为点燃式发动机。

③汽油机的压缩比 ε 较柴油机低，压缩终点的压力、温度均较柴油机低。由于采用外源点火，可燃混合气已比较均匀混合，则在做功行程时，汽油机的燃烧速度较柴油机快。最高压力为 2.9～4.9 MPa，最高温度为 2 170～2 770 K。

④排气行程与柴油机相同。排气终点压力 0.1～0.12 MPa，温度 810～1 170 K。

2.2.4 多缸四行程内燃机工作过程

单缸四行程内燃机工作中曲轴每旋转两圈，只有半圈做功，虽然曲轴上装有一个大而重的飞轮，但曲轴旋转时仍不能平稳，而且功率低。为了改善内燃机回转的均匀性，增大功率，目前多采用多缸四行程内燃机。

多缸内燃机的工作原理和单缸内燃机完全相同，相当于几个单缸内燃机用一根曲轴联在一起，就是多缸内燃机，每个气缸都是按照前述单缸内燃机中各过程进行工作，但在同一时刻，每个气缸所进行的工作行程却不相同。如图 2-4 所示，四缸内燃机曲轴每旋转两圈 4 个缸各做功一次，平均曲轴每半圈就有一个气缸在做功，这样曲轴的运转就比单缸平稳得多，而且飞轮也可以适当缩小。

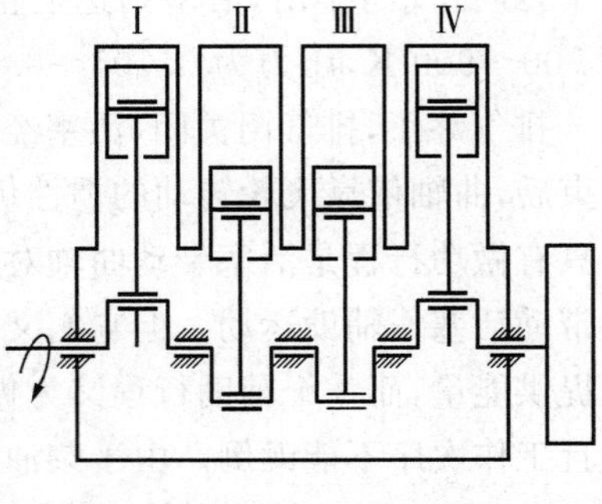

图 2-4 四缸四行程内燃机简图

多缸内燃机各气缸的工作行程顺序的排列，一般是由多缸机的平衡性和各缸机械负荷、热负荷的均匀性来确定，而且希望多缸内燃机一个工作循环内，各缸做功行程始点间的时间间隔相等。因此对于一种机型其工作顺序可以有两种或多种，如四缸四行程内燃机的工作顺序可以有 1—3—4—2 和 1—2—4—3 两种。我国生产的四缸柴油机大多采用 1—3—4—2，如表 2-1 所示。

表 2-1 工作顺序为 1—3—4—2 的四缸四行程内燃机的工作情况表

曲轴转角	气缸			
	Ⅰ缸	Ⅱ缸	Ⅲ缸	Ⅳ缸
0°～180°	做功	排气	压缩	进气
180°～360°	排气	进气	做功	压缩
360°～540°	进气	压缩	排气	做功
540°～720°	压缩	做功	进气	排气

2.2.5 单缸二行程内燃机的工作原理

曲轴旋转一周，活塞经过两个行程完成一个工作循环的发动机称为二行程内燃机，包括二行程汽油机和二行程柴油机。目前，二行程汽油机在植保机械上主要用于背负式喷雾机的动力装置，另外也是其他背负式或手提式小型轻便农林机具、摩托车、微型汽车和艇上弦外机等的动力装置。二行程柴油机在农业上用得很少，主要用于低速大型船用动力，某些载重汽车上也有采用。

1. 单缸二行程汽油机

单缸二行程汽油机的特点是没有进、排气门，而在气缸壁上开有进气孔、排气孔和换气孔，它们的开启或关闭均由活塞控制，进气孔与汽化器相连，排气孔与排气管相通。

二行程汽油机的曲轴箱是密封的。汽油与空气混合形成的可燃混合气先进入曲轴箱，依靠活塞与气缸壁上孔口的配合完成进气和排气。其工作过程如图 2-5 所示。

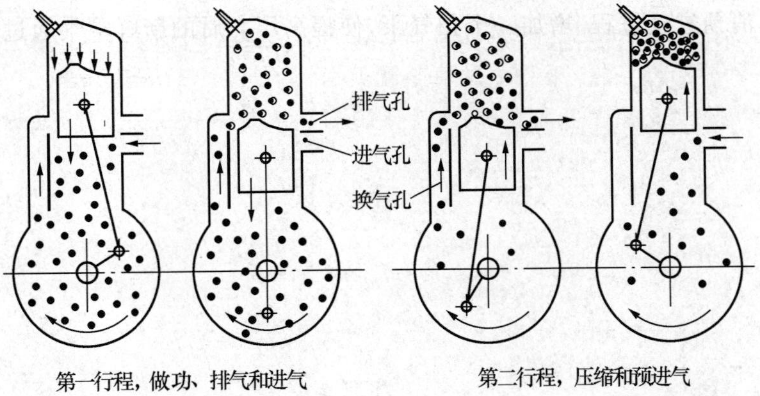

图 2-5 二行程汽油机的工作简图

第一行程，做功、排气和进气行程。

活塞由上止点到下止点。当第二行程活塞上移接近上止点时，火花塞跳火点燃混合气，混合气急剧燃烧、膨胀推动活塞下行做功，同时曲轴箱内的混合气被压缩。在做功接近终了时，活塞将排气孔打开，具有一定压力的废气经排气孔排出机体。活塞继续下行随即换气孔也被打开(换气孔上缘略低于排气孔上缘)，曲轴箱内被压缩的可燃混合气经换气孔进入气缸，同时驱逐气缸内的废气继续排出。

第二行程,压缩和预进气行程。

活塞由下止点向上止点移动,先后关闭了换气孔和排气孔,活塞上部压缩上一个行程已经进入气缸内的混合气。由于活塞上行,使密封的曲轴箱内的容积不断增大,气压降低,当活塞的下边缘将进气孔打开时,在压力差的作用下,可燃混合气被吸入曲轴箱,完成预进气过程。第二行程结束,下一个工作循环开始。

二行程汽油机与四行程汽油机相比,二行程的结构比较简单、重量轻、尺寸小、成本低、使用维修方便。二行程汽油机曲轴旋转一周就做一次功,因此当排量、转速和压缩比等相同时,理论上应比四行程的功率大一倍,但由于其换气过程不够完善和有效行程减少,实际上的功率只是四行程汽油机的1.5～1.6倍。且在换气过程中不可避免地有部分新鲜可燃混合气随废气排出,使其燃料的经济性较四行程汽油机差。

2. 单缸二行程柴油机

二行程柴油机的工作过程与二行程汽油机大致相同。不同之处是进入气缸的不是可燃混合气而是纯空气。第一行程接近上止点时,由喷油器将雾化良好的柴油喷入气缸,与高温高压空气混合自燃。为增加进入气缸的空气量,有些二行程柴油机上取消预进气过程,增加一个扫气泵,使提高压力后的新鲜空气通过进气孔压入气缸内。

3 柴 油 机

植保机械配套的小型柴油机主要是单缸、风冷式四冲程柴油机，一般汽缸排量在 0.23～0.27 L，缸径 65～70 mm，功率在 2.5～3 kW，转速 2 600 r/min 左右。通常是与三缸活塞泵、三缸柱塞泵、二缸活塞隔膜泵等配套，组成担架式或手推车式高压喷雾机。用于果园、园林等场合喷洒农药，防治病虫害。拖拉机上常用单缸或多缸水冷式四冲程柴油机。柴油机由曲柄连杆机构、机体零件、配气机构、燃料供给系统、润滑系统、冷却系统及其启动装置等组成。

3.1 机体零件和曲柄连杆机构

机体零件和曲柄连杆机构是柴油机的基础零件和基本工作机构。机体零件是用来支承和固定曲柄连杆机构及其他装置的机架。曲柄连杆机构是柴油机实现工作循环、完成能量转换的重要机构。它们共同担负起将活塞的往复直线运动变成曲轴的旋转运动，同时将柴油燃烧时产生的热能转变成机械能输送出去的重任。

3.1.1 机体零件

机体零件由气缸体、气缸套、气缸盖和曲轴箱等组成，见图 3-1。

1. 气缸体和曲轴箱

气缸体是柴油机的机架。在它的内部和外部安装着柴油机所有的零件。气缸套安装在气缸体内，其周围是冷却水套。气缸体的上面安装气缸盖，气缸体的下面是曲轴箱，曲轴箱底部是储存润滑油的地方，又叫油底壳。气缸体的前面是正时齿轮室，后面安装飞轮。柴油机工作时，由于活塞的上下往复运动，使曲轴箱内的容积经常在发生变化，因而设有与大气相通的通气管。

2. 气缸套

装入气缸体内的可卸气缸称为气缸套。气缸套呈圆筒形，它是发动机进行工作循环的主要场所，也是活塞运动的导轨，并可通过气缸壁散去多余的热量。

气缸套分湿式和干式两种。湿式气缸套的外壁直接与冷却水接触，散热性能较好，故应用较普遍。为防止漏水，在气缸套的下部加工有 1～2 道凹槽，内装橡皮密封圈。干式气缸套的外壁不与冷却水直接接触，靠金属传导散热，但散热性能较

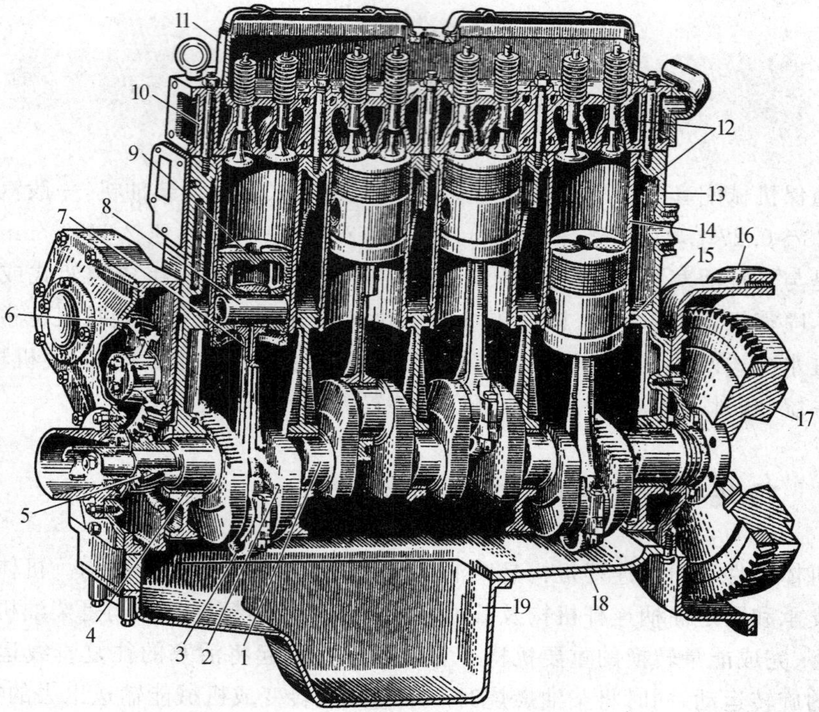

图 3-1　四缸柴油机剖面图

1—主轴颈　2—曲轴　3—连杆轴承　4—主轴承　5、6—正时齿轮　7—连杆　8—活塞销　9—活塞　10—气缸盖　11—气缸盖罩　12—水套　13—气缸体　14—气缸套　15—阻水圈　16—飞轮壳　17—飞轮　18—曲轴箱　19—油底壳

差，应用较少。风冷式发动机，气缸体与曲轴箱分开铸造。每个气缸有单独的气缸体，其外壁由铸铝散热片构成。

3. 气缸盖和气缸垫

气缸盖安装在气缸体的上面，通过螺栓与气缸体固定成一体，与活塞顶部和气缸构成燃烧室。在气缸盖有进排气道，并安装有喷油器、进排气门等，在它的内部有冷却水水套，并由水孔与气缸体上的水孔相连接。为了使气缸盖与气缸体的上平面接合严密，防止漏水漏气，在它们之间安有气缸垫。

3.1.2　曲柄连杆机构

曲柄连杆机构的功用是将燃油燃烧的热能转换为曲轴旋转形式的机械能，同时将活塞的往复直线运动转变成为曲轴的旋转运动，并承受气缸内燃烧气体的压力，从而向外输出动力。而在进气、压缩和排气 3 个辅助行程中，靠飞轮储存的动能又反过来通过曲轴、连杆带动活塞做往复直线运动。

曲柄连杆机构由活塞、连杆、曲轴、飞轮等组成。

1. 活塞

活塞是曲柄连杆机构的重要组成部分，它直接承受燃烧时产生的高温高压，并通过活塞销将力传给连杆和曲轴，同时又受到曲轴和连杆的带动完成进气、压缩、排气 3 个行程。活塞的构造如图 3-2 所示。根据活塞各部位所起的作用不同，可分为顶部、防漏部（环槽部）和导向部（裙部）3 个部分。

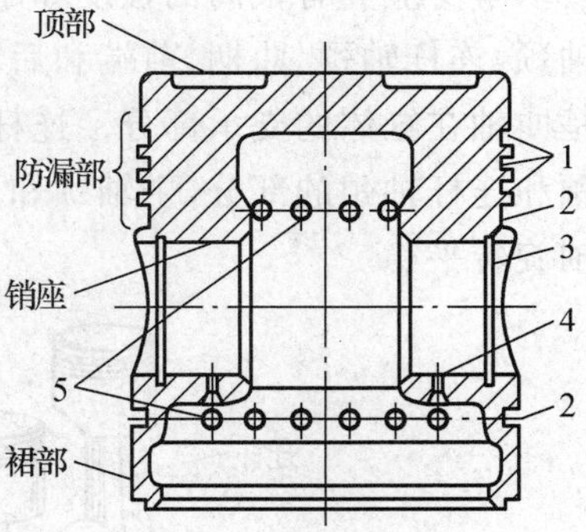

图 3-2　活塞

1—气环槽　2—油环槽

3—活塞销卡槽　4、5—油孔

顶部是承受燃烧气体压力的部分。它与气缸、气缸盖组成燃烧室。汽油机的活塞顶部一般是平顶的，而柴油机活塞顶部往往制成各种形状的凹坑，用以引导气流运动，形成涡流，改善混合气形成的条件。

防漏部是安放活塞环的部分。它与活塞环配合起防止漏气、散发热量的作用。

活塞环分气环和油环两种。气环又叫密封环或压缩环，为一具有弹性的开口圆环，其作用是保证气缸与活塞间封闭严密，防止压缩行程时燃烧室中的空气漏到曲轴箱中，并将活塞上部的热量传给气缸，由冷却水带走。油环的作用是刮除气缸壁上多余的润滑油。刮下的润滑油通过活塞上的回油孔流回曲轴箱，防止润滑油窜到燃烧室燃烧，并将留下的润滑油均匀分布在气缸壁上，形成油膜用以润滑气缸。一般柴油机有 3～4 道气环，1～2 道油环。

为了使活塞环在受热后有膨胀余地，在接口处以及沿环槽高度方向都留有一定间隙，前者称为开口间隙，后者称为边间隙。活塞环经使用一段时间后，其开口间隙和边间隙超过规定时应重新更换。

裙部是防漏部以下的部分。它起导向作用，并承受气体的侧压力。裙部上的两个同心孔为安装活塞销的销座。活塞销是用来连接活塞和连杆的，并将活塞所受的力传给连杆。

2. 连杆

连杆的作用是连接活塞和曲轴，在做功行程时将活塞受到的压力传给曲轴使曲轴旋转，在其余 3 个行程中将曲轴的旋转运动传给活塞，使活塞做直线往复运动。

连杆分小端、杆身和大端 3 个部分。连杆小端与活塞销相连，连杆大端与曲轴的连杆轴颈相连,常制成分开式结构,以便拆装。

3. 曲轴

曲轴的功用是将活塞通过连杆传来的推力转变为扭矩,并向外输出(图 3-3);同时通过曲轴前端的正时齿轮带动配气机构、喷油泵和其他机件工作。

曲轴在工作时,不断承受着周期性变化的气体压力、扭力和惯性力的作用,所以要求本身应具有很高的强度和刚度,而且工作表面要耐磨,润滑要可靠。曲轴由主轴颈、连杆轴颈、曲柄、前端和后端组成。前端装正时齿轮,后端固定飞轮,主轴颈是曲轴在缸体的支承部分。连杆轴颈是曲轴与连杆配合的部分。曲柄是连接主轴颈和连杆轴颈的部分,主轴颈和连杆颈之间有润滑油道,曲柄上设有平衡块,使曲轴旋转平稳。

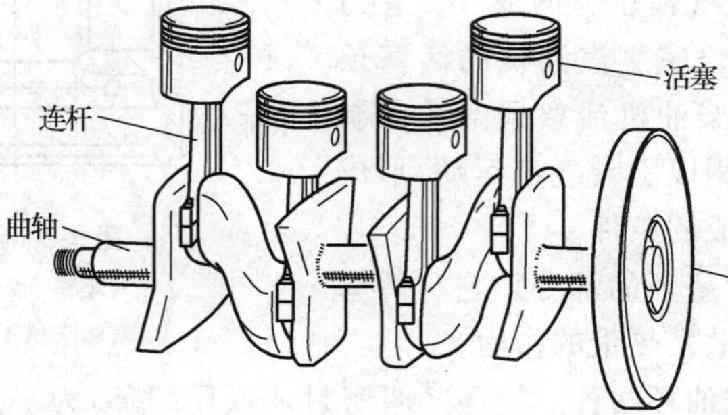

图 3-3 曲柄连杆机构

4. 飞轮

飞轮固定在曲轴后端,其功用是在做功行程时贮存能量,帮助曲柄连杆机构完成辅助行程,并利用本身的惯性使曲轴均匀旋转和克服短时的超负荷。飞轮是一个铸铁制成的大圆盘,外圆镶有齿圈,可与启动装置的齿轮啮合,实现发动机的启动。在飞轮外缘上还刻有各种定时标志或定位销孔。拖拉机用的发动机飞轮的后端平面是离合器的主动部分,动力由此输出。

3.2 配气机构

配气机构的作用是按照每个气缸的工作过程,及时打开和关闭各个气缸的进、排气门,保证各缸能定时吸入新鲜空气和排出废气。

按气门在气缸上安置的位置不同,可分为侧置式和顶置式两种。气门安置在气缸盖上的叫顶置式,如图 3-4(a)所示,柴油发动机上广泛采用顶置式。气门安置在气缸侧面的叫侧置式,如图 3-4(b)所示,一般用于汽油机上。

3.2.1 顶置式配气机构的组成和工作过程

顶置式配气机构主要由气门、气门弹簧、摇臂、推杆、挺杆和凸轮轴组成。凸轮轴的一端装有正时齿轮，由曲轴正时齿轮驱动。进、排气门的开闭是由凸轮轴上的凸轮控制的。当曲轴转动时，通过正时齿轮带动凸轮轴一起转动。凸轮通过随动柱、推杆使摇臂的一端向上抬起，另一端向下压气门，克服弹簧的弹力使气门打开。当凸轮的凸起部分转过以后，气门在弹簧的张力下逐渐将气门关闭，推杆、随动柱也随之回落，如图 3-4(c)所示。

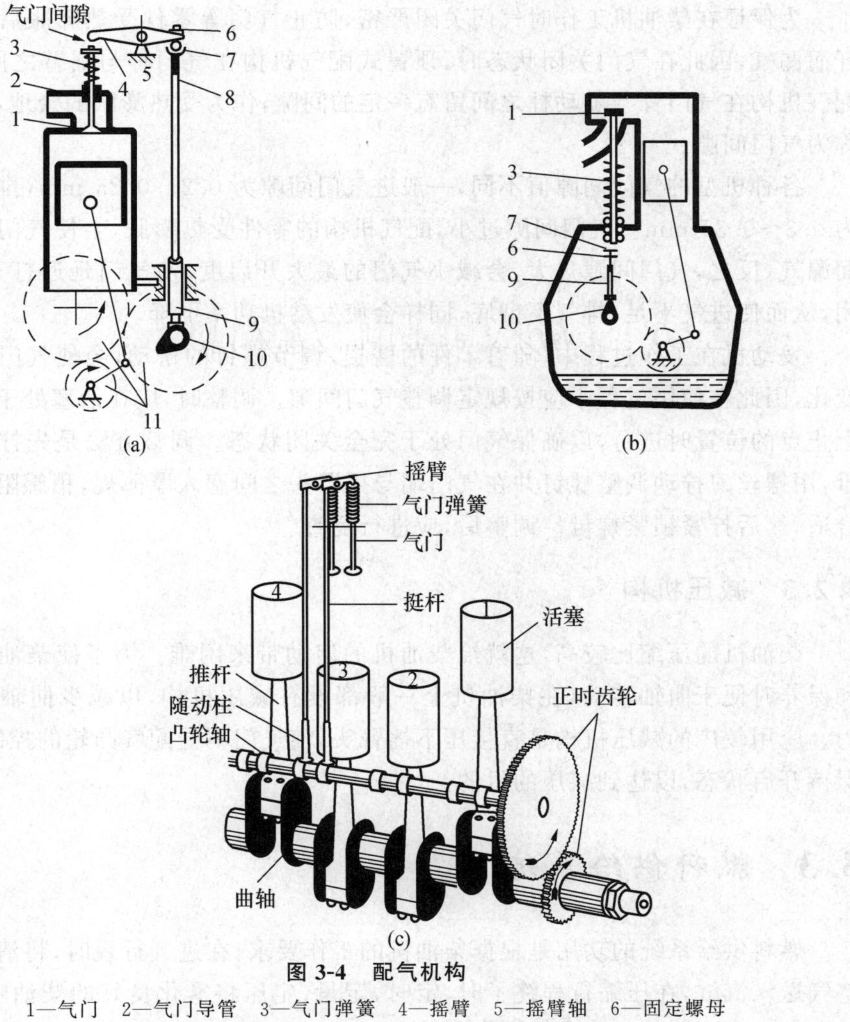

图 3-4 配气机构

1—气门 2—气门导管 3—气门弹簧 4—摇臂 5—摇臂轴 6—固定螺母 7—调节螺钉 8—挺杆 9—随动柱 10—凸轮轴 11—正时齿轮

四行程柴油机完成一个工作循环，曲轴转两圈，而进、排气门各打开一次。因此，凸轮轴转一圈。为此，凸轮轴的正时齿轮的直径应为曲轴上正时齿轮的 2 倍，这样才能保证工作的协调。气门开闭的时刻实际上不在活塞位于上、下止点的位置。为了进气充分和排气彻底，使发动机的功率能充分发挥，在实际中，一般把气门提前打开，延迟关闭，使气门打开的延续时间增长。由于不同发动机的提前和延迟时间不同，因此在正时齿轮上做有标记。

3.2.2 气门间隙

为保证在柴油机工作时气门关闭严密，防止气门等零件受热膨胀后将气门顶开而漏气，因此在气门关闭状态时，顶置式配气机构在气门杆与摇臂之间、侧置式配气机构在气门杆与随动柱之间留有一定的间隙，作为受热膨胀的余地，这个间隙称为气门间隙。

各种机型的气门间隙值不同，一般进气门间隙为 0.2～0.25 mm，排气门间隙为 0.3～0.35 mm。气门间隙过小，配气机构的零件受热膨胀，会使气门关闭不严而漏气，反之，气门间隙过大，会减小气门的最大开启度，使气门延迟打开，提早关闭，从而使进气不足，排气不彻底，同样会使发动机功率下降。

发动机在工作过程中，随着零件的磨损，调节螺钉的松动，会使气门间隙发生变化，因此在使用过程中应按规定调整气门间隙。调整时，应在活塞处于压缩行程上止点的位置时进行，以确保气门处于完全关闭状态。调整方法是先拧开锁紧螺母，用螺丝刀拧动调整螺钉并在气门端与摇臂头之间塞入厚薄规，稍感阻滞时即为合适，然后拧紧锁紧螺母。调整后，应进行复查。

3.2.3 减压机构

柴油机的压缩比较高，这就给柴油机的启动带来困难。为了使柴油机在启动和保养时便于曲轴转动，在柴油机上一般都设有减压机构，以减少曲轴转动的阻力。应用较广的减压机构是直接压下摇臂头，使气门不受配气凸轮的控制，而始终保持开启状态，以达到减压的目的。

3.3 燃料供给系统

燃料供给系统的功用是根据柴油机的工作要求，在进气行程时，将清洁的新鲜空气送入汽缸，在压缩行程终了时，定时、定量、定压将雾化良好的柴油喷入汽缸，与空气迅速而良好地形成可燃混合气自行着火并燃烧。

燃料供给系统一般由空气供给装置和燃油供给装置组成。它的工作好坏直接影响着柴油机性能的发挥。

3.3.1 空气供给装置

空气供给装置是由空气滤清器和进气管组成的。

农用动力经常在环境条件恶劣的情况下工作，尘埃中的砂粒一旦吸入气缸，将会黏附在气缸、活塞和气门座等零件的表面，这将加速这些零件的磨损，就会引起发动机的功率下降。空气滤清器的作用就是把空气中的尘埃分离出去。目前，柴油机上多采用惯性式和过滤式相结合的复式空气滤清器。惯性式分离法就是利用尘埃比空气惯性大的特点，使气流急剧旋转或突然改变流动方向，把尘埃从气流中分离出来；过滤式分离法就是引导空气通过滤芯，使尘土被隔离并粘在滤芯上。

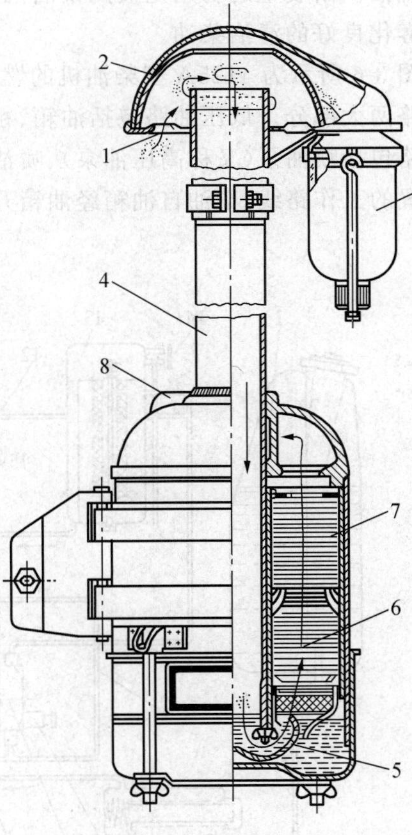

图 3-5 空气滤清器

1—导流板 2—除尘器罩 3—集尘杯
4—吸气管 5—油槽 6—下滤芯
7—上滤芯 8—清洁空气出口

图 3-5 所示为 4125A 型柴油机上的空气滤清器，它的工作过程如下：气缸在进气行程产生吸力，使空气以高速流经导流板进入离心式滤清装置的除尘器罩内，并做高速螺旋旋转运动，在离心力的作用下，空气中 50%～60%的粗粒灰尘被甩入集尘杯。经过初滤的空气沿吸气管向下冲击槽中的机油，并急剧改变为向上流动，一部分尘土因惯性来不及转向，被黏附在油面上。经过湿式惯性滤清的空气，向上通过溅有机油的金属滤网，使细小尘埃受到第三次过滤，粘有细小尘埃的机油又滴落到油槽中，而干净的空气通过进气管进入到气缸。

柴油燃烧时需要大量的空气，理论上，1 kg 柴油完全燃烧需要 14.5 kg 的空气，由于柴油机可燃混合气的形成和燃烧的时间极为短促，要使喷入气缸内的柴油尽可能完全燃烧,必须有比理论上更多的空气量。因此对于进气系统要求气流畅通、阻力小,以增加气缸的充气量。有的柴油机为了提高气缸的进气量,在进气管道中增设涡轮增压器,以增加功率。

3.3.2 燃油供给装置

燃油供给装置的功用是按照柴油机的工作过程,定时、定量、定压地向各气缸喷入雾化良好的清洁柴油。

图 3-6 所示为 4125A 型柴油机的燃料供给系统简图,它可分为低压油路和高压油路两大部分。低压油路包括油箱、粗滤器、输油泵、细滤器和低压油管等。高压油路包括喷油泵(又称高压油泵)、喷油器(又称喷油嘴)和高压油管等。柴油供给装置的工作路线:柴油自油箱经油箱开关、低压油管进入柴油粗滤器,在粗滤器

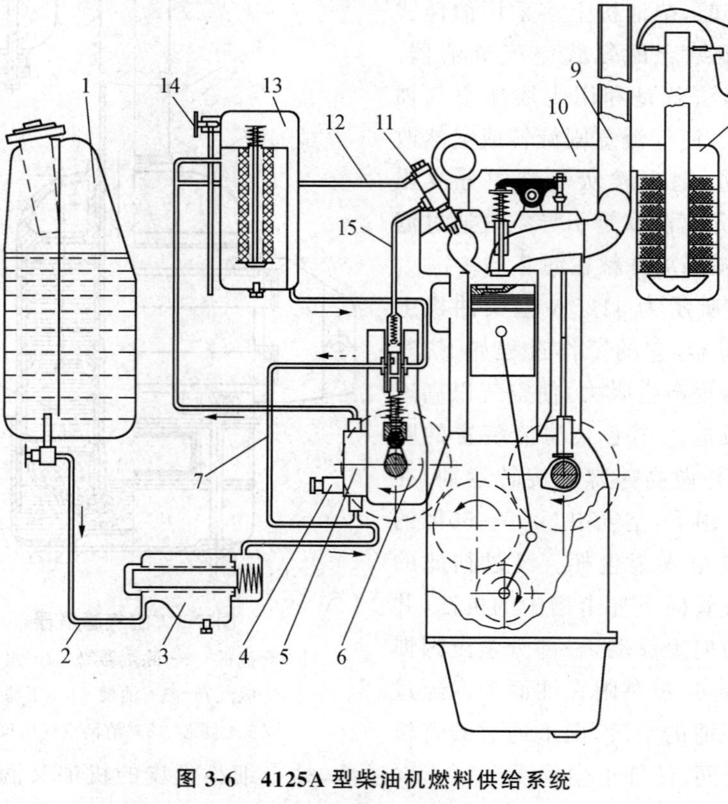

图 3-6　4125A 型柴油机燃料供给系统

1—油箱　2—油管　3—粗滤器　4—手油泵　5—输油泵　6—喷油泵　7—油泵回油管
8—空气滤清器　9—排气管　10—进气管　11—喷油泵　12—回油管
13—细滤器　14—放气阀　15—高压油管

中较大的机械杂质被清除,然后在输油泵的作用下通过柴油细滤器,在细滤器中再次清除掉细小的机械杂质后进入喷油泵。由高压油泵产生的高压柴油通过高压油管送入喷油器,经喷油器将雾化的柴油喷入燃烧室。

1. 油箱

油箱用来储存燃油。为防止加油时带入杂质,在加油口处设有滤网。另外,油箱盖上还留有通气孔,以保持油箱内外的气压一致。

2. 柴油滤清器

经沉淀过的柴油里仍含有一定量的杂质,在进入喷油泵之前必须经过严格过滤,以清除其中的机械杂质,保证柴油的清洁,减轻喷油泵、喷油器等精密零件的磨损,确保满足对柴油进行良好雾化的要求。

(1)沉淀杯　沉淀杯通常装在油箱出油口处,沉淀杯内有滤网,柴油从上部进入沉淀杯,经沉淀后,较清洁的柴油通过滤网出口流出。

(2)粗滤器　粗滤器是用来滤除柴油中颗粒较大的杂质,滤芯材料常用金属网或滤纸。它可以把大于 0.04～0.09 mm 的杂质过滤掉。粗滤器通常装在输油泵的前面。

(3)细滤器　细滤器是用来滤除柴油中的细微杂质。滤芯材料有棉纱或滤纸。纸质滤芯的细滤器与纸质粗滤器相似,但滤纸上的微孔小于粗滤器上滤芯的滤纸。细滤器上通常设有放气螺塞(图 3-7),用以排除油路中的空气。细滤器安装在输油泵和喷油泵之间。

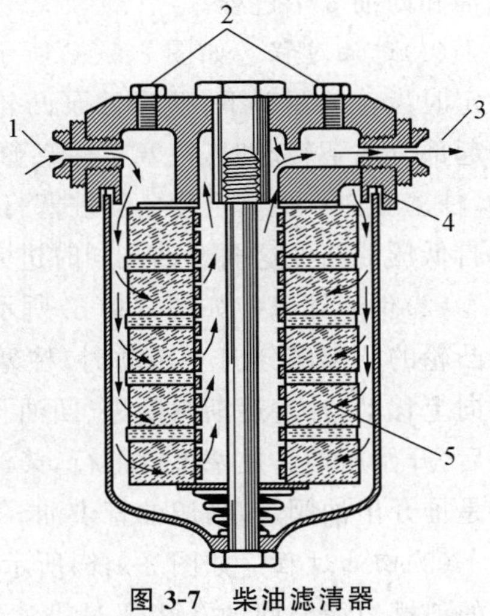

图 3-7　柴油滤清器

1—进油道　2—放气螺塞　3—出油道　4—橡胶密封圈　5—滤芯

柴油滤清器一定要定时清洗和保养,保证柴油的清洁是柴油机正常工作的关键。

3. 输油泵

输油泵的功用是以一定压力输送柴油,用以克服柴油通过滤清器时受到的阻力,保持连续稳定地向喷油泵供给足够的清洁柴油。对于单缸柴油机来讲,由于油箱的位置较高,柴油靠本身的重力流入喷油泵,可以不要输油泵。

4. 喷油泵

喷油泵的功用是形成高压柴油,并定时、定量地输送到喷油器。

常用的喷油泵有柱塞式和分配式两种,以柱塞式应用最广。单缸柴油机采用单体柱塞式，多缸柴油机采用多柱塞整体式，并与调速器装在一起。国产柱塞泵分Ⅰ、Ⅱ、Ⅲ系列，以适应不同缸径的柴油机需要。

柱塞式喷油泵主要由柱塞、柱塞套、柱塞弹簧、出油阀、出油阀座、出油阀弹簧、油量调节机构和凸轮传动机构等组成，如图 3-8 所示。

柱塞和柱塞套是一对精密偶件称为柱塞副偶件。其配合间隙小，只有 0.001～0.002 5 mm，柱塞套上有进油孔和回油孔，柱塞在柱塞套内既可上下运动，又可绕轴线转动，柱塞上端有轴向孔，并与圆柱面上的斜槽相通。柱塞靠油泵凸轮轴上的凸轮和柱塞弹簧的弹力来实现上、下运动。喷油泵的工作过程可以分成进油、供油和回油 3 个过程。

(1)*进油过程*　如图 3-9(a)所示。柴油机工作时，在定时齿轮的驱动下，使喷油泵凸轮轴转动，当凸轮的凸起部分向下转动时，柱塞在柱塞弹簧的作用下向下移动，柱塞套内产生真空度。当柱塞打开进、回油孔时，柴油自低压油路经这两个油孔同时进入柱塞上方的空间。

(2)*供油过程*　如图 3-9(b)所示。凸轮继续转动，当凸轮的凸起部分向上转动时，柱塞弹簧被压缩，使柱塞向上移动，柱塞逐渐封闭进、回油孔，当两油孔全被封闭后，开始压油。柱塞继续上行，柴油被压缩成高压油，于是推开出油阀，向高压油管供油。

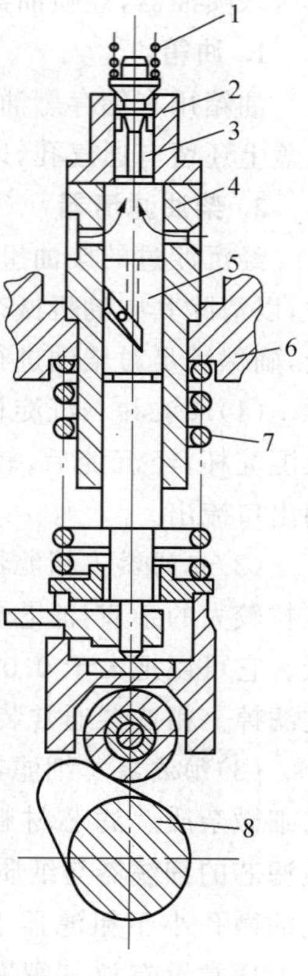

图 3-8　柱塞式喷油泵

1—出油阀弹簧　2—出油阀座
3—出油阀　4—柱塞套
5—柱塞　6—泵体
7—柱塞弹簧
8—凸轮轴

(3)*回油过程*　如图 3-9(c)所示。当柱塞上行至柱塞的斜槽边缘与回油孔相通时供油结束。此时柱塞上面的高压柴油便通过柱塞头部的轴向孔、径向孔和柱塞套的回油孔迅速流回低压油道。柱塞上端的油压急剧下降，出油阀在弹簧力的作用下迅速下落，落在出油阀座上，供油停止。在出油阀下落时，其上的减压环带首先将高压油管与柱塞顶上油腔的通道隔断，再继续下降时，造成高压油管中的空间骤然增大，高压油管中的油压迅速下降，起到卸压作用，从而保证喷油器停油干脆避免后滴现象。出油阀和出油阀座加工精密，配合严密，是一对精密偶件。当凸轮的凸起部分转过最高位置，柱塞开始下降，下一个循环开始，凸轮轴每转一周，喷油泵供油一次。

从以上工作过程可以看出，柱塞在柱塞套中往复运动，其总的行程 l 是不变的，如图 3-9(d)所示，由凸轮的升程所决定，而柱塞每一行程的供油量取决于供油行程 a，即取决于柱塞顶面至回油孔所对斜槽边缘的距离。当转动柱塞时，斜槽与回油孔的相对位置改变，虽然供油开始的时间没变，但停止供油的时间改变了，因此改变供油的行程，也就改了供油量。供油行程越大，供油量也越大。

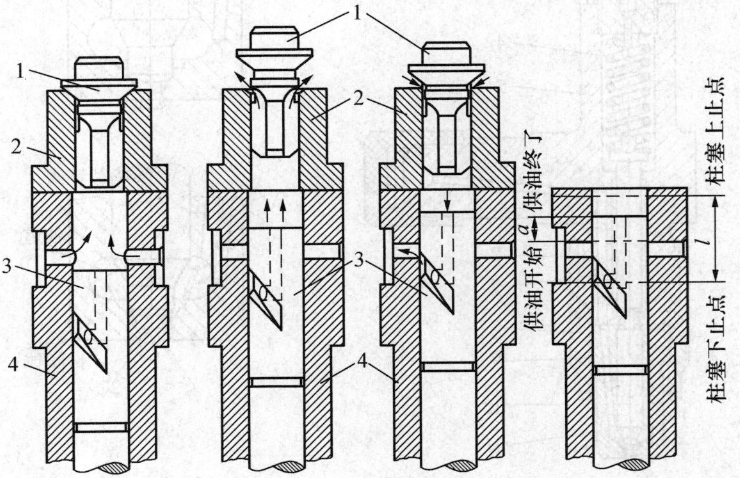

图 3-9　喷油泵工作过程

(a)进油　(b)供油　(c)停止供油　(d)供油行程

1—出油阀　2—出油阀座　3—柱塞　4—柱塞套

5. 喷油器

其功用是将喷油泵送来的高压柴油按一定压力(12～17.5 MPa)以雾状喷入燃烧室。目前柴油机上都采用闭式喷油器，如图 3-10 所示。它主要由针阀、针阀体(针阀偶件)、挺杆、调压弹簧和调节螺钉等组成。

喷油器的工作过程如下：当喷油泵供油时，高压柴油经高压油管通过喷油器体上的油道进入油腔，使针阀锥面受到燃油向上的压力，当油压升高且大于喷油器调压弹簧的预紧力时，针阀即被抬起，打开喷孔，高压油即沿针阀与喷孔间的环形缝隙高速喷出，形成雾状，当喷油泵停止供油时，针阀下方油腔的压力迅速下降，针阀在弹簧的作用下，立即将油孔关闭停止喷油。喷油器喷出柴油压力的大小是由调压弹簧的压力来控制的。将调压螺钉拧紧，调压弹簧的压力增加，反之则减少。调整好后，应拧紧锁紧螺母。由此可知，喷油泵的供油压力是由喷油器调整弹簧决定的。

喷油泵的柱塞偶件(柱塞和柱塞套)、出油阀偶件(出油阀和出油阀座)和针阀

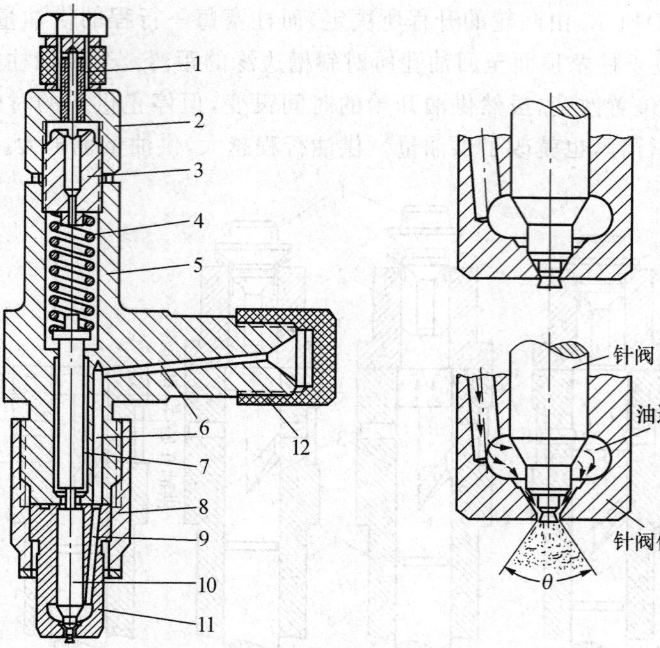

图 3-10　闭式喷油器

1—回油接头　2—锁紧螺母　3—调节螺钉　4—调压弹簧　5—喷油器体　6、9—油道　7—挺杆　8—螺帽　10—针阀　11—针阀体　12—高压油管接头

偶件(针阀和针阀体)是柴油机燃油供给装置的 3 对精密偶件。柴油中任何细小的杂质都会使它们严重磨损,至使雾化质量恶化,柴油机功率下降。因此必须高度重视柴油的清洁,加入油箱的柴油必须经过 96 h 以上的沉淀,采用密封加油。

6. 调速器

柴油机在驱动拖拉机和各种作业机械工作时,其负荷是经常变化的,负荷的变化将会引起柴油机运转速度的不稳定。假使柴油机的供油量不变,则当负荷增大时,柴油机曲轴的转速就会降低,甚至熄火;相反,当负荷减少时,曲轴的转速就会升高。若负荷突然卸去,曲轴的转速就可能升高到超过允许范围,这种情况称为“飞车”,使机件损坏,导致严重事故。为使柴油机能在负荷变化的情况下转速基本保持不变,需要有一个能随负荷变化自动调节柴油机供油量的装置,通过供油量的改变使柴油机具有较稳定的转速和良好的作业质量,这个装置就是调速器。

调速器通常与喷油泵安装在一根轴上,由定时齿轮驱动,运转时,在调速器上具有一定质量的转速感应元件(如钢球或飞锤)产生离心力,离心力和调速器弹簧预加的弹力失去平衡就会驱动执行机构以改变供油拉杆的位置(或汽油机节气门开度),来增加或减少供油量,即提高或降低发动机转速,直至离心力和预加弹簧力达到新的平衡,维持发动机始终在一定转速范围内平稳运转。

3.4 润滑系统

柴油机工作时,相对运动部件(如轴承、连杆轴颈、缸套与活塞、正时齿轮、气门等)多,由于表面相互摩擦,引起零件发热和表面磨损,在高温、高压、高速的情况下,更加剧了磨损的过程,使发动机零件间的配合间隙增大,技术状态受到影响。因此,需在柴油机上设置润滑系统,把润滑油输送到各个相互摩擦的表面,形成一层油膜,变干摩擦为液体摩擦,减少零件表面的摩擦阻力和零件间的磨损。由于润滑油的不断循环,既可以带走摩擦表面产生的热量,还可以及时带走金属屑和污垢,从而减少磨损。同时油膜还可以起到密封和防锈的作用。

3.4.1 润滑方法

按润滑油被送到摩擦表面的方式不同,润滑系统可分为飞溅式、压力式、重力滴油式及综合式等。

1. 飞溅式

这种润滑油方式的润滑油存放在油底壳或特制的油盘中,当曲轴旋转时,装在连杆大头的甩油板(油勺),从油盘中激溅润滑油,润滑油以油雾的方式进入摩擦表面进行润滑。

飞溅式润滑方式结构简单、消耗功率少,但不可靠,且受到油面高度的影响,工作中无法滤去油中的杂质,机油易氧化,所以仅用于小型发动机上。

2. 压力式

这种润滑方式的润滑油在机油泵压力的作用下,通过油道连续不断地输送到各个摩擦表面。工作可靠,供油量充分,除了起良好的润滑作用外,还有迅速冷却和强烈的清洗作用。但这种润滑系统结构复杂,而且气缸壁等表面难以采用压力润滑,因此,此法不能单独使用。

3. 重力滴油式

这种润滑方式利用被压送或飞溅至高处的润滑油,靠它自身的重力滴落在零件摩擦表面进行润滑,如正时齿轮的润滑等。

4. 综合式

这种润滑系统是综合采用以上几种润滑方式,如对受力较大的零件摩擦表面采用压力润滑，对负荷轻、转速低及无法用压力供油的摩擦表面采用飞溅润滑，这样既保证工作可靠而结构又不致过于复杂，因此在发动机中广泛被采用。

3.4.2 润滑系统的组成

润滑系统主要由机油泵、粗滤器、细滤器、机油散热器、指示仪表、油管、油道和油底壳等组成，如图 3-11 所示。

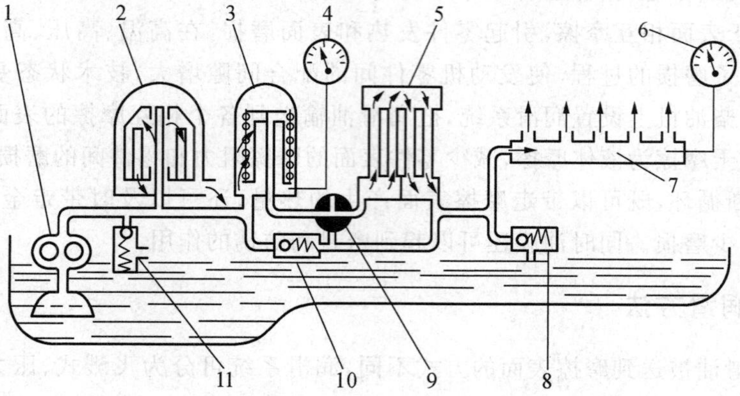

图 3-11 4125A 柴油机润滑系统工作原理

1—机油泵 2—离心细滤器 3—缝隙粗滤器 4—油温表 5—机油散热器 6—油压表 7—主油道 8—溢油阀 9—冷却开关 10—安全阀 11—限压阀

1. 机油泵

机油泵的作用是将油底壳中的机油，以一定的压力和流量输送到发动机各润滑零件的表面，并促使机油不断地循环。机油泵有转子式和齿轮式，柴油机上广泛采用的是齿轮式机油泵，其工作原理如图 3-12 所示。

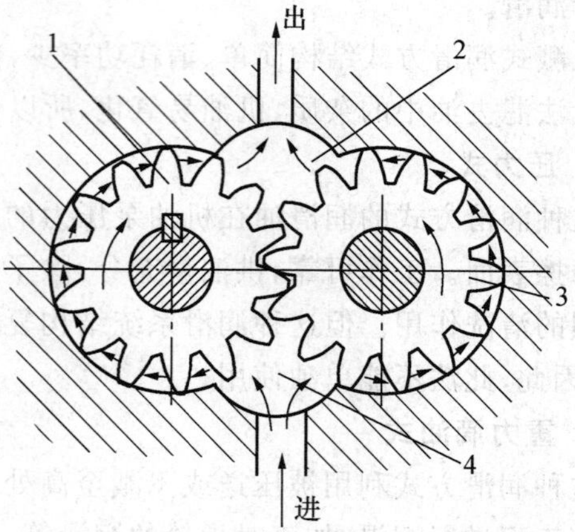

图 3-12 齿轮式机油泵工作原理

1—主动齿轮 2—出油腔 3—从动齿轮 4—进油腔

柴油机工作时，曲轴带动机油泵主动轴旋转，齿轮按箭头方向旋转。进油腔由于齿轮的齿间不断将机油带走，产生局部真空，于是机油从油底壳被吸入进油腔,而出油腔由于齿轮进入啮合,齿间的机油被挤压,使油压升高,于是机油就以一定的压力从出油口输出。

2. 机油滤清器

机油滤清器(图 3-13)的功用是过滤并清除机油中的各种杂质,减少零件的磨损,并防止油路堵塞。柴油机上一般都装有粗、细两种滤清器,粗滤器与主油道串联,细滤器与主油道并联。

粗滤器一般采用带状缝隙式,滤芯由黄铜带绕在波纹筒上形成,可滤去机油中较大的杂质。细滤器有过滤式和离心式两种,细滤器可以滤去机油中较小的杂质。在使用中要注意定时清洗。

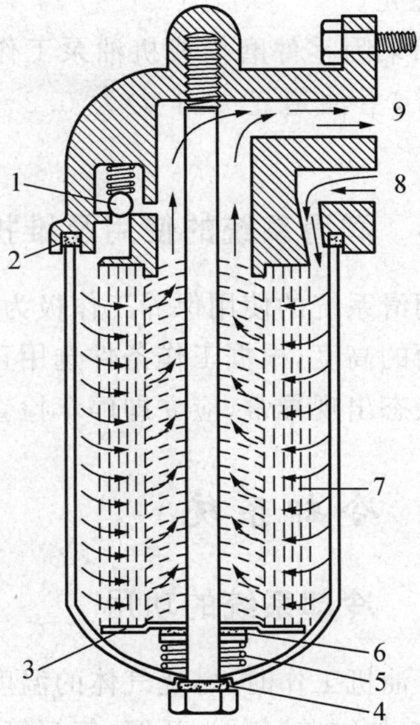

图 3-13 过滤式机油滤清器

1—安全阀 2、4、6—密封圈 3—底板 5—弹簧 7—滤芯 8—进油道 9—出油道

3. 机油压力表

它的功用是向操作人员指示柴油机主油道内的机油压力,防止油压过高或过低。

4. 机油散热器和机油温度表

机油散热器的功用是冷却机油,以维持机油在一定的温度范围内工作,保持良好的润滑性能。机油温度表的作用是用来指示机油的工作温度,在正常情况下,机油温度应略低于柴油机的水温。

3.4.3 润滑系统的工作过程

柴油机工作时,机油泵将机油从油底壳中吸出,以一定的压力压入油道并进入滤清器(参看图 3-11)。机油从这里分为两路:约 1/3 的机油流向离心式细滤器,过滤后的机油直接回油底壳,其余 2/3 的机油流向粗滤器,机油通过粗滤器后,通向缸体的主油道(冬季),或由转换开关控制,使机油流经散热器,冷却后进入主油道(夏季)。

进入主油道的机油分 3 路:一路进入各主轴承、连杆轴颈和活塞销,泄出的机油以激溅的方式润滑各缸套、活塞后,流回油底壳;另一路是润滑各正时齿轮和有关轴承后,流回油底壳;第三路是润滑凸轮轴轴承,并从凸轮轴前轴承经机体油道、缸体油道等,进入摇臂轴,以润滑配气机构的气门和传动零件而后流回到油底壳。

如果因零件磨损或机油泵工作不正常，主油道油压低于允许下限时，必须停车检查，主油道正常压力为 0.2～0.25 MPa，使用中必须经常注意压力表的读数。

3.4.4　润滑系统的使用及维护

润滑系统的使用保养工作极为重要，必须予以高度重视。启动前检查油底壳内油面的高度，根据工作条件选用正确牌号的机油，并要经常注意油温和油压，若技术状态出现异常，应立即停车检查，并定期更换机油及清洗油道。

3.5　冷却系统

3.5.1　冷却系统的功用

柴油机工作时，燃烧气体的温度高达 1 700～2 000℃，使与燃烧气体直接接触的零件(如缸盖、气缸、活塞、气门等)强烈受热，若不加以冷却，柴油机就不能正常工作。过高的温度会使零件的机械强度和刚度下降；由于材料不同，膨胀不一致，将破坏零件的正常配合间隙；润滑油在高温下，黏度降低，不利于摩擦表面形成油膜，加剧零件的磨损等。因此温度太高对柴油机工作不利，必须将柴油机零件所吸收的热量及时散发出去。但是冷却过度对柴油机正常工作也不利，如可燃混合气不能很好地形成和燃烧；机油黏度大，机油运转的阻力也增加，也将造成柴油机功率下降，耗油率上升。所以，柴油机的冷却程度必须适当。

冷却系统的作用是：及时带走零件吸收的热量，使柴油机保持正常的工作温度(80～90℃)。

3.5.2　冷却系统的类型

冷却系统可分为风冷式和水冷式两种。

1. 风冷式

风冷式是利用风扇或行驶时所形成的气流来冷却发动机(图 3-14)。因此在气缸四周制成很多散热片以增大散热面积，当空气流过散热片时，将大量热量散去。此种冷却方法不需用水，但消耗功率较大。

2. 水冷式

水冷式是将发动机受热零件的热量传给冷却水，再由冷却水把热量散发出去。这种冷却方式在气温和工作负荷变化时，便于调节冷却程度，使发动机保持在最有利的水温 80～90℃下工作，而且冷车启动时，可用灌热水的方法来预热。水冷却系统构造比较复杂，冬季可以使用防冻液，若用水则在停车后必须放水，否则有冻裂发动机的危险。水冷式又分蒸发式和循环式两种。手扶拖拉机的单缸柴油机上采用蒸发式，如图 3-15 所示。其构造比较简单，有一个较大的水箱，与柴油机水套相通，工作时利用水的蒸发带走多余的热量。循环式是利用水泵强制水在柴油机冷却系统中循环流动，带走热量。通常用于大中型柴油机上。

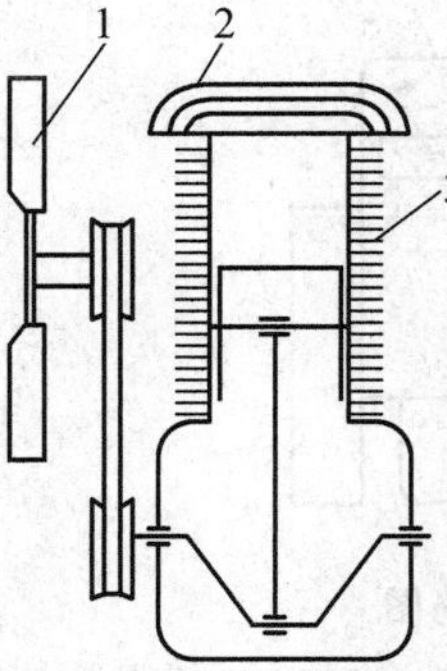

图 3-14 空气冷却示意图

1—风扇 2—缸盖散热片

3—缸体散热片

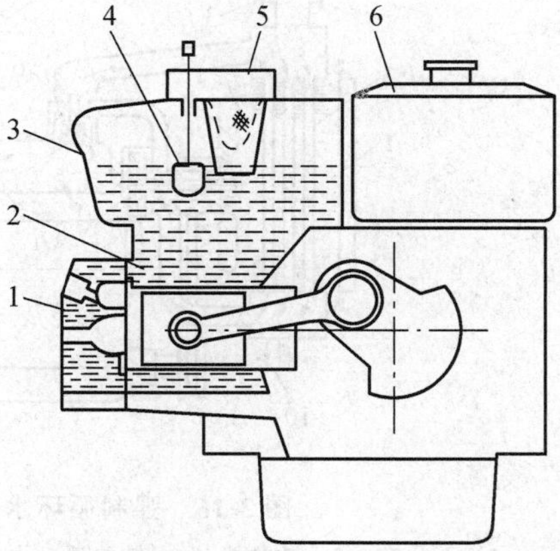

图 3-15 蒸发式水冷却系统工作原理

1—缸盖水套 2—缸体水套 3—水箱

4—浮子 5—加水口 6—油箱

3.5.3 循环式水冷却系统的组成

循环式水冷却系统由水套、上下水箱、散热器、水泵、风扇等组成(图 3-16)。在水泵的作用下，强制冷却水进行循环。冷却水从发动机下部进入各缸及缸盖的水套，然后经缸盖出水管进入散热器的上水箱，向下流经散热器芯，到达下水箱再进入水泵。在散热器芯后面有一风扇，空气从散热器芯吹过，使散热器芯中的水温下降。水泵转速高则水循环快。冷却系统中设有水温调节装置，如保温帘或百叶窗可调节流过散热器芯的空气量。此外，在气缸盖的出水口处装有节温器，节温器按水温的高低自动调节冷却水的循环量和改变水的循环路线，节温器的折叠形膨胀筒内装有易挥发的液体乙醚，当水温在 70℃以下时，节温器主阀门关闭，水不能流到散热器，只能经节温器的侧阀门作小循环，冷却水不经散热而温度很快升高，当水温超过 70℃时，膨胀筒内的液体开始汽化，在气体压力作用下膨胀，使节温器的主阀门打开，侧阀门开始关闭，当水温达 80℃以上，冷却水全部经主阀门流入散热器，称为大循环，使温度得到调节保持正常。冷却水的大小循环路线如下：

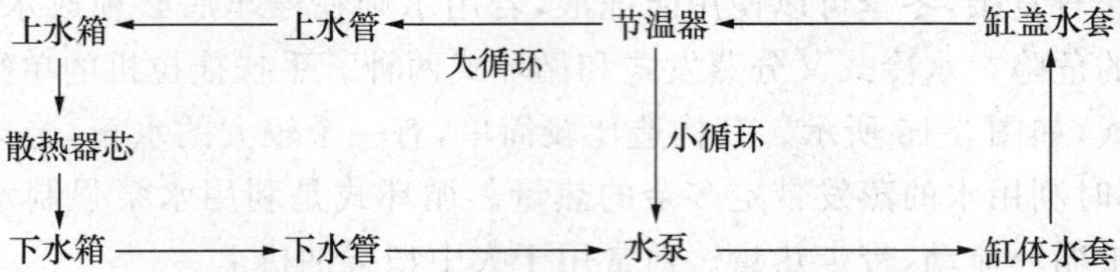

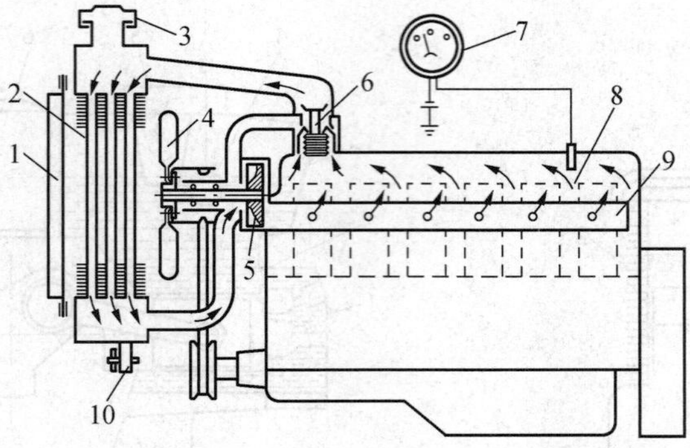

图 3-16　强制循环水冷却系统工作简图

1—百叶窗　2—散热器　3—散热器上水箱盖　4—风扇　5—水泵　6—节温器
7—水温表　8—水套　9—分水管　10—放水开关

3.5.4. 冷却系统使用的注意事项

在启动发动机前必须注意检查水箱里的水量，水不足时要加入清洁的软水，如雨水、雪水、河水或煮沸的开水。工作中要保持水温在正常的工作范围内，蒸发式在 60～100℃，可以允许水在沸腾下工作；循环式在 75～95℃。冬季柴油机工作完毕，若用水冷却，要把水箱和缸体中的水放净，以防止缸盖、缸体结冰冻裂，但不能在水温很高时立刻放水，避免因温差太大损坏机体。散热器芯、水管和水套壁上的水垢要及时清除。并要经常检查风扇皮带的松紧度，防止由于皮带打滑引起风扇转速变低，散热不良使发动机过热。皮带过紧又会加速轴承的磨损。并注意向风扇轴承中加油润滑。

3.6　柴油机的启动

柴油机由静止状态进入到运行状态的过程叫做柴油机的启动。要使静止的发动机开始工作，必须先借外力旋转曲轴，使发动机各缸完成辅助行程并点燃混合气，才能自动地进行工作循环，使发动机启动。常用柴油机的启动方法有两种。

3.6.1 人力手摇启动

用人力借助摇把直接摇转曲轴使柴油机启动的方法称为人力手摇启动。这种启动方法简单，但因人的体力有限，只适用于小功率单缸柴油机。通常小型柴油机启动时，左手扳住减压机构，以减少开始转动曲轴时的阻力，右手摇转曲轴，达到一定转速后，左手放下减压手柄，柴油机即可启动。在人力手摇启动时必须注意安全，防止曲轴反转或摇把甩出伤人。

3.6.2 电动机启动

功率较大的柴油机，因启动阻力大，多用电动机通过飞轮齿圈带动曲轴旋转来启动柴油机。启动电机为直流电动机，用蓄电池作电源。启动时，按下启动开关，接通电源，启动电机的驱动齿轮与飞轮齿圈啮合带动飞轮旋转，使柴油机启动。柴油机启动后，启动电机的驱动齿轮退出与飞轮齿圈的啮合，松开启动开关，切断电源，启动电动机停止工作。这种启动方法方便、简单，但其可靠性受蓄电池的影响极大，当蓄电池有故障或充电量不足时，启动电机的输出功率下降，不易启动。每次启动连续工作时间不应超过 15 s，一次启动不成，等 2～3 min 再启动。冬天启动时，可利用电预热器预热进入气缸的空气，使其比较容易启动。

3.7 柴油机的使用

3.7.1 柴油机的主要性能指标

内燃机工作性能的好坏，通常用动力性、经济性、可靠性、耐久性、紧凑性、无公害性等指标来表示。其中动力性和经济性与内燃机内部工作过程进行的完善程度有关；可靠性、耐久性和紧凑性主要与内燃机的零部件设计、结构、材料和制造技术等因素有关；无公害指标（排放指标）指对内燃机噪声和排出废气成分的限制标准，以防止大气污染和对人体的危害。本节主要讨论综合反映柴油机动力性和经济性的指标。

1. 有效扭矩 M_e

发动机飞轮上对外输出的旋转力矩，叫做"有效扭矩"，一般用 M_e 表示，单位为 N · m。柴油机在工作过程中，柴油和空气的混合气在气缸内燃烧放出热量，使气体膨胀做功所产生的力在除去克服各部分摩擦阻力和驱动各辅助装置（如水泵、机油泵、风扇、发电机、喷油泵等）所消耗的力之外，剩下的力称为平均有效压力，用 p 表示，这平均有效压力经曲轴传到飞轮上，以旋转的形式供给外界使用的扭矩即为有效扭矩。

2. 有效功率 N_e

柴油机在单位时间内对外所做的功，称为“有效功率”，简称“功率”，一般用 N_e 表示，单位为千瓦(kW)。1 马力(hp)＝0.735 kW。有效功率与有效扭矩有如下关系：

$$N_e = M_e \times n / 9\,550 \quad (\mathrm{kW})$$

式中：n 为柴油机的转速，r/min。

由上式可见，柴油机的有效功率是随扭矩和转速而变的，不同的扭矩、不同的转速就有不同的功率值，为了表示柴油机的最大做功能力，采用标定功率的概念，即柴油机允许连续运转规定时间内所能达到的最大有效功率。

柴油机铭牌上标明的有效功率即为标定功率。国家标准中，根据用途和使用特点将标定功率分为 15 min 功率、1 h 功率、12 h 功率和持续(24 h)功率 4 种，并规定在标定某一功率时，应同时标定相应功率的转速(r/min)。

3. 燃油消耗量 G_e 和燃油消耗率 g_e

燃油消耗量 G_e，又称耗油量，单位 kg/h 或 L/100 km。

燃油消耗率 g_e，又称耗油率，表示柴油机在单位时间内发出单位功率所消耗的燃油量，单位是 g/(kW・h)。用燃油消耗率来评价柴油机的燃油经济性是最为合理的，是通常在说明书中标明最大有效功率时的耗油率。

燃油消耗率与燃油消耗量的关系如下：

$$g_e = G_e / N_e \times 1\,000 \quad [\mathrm{g/(kW \cdot h)}]$$

一般地，汽油机 265～330 g/(kW・h)，柴油机 210～260 g/(kW・h)。

3.7.2　柴油机的特性曲线

柴油机在不同的工作情况下，各主要性能指标是变化的。通过试验台的试验，测出由各种不同工作情况下的性能数据，并绘出曲线表示相互的变化规律。这些曲线称为“特性曲线”。其中运用最广的是调速特性曲线，它是将柴油机调速手柄放在最大供油位置，发动机从空转起，逐步增加负荷，在测定转速的同时，测定发动机各项指标，画出曲线。图 3-17 所示为 4125A 柴油机的调速特性曲线。从图上可以看出，当给柴油机一个外加负荷(扭矩)(反映在图上为一定大小的 M_e)，柴油机就相应地发出一定的有效功率，一定转速、耗油量和耗油率。由特性曲线我们可以得出以下几点：

①当柴油机在额定负荷的情况下工作时，柴油机的动力性能和经济性能最好。

②柴油机在轻负荷的情况下工作时，功率不能充分发挥出来，此时的动力性和

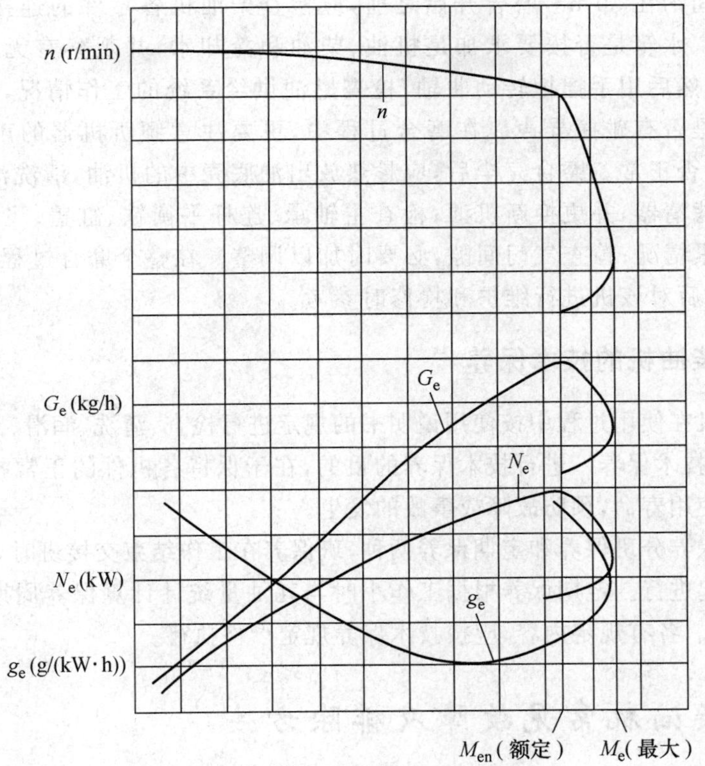

图 3-17 柴油机调速特性曲线

经济性都不好。因此在使用柴油机时,不应使柴油机长期处于轻负荷下工作。

③柴油机在超负荷的情况下工作时,转速低、功率下降,而耗油率上升,只要稍加大一点油门都会因燃烧不完全而使排气管冒黑烟,甚至使发动机灭火。所以柴油机也不应长期处于超负荷的情况下工作。

④柴油机在空转的情况下,功率为零而耗油率最高,最不经济。

因此,在根据所驱动的农机具的功率选择柴油机时,应使柴油机接近于满负荷的情况下工作。通常把被驱动的工作机械的功率匹配在柴油机额定功率的 85%~90%的范围内。大马拉小车或小马拉大车都不能获得最好的动力性能和经济性能。

3.7.3 柴油机的磨合

新的或大修后的柴油机,在正式使用前,必须经过磨合才能全负荷工作,否则就会加速零件的磨损,使柴油机发挥不出最大的有效功率,并缩短机器的使用寿命。柴油机的磨合一般分 3 个阶段,空负荷运转、轻负荷磨合、全负荷运转,整个磨合时间约在 50 h。磨合开始之前，应检查柴油机各零件的连接情况，油底壳、柴油箱、水箱是否按要求加足机油、柴油和冷却水，并观察有无漏油、漏水、漏气现象，然后用手摇把转动曲轴，检查燃油供给系统的工作情况，倾听机器内部各部件是否有碰撞异声。在磨合过程中，更要注意倾听机器的声音，观察油压、水温是否正常。磨合完毕后，应趁热放出油底壳中的机油，清洗油底壳、曲轴箱及机油滤清器，并更换新机油；检查主轴承、连杆平衡铁、缸盖、飞轮等螺栓的紧固和锁紧情况；检查气门间隙，必要时加以调整。在整个磨合过程中应做好记录，以便今后对该机进行维护和检修时参考。

3.7.4 柴油机的技术保养

柴油机在使用过程中按使用说明书的规定进行检查、清洗、润滑、紧固、调整等工作，叫作技术保养。进行技术保养的目的，在于保持各机件的正常技术状态，延长机件的使用寿命，预防故障或事故的发生。

技术保养分班保养和定期保养两种，班保养在工作结束交接班时，由前后班工作人员一起进行。定期保养根据工作小时与耗油量统计计算保养周期，一般分几种保养方式，各有规定内容，应按技术保养规定严格执行。

3.8 柴油机常见故障及排除方法

柴油机常见故障及排除方法见表 3-1。

表 3-1 柴油机常见故障及排除方法

故障	原因	排除方法
按下启动按钮后，机组没有反应或转动很慢	电瓶电量不足	检查电瓶充电量
	电瓶线及插头松动	检查和紧固电瓶线及插头
	中间继电器失效	检查中间继电器动作是否正常
	启动机故障	检修启动机
	供油系统供油不畅；不供油	排尽燃油系统中的空气，疏通管道使燃油畅通；检修油泵，清洗燃油初滤网
	启动按钮、启动回路接触不良	更换按钮，检查启动回路

续表 3-1

故障	原因	排除方法
发动机能转动到一定速度，但不能着火	喷油嘴无油喷出（供油不畅）	检查从油箱到输油泵之间的油路有无漏气、堵塞
	燃油系统渗入了空气	打开排气螺钉检查出油情况
	喷油泵喷油时间不准确或喷油泵故障	重调喷油泵时间
	调速器操作手柄位置不对	启动时，将调速器手柄置于空载位置
	电调板、执行器、速度传感器等回路故障	分别检查相应设备及回路
启动后又自行停机	油路不畅，滤清器堵塞，输油泵故障	检查油路畅通情况，必要时更换柴油滤芯
	空滤器堵塞严重	检查空滤器状况
	喷油嘴故障	更换喷油嘴
	自动保护功能设定参数偏移	重新设定参数
	自动化机组直流电中断	检查蓄电池电压或电量是否充足
	电调板、执行器、速度传感器等回路故障	检查相应的设备及回路
冒黑烟	空滤器严重堵塞	检查空滤器是否失效
	燃油牌号不对	检查燃油质量
	排气背压太大	检查喷油嘴雾化状况
	喷油泵故障	检查喷油泵供油量，重新调整
	油嘴咬死	检查气缸压缩力是否正常
冒蓝烟或白烟	润滑油牌号选用不当，油位过高	核对机油是否过稀，检查油面是否是在规定范围
	启动时间短，发动机温度过低	无需处理，机组运行时间稍长即可
	活塞环磨损，增压器失效	检查活塞环与气缸的间隙及活塞环槽间隙
	喷油嘴雾化不良，有漏油现象	校对喷油嘴，或修磨、更换

续表 3-1

故障	原因	排除方法
运转不稳	油路不畅或有空气	检查油路、接头是否松动，滤清器是否堵塞
	喷油泵或喷油嘴故障	检查油泵喷油正时，油泵齿条是否活动灵活，油嘴雾化情况
	空气滤清器部分堵塞	检查空滤器芯的清洁状况
	电调速机组电调板调整不好，游车	调整电调板增益及稳定性
发动机功率不足	油路供油不畅	检查油路供油是否畅通、漏气
	高压油泵工作不正常	检查调整高压油泵
	喷油嘴工作不正常	检查、更换喷油嘴
	空气系统阻塞	检查、清洁或更换空气滤芯
	涡轮增压器故障	检查维修涡轮增压器
	中间冷却器漏气或冷却效果不好	处理中间冷却器
机油压力过低、过高	机油 SAE 值不正确	核对机油牌号是否正确
	压力表显示不准	更换压力表重试
	机油滤清器阻塞	检查或更换机油滤清器
	机油液面太低	补充同品牌同型号的机油
	机体内，油路阻塞	修复
水温过高	排风冷却系统失常	检查水泵工作是否正常、节油器能否打开
	喷油时不准	检查水箱外部是否堵塞、风扇皮带松紧度
	长时间过负荷	喷油正时校正
	皮带松动或过度磨损	调整皮带松紧度或更换皮带

4 汽 油 机

4.1 概述

小型汽油机因其重量轻、体积小和容易启动等优点而被广泛用作植保机械动力，常用的小型汽油机有两类。一类为二冲程小型汽油机，其功率范围为 0.75～3.0 kW，转速范围为 5 000～8 000 r/min，主要与背负式喷雾喷粉机、手携台架式植保机械等配套。另一类为四冲程小型汽油机，其功率范围为 1.5～3.0 kW，转速范围为 2 000～3 000 r/min，主要与担架式、台架式喷雾机配套。

汽油机由曲柄连杆机构及机体零件、配气机构、燃料供给系、点火系、冷却系和润滑系等部分组成。与柴油机相比，除多设点火系及燃料供给系有较大差别外，其他机构或系统的构造基本相似，只在结构上稍有区别，如配气机构多用侧置式，冷却系统多采用风冷式，润滑系统的结构也较简单。二行程汽油机，采用气孔-曲轴箱换气方式进行进气和排除废气，故无单独的配气机构，因其在曲轴箱进行换气，箱内不存放机油，采用在汽油中加入一定比例的机油（一般汽油与机油的体积比为 20∶1），通过汽化器雾化后进入曲轴箱和气缸内润滑各零件摩擦表面，即采用掺混方式进行润滑，无单独的润滑系统，结构更为简化。因此，下面仅讲述汽油机的燃料供给系统和点火系统。

4.2 燃料供给系统

4.2.1 汽油机燃料供给系的功用与组成

燃供系的功用是根据汽油机各种不同工作状况的要求，将清洁的汽油与空气，按一定比例均匀混合形成可燃混合气，定量地供入气缸，使之在临近压缩终了时点火燃烧而膨胀做功，并将燃烧产生的废气排入大气。

现代汽油机的燃供系一般有两种类型：汽化器式燃供系和燃油喷射式燃供系。这里主要介绍汽化器式燃供系，它一般由油箱、沉淀杯、汽化器和空气滤清器等组成，其工作过程如下：

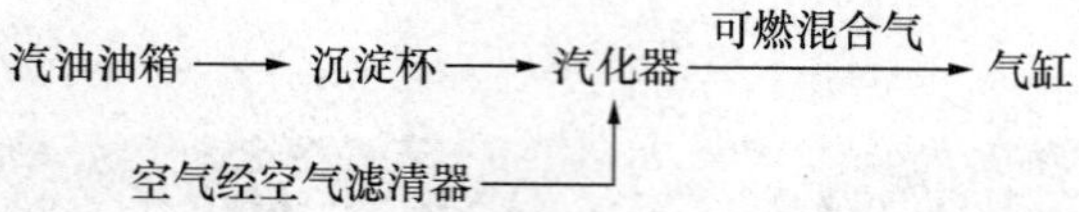

4.2.2 汽化器

汽化器是影响汽油机动力性和经济性的关键部件。它的功用是:使燃油很好地汽化,并以正确的比例与空气混合,形成可燃混合气(可燃混合气中空气与燃料的质量之比称为空燃比),并根据负荷、转速、温度等状况为汽油机提供适当数量的可燃混合气。

理论上 1 kg 汽油完全燃烧,约需 14.7 kg 空气,这种混合气称为标准混合气(理论空燃比 14.7)。如果汽油的含量比标准混合气多,则称为浓混合气,反之则为稀混合气。汽油机在不同工况下,要求不同浓度的混合气。

1. 简单汽化器与可燃烧混合气的形成

简单汽化器的构造如图 4-1 所示,由浮子室、主量孔、主喷管、喉管、节气门(节流阀)等组成。

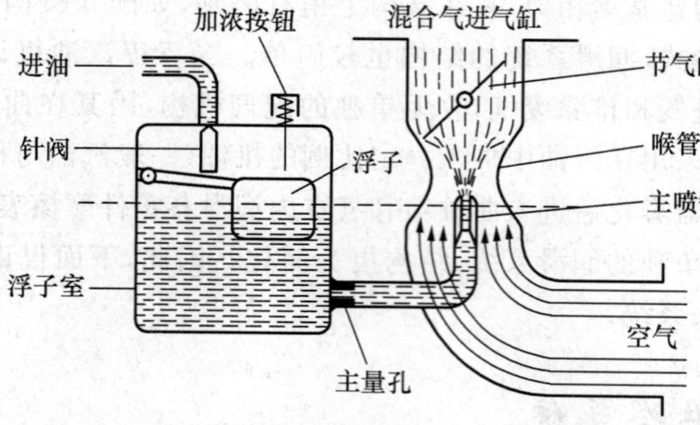

图 4-1 简单汽化器工作示意图

汽油自油箱经油箱开关、沉淀杯及油管进入浮子室,浮子室内有浮子、针阀、启动加浓按钮等,汽油机工作时,浮子随油面的变动而上下波动,并通过针阀打开或关闭进油孔,以保持浮子室的油面基本不变。浮子室有小孔与大气相通。

汽油从浮子室经主量孔进入主喷管,主喷管设在喉管处,在汽油机的进气管上,并高出浮子室油面 2～3 mm,使汽油机不工作时,汽油不会从喷管处自行流出。空气通道的截面积沿轴向变化,截面积变小的部分称为喉管,其作用是增加空气通过喉管的流速,使喉管处形成一定的真空度。主量孔为一尺寸精确的小孔,用以控制汽油的流量。

当气缸处于进气行程时，由于缸内压力低于外界大气压力，空气便经过空气滤清器、汽化器气体通道、进气管进入气缸。流经喉管处时，因通道截面变小，喉管处的空气流速增加而压力降低，汽油在压力差(浮子室外面的大气压与喉管处的负压)作用下，由浮子室经主喷管喷入喉管处的高速气流中，在高速气流冲击下，形成细雾。在随空气流动的过程中，很快蒸发汽化并与空气混合形成可燃混合气。

节气门的开度可调节，用以控制流入气缸中可燃混合气的数量和浓度。在简单汽化器中，当节气门由小开大时，流经喉管的空气量逐渐增多，因此喉管处的空气流速也随之增高，即喉管真空度随之增大。从喷管处流出的油量随之增多，因汽油流量的增长率大于空气流量的增长率，使形成的可燃混合气随节气门的开大而变浓，且进入气缸的混合气量增多。

2. 小型农用汽油机的几种工况及其对可燃混合气的要求

(1)*启动* 汽油机在冷态启动时，节气门开度不是很大，同时因曲轴转速很低，流经喉管的空气量少，速度也低，喉管真空度小，使喷管喷出的油量少且不易雾化，加上进气管和气缸温度低，大部分汽油不能及时蒸发而以液态积附在进气管道内，只有其中的少量汽油与空气形成很稀的混合气进入气缸，以致不易着火燃烧，为了保证实际进入气缸内的混合气中有足够量的汽油蒸气，使汽油机能顺利启动，因而要求汽化器在启动时能供给极浓的混合气。

(2)*怠速* 指的是汽油机无负荷低速运转，其转速一般为 300～500 r/min。由于转速低，加上此时节气门的开度很小，汽化器喉管处空气流速低，汽油雾化不好，与空气混合也差，加上因进入气缸的混合气数量很少，相对而言气缸内残留的废气较多，这些都对燃烧不利。为保证汽油机能在低速下稳定运转，要求汽化器供给较浓的混合气。

(3)*中等及额定负荷工作* 小型汽油机大部分作业时间处在这种工况，要求发出足够的功率或扭矩以克服外界的阻力。这时节气门接近或位于全开位置，为了保证进入气缸的汽油能充分燃烧，要求汽化器供给较稀的混合气以减少耗油量，并获得良好的经济性和动力性。

简单汽化器形成的可燃混合气浓度不能满足汽油机不同工况的要求。现代汽油机所用的汽化器在简单汽化器的基础上增加了许多调节供油量的装置，如主供油装置、怠速装置、启动装置、加浓装置和加速装置等，而且其种类很多。

下面以 1E40F 汽油机上所用可变喉管式汽化器和膜片式汽化器为例，说明其工作过程：

可变喉管式汽化器其结构见图 4-2。在喉管处的垂直通道中装有一可上下移动的调量柱塞，喉管处的截面积随柱塞的升降而变大或变小。柱塞中心处用卡簧固定有一下细上粗的锥形油针，油针伸入喷油主量孔连接管内。在浮子室盖上设有启动加浓按钮。在汽化器喉管前部的进气室内装有一阻风门。

启动时，按压加浓按钮以提高浮子室的油面，使汽油从喷管口自动溢出，增加供油量，同时关闭阻风门，减少空气进入量，因此供给气缸极浓的混合气，便于汽油机冷态启动。汽油机热车启动时，机器本身温度较高，汽油容易蒸发，此时混合气不要求那么浓，故可不关或只关闭部分阻风门。汽油机着火后，逐渐将阻风门置于全开位置。

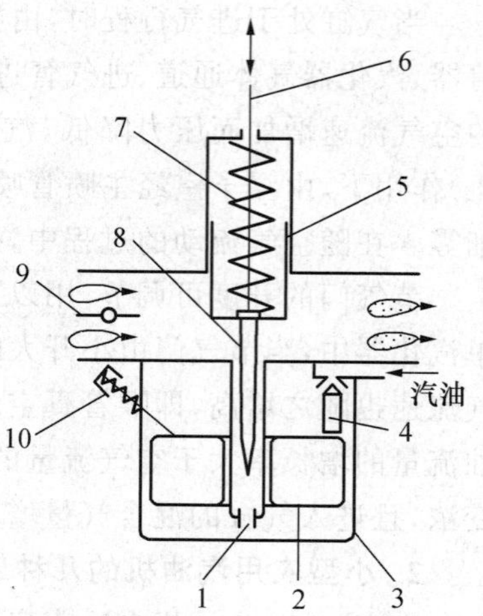

图 4-2　可变喉管式汽化器

1—主量孔　2—浮子　3—浮子室
4—针阀　5—柱塞　6—钢丝柔索
7—弹簧　8—油针　9—阻风门
10—加浓按钮

怠速时，柱塞处于下面位置，因喉管截面积很小，喉管处真空度大，汽化器供给量少但较浓的混合气。

负荷时，通过手油门使柱塞上移，喉管截面积增大，进入的空气量增多，但空气流经喉管时的气流速度减少，即真空度相应降低，喷油量相应减少，从而使混合气变稀。为防止混合气过稀，当油针随柱塞上升时，锥形油针的较细部分使主量孔连接管中的环形通道面积增大，减少出油阻力，使混合气不致过稀；满足汽油机所需的混合气浓度。

锥形油针的上部有 5 个环槽，用以调节与柱塞的连接位置，当卡簧卡在油针最上方的环槽时，由于油针与主量孔连接管形成的环形通道面积减小，供油量也减小，混合气变稀。反之，卡在最下方的环槽时，混合气变浓。油针位置的调整应仔细进行，以获得最佳的动力和最经济的油耗。

膜片式汽化器其结构见图 4-3，在启动汽油机前，应将汽化器内的空气排净，便于汽油机的启动。首先用手压下油杯，使其内部的燃油和空气通过阀芯从回油管压出，当放开手时在油杯内部产生负压，将贮油室内的空气吸入油杯内，从而使贮油室内产生负压，在大气压力的作用下吸油膜片将摇臂压下，打开针阀，在负压作用下打开回止阀 4 和 5，通过进油嘴将油箱内的燃油吸入贮油室内，反复挤压油杯，使贮油室内的空气排出，并充满燃油。

汽油机启动后，随着汽油机的运转，在引压孔处产生脉动压力，使中体膜片上下产生脉动，通过回止阀 4 和 5 的交替打开、关闭，将油箱内的燃油通过进油嘴不断地吸入贮油室。与此同时，由于发动机活塞的上下运动，在汽化器的喉管处产生负压，燃油不断地流经贮油室、单向阀和主喷管，从主喷口喷出并与空气混合形成

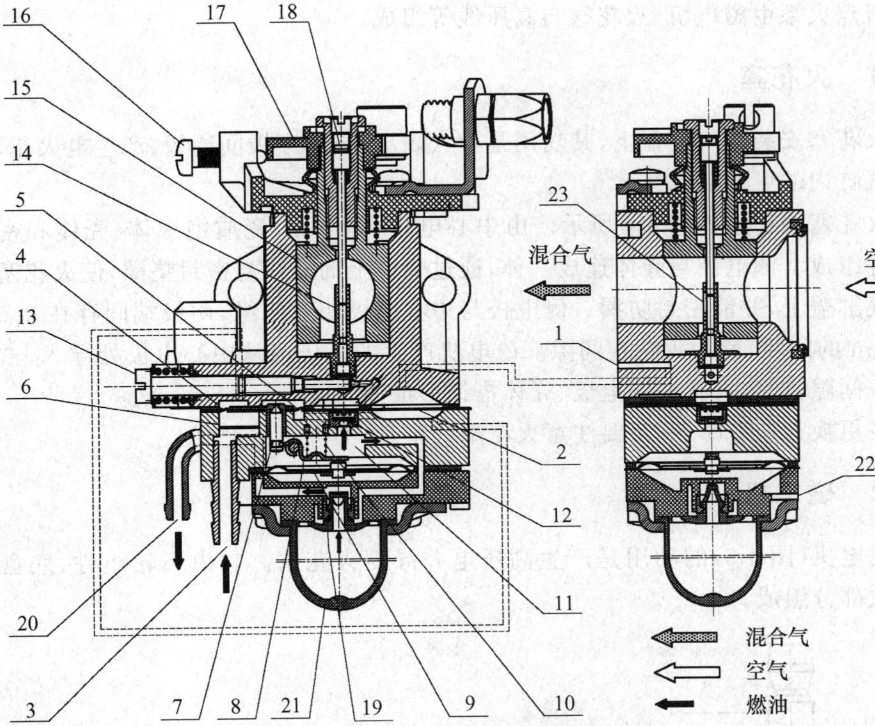

图 4-3 膜片式汽化器

1—引压孔 2—中体膜片 3—进油嘴 4—回止阀 5—回止阀 6—滤网 7—针阀总成 8—摇臂 9—吸油膜片 10—弹簧 11—贮油室 12—单向阀 13—主量孔调节油针 14—主喷管 15—柱塞 16—油门调节螺钉 17—旋架 18—主量针摇臂 19—阀芯 20—回油管 21—油杯 22—空气平衡孔 23—主喷口

混合气,进入汽油机燃烧做功。随着燃油的不断流出,贮油室内产生负压,在大气压的作用下吸油膜片将摇臂压下使针阀打开,同时在负压作用下,将回止阀 5 和 4 交替打开和关闭,燃油也不断地从油箱进入贮油室。这样汽化器便连续不断地向汽油机提供所需的燃油,满足汽油机正常工作时所需的可燃混合气。

4.3 磁电机点火系统

点火系统的功用是按汽油机工作循环的要求,定时在气缸中产生电火花,点燃混合气。

高压火花点火方式中有蓄电池式和磁电机式,前者在汽车上广泛使用,后者在小型汽油机上使用,通常采用飞轮式磁电机,即汽油机的飞轮为磁电机的一部分。

磁电机点火系由磁电机、火花塞与高压线等组成。

4.3.1　火花塞

火花塞安装在气缸盖上，其功用是导入高压电，击穿极间绝缘，产生电火花，以点燃气缸内的可燃混合气。

火花塞的构造如图 4-4 所示。由中心电极、侧电极、瓷质绝缘体、壳体和密封垫圈等组成。侧电极与壳体连成一体，通过壳体上的螺纹与密封垫圈，使火花塞旋紧在气缸盖上，并能密封防漏。侧电极与中心电极相互绝缘，两极端间存在 0.5～0.7 mm 的间隙，称为火花塞间隙。磁电机产生的高压电从中心电极处导入，击穿火花塞间隙，产生火花经侧电极、壳体搭铁形成回路。

在更换火花塞时，一定要注意火花塞的型号，不可随意更换。

4.3.2　磁电机

磁电机（图 4-5）的功用是产生高压电并导至火花塞。它由飞轮组件、底盘组件两大部分组成。

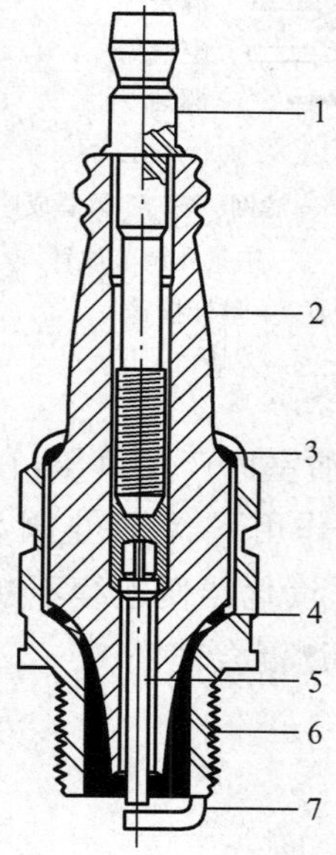

图 4-4　火花塞

1—高压接线端　2—绝缘体
3，4—内垫圈　5—中心电极
6—壳体　7—侧电极

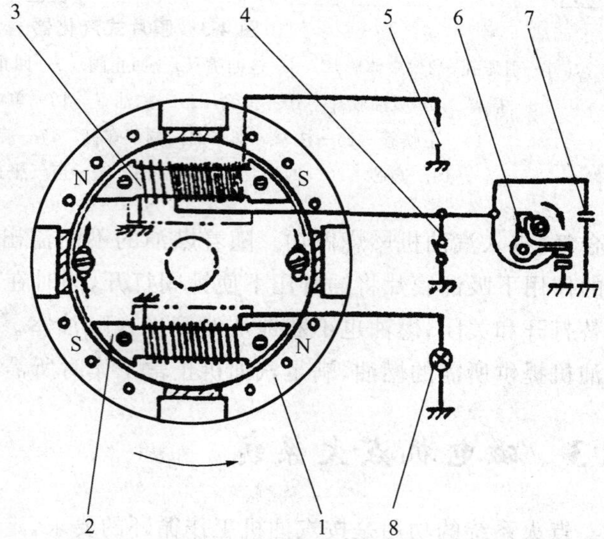

图 4-5　飞轮式磁电机工作原理图

1—飞轮　2—照明线圈　3—点火线圈　4—熄火按钮
5—火花塞　6—断电器　7—电容器　8—照明灯

飞轮组件的飞轮壳内壁上固定有 3 块磁极和一块配重块。飞轮壳的中心是带锥孔的凸轮轴套，通过半月键与汽油机的曲轴相连接。

底盘组件为一圆盘，其上装有点火线圈、照明线圈、电容器及断电器等零件。底盘组件用螺钉固定在汽油机的侧面机体上。

点火线圈为绕在同一铁芯上的初级和次级 2 个线圈。初级线圈的导线粗、匝数少，线圈的一端搭铁，另一端用导线引出后接至断电器的动触点，并通过固定触点搭铁后形成一通路，称为低压电路。次级线圈的导线细、匝数多，一端与初级线圈的引出端相接，而另一端则通过高压线与火花塞的中心电极相接，再通过侧电极及其搭铁可形成一通路，称为高压电路。

磁电机的工作原理为，当飞轮旋转时，飞轮上的磁极形成旋转磁场，使通过铁芯中的磁通量的大小和方向都不断变化，因此在初级和次级线圈中产生感应电势。由于次级线圈的感应电势不高(300 V 左右)，不足以击穿火花塞间隙，此时高压电路中不形成通路。低压电路中当断电器的白金动触点与白金固定触点(统称白金触点)处于闭合状态时，初级线圈的低压电路中就有感应电流通过，其路线为：初级线圈引出端通过断电器弹簧和断电臂→断电器动触点→断电器固定触点→搭铁→初级线圈搭铁端。此电流为一交变电流。

当低压电路中的交变电流及其产生的磁场达最大值的瞬间，使凸轮将断电器的白金触点断开，初级线圈中的电流被切断。由于电流及其磁场的迅速消失，引起次级线圈中产生一高达 1.5 万～2.0 万 V 的感应电势，击穿火花塞间隙而形成电火花。高压电路的流经为：次级线圈的引出端经高压导线→火花塞中心电极以火花形式→火花塞侧电极→搭铁→初级线圈的搭铁端→初级线圈→次级线圈形成回路。因此，白金触点断开时即为形成电火花向汽缸内混合气点火之时。

断电器白金触点断开时，初级线圈因磁场的突然消失也会感应出约 300 V 左右的自感电势。此电势会在白金触点间形成火花，通过自感电流，阻碍原电流的消失。如不设法消除则会影响次级线圈产生的感应电势，并使白金触点烧损。为此，在白金触点两端并联一电容器，以供白金触点断开时，自感电流向电容器充电，消除白金触点间的火花，保护触点不被烧蚀，随后电容器又反向放电，更加速初级线圈中电流的消失，保证次级线圈能产生高电压而在火花塞间隙中形成强火花，电容器是保护火花形成及保护白金触点的重要元件。白金触点断开至最大时的间隙值称为白金间隙，其值一般为 0.25～0.35 mm。间隙过大或过小都会降低感应出的高压电势值，使火花微弱甚至断火。

在初级线圈引出端连接一根导线，若将它与机体相连接，初级电路被短路，次级线圈也就不再能产生高压电，汽油机也会熄火停车。因此，此导线称为熄火线。

汽油机应在活塞到达压缩上止点前的某一曲轴转角点火，这一曲轴转角称为点火提前角。点火过早或过迟都会使汽油机功率降低、启动困难或产生爆震等不正常现象。点火提前角可通过底盘组件底板上的 2 个固定螺钉处的长孔进行调整。

磁电机点火系在使用中应经常检查各接头连接的可靠性，注意各绝缘表面的清洁和定期检查白金触点间隙值，以及注意清除触点表面的油污。点火系如保养不当，易产生故障。

4.4　汽油机的使用

小型农用汽油机多采用人力启动方式即用启动拉绳直接转动汽油机曲轴的方法进行启动。下面以小型二行程汽油机为例，介绍汽油机的使用。

4.4.1　启动前的准备

①启动前要检查机器的各零部件是否连接牢固，将启动拉绳绕在启动轮上，轻轻拉动 2～3 次，看转动是否灵活正常，检查电路各接头，尤其是火花塞连接线是否松脱、风冷的空气通道是否被堵死(如堵死，会发生不正常的过热现象)、空气滤清器是否清洁、查看油路是否通畅。

②按比例配制混合油：用随机带的加油瓶配制时，先加汽油到第一条线，再加机油至第二条线，其容积比为 20∶1(注意：新机器磨合阶段其容积比为 15∶1)；加油时要注意清洁。

4.4.2　启动

①打开油箱开关，将油门操纵手柄调整到 1/2 的位置上。

②关小阻风阀，按下(不要猛力反复冲击)汽化器启动加浓按钮，直至汽化器开始溢油为止。

③将启动拉绳绕在启动轮上，缓拉数次使燃油进入气缸，然后以同样方式迅速拉动启动绳，良好技术状态的汽油机，在冷机启动时，一般在拉动 3～5 次内即可着火启动。启动时要注意，不要把启动绳的另一端缠在手上，以免汽油机意外反转时，手与绳难以脱离而造成伤人事故。另外，启动时要注意稳住汽油机，以防机器倾倒。

④汽油机着火后，逐渐将阻风门置于全开位置，运转 2～3 min 后将油门操纵手柄调到怠速位置，待正式作业时再将油门操纵手柄置于最大位置。

4.4.3　运转与熄火

①启动后应低速运转数分钟，待机器预热后再投入高速运转并逐渐加上负荷。

②工作结束后，应低速运转 3～5 min，使汽油机温度缓慢降低。

③关闭油门操纵手柄，实现熄火停车，有的汽油机必须通过按熄火开关来停车时（如 165F 四行程汽油机），要注意不要在汽油机高速运转下进行。

④熄火后关闭油箱开关，并将汽油机打扫干净。如汽油机将长期不用时，应清除机器灰尘和积炭，将油箱和汽化器内的燃油全部放净，通过火花塞孔向气缸内加 15～20 g 机油，并用手转动曲轴 4～5 转后将活塞转至上止点位置，再装上火花塞，罩上防尘罩后将整机放在干燥通风处存放。

汽油机与柴油机一样，新的或经大修后的机器必须经过磨合。使用过程中除每天的班保养外还要进行定期保养，其间隔及具体保养内容参照使用说明书。

4.5 汽油机常见故障及排除方法

汽油机常见故障及排除方法见表 4-1。

表 4-1 汽油机常见故障及排除方法

故障	原因	排除方法
火花塞不跳火或火花呈红色，火花不强	断电器触点间隙不对，接触不良或不清洁	调整间隙到 0.25～0.35 mm，用白金砂条磨平被烧损触点平面，并且要用干净的布将白金擦干净
	停车按钮弹簧短路	排除短路的接触
	火花塞电极间隙过小	将火花塞间隙调到 0.5～0.7 mm
	点火时间不对	调整点火提前角至上止点前 20°
	断电器及火花塞、电线等有短路漏电地方	排除各零件上漏电现象
	电容器损坏	更换电容器
	高压线圈内部断线和受潮	换上新线圈或低温烘干
	断电器白金粒松动和脱落	更换新件进行紧固
	断电器摇臂折断	更换新件
	飞轮上的磁钢磁力减弱	送修理重新充磁
按下加浓按钮，汽化器无汽油流出	油箱内无汽油	注满汽油
	油门开关没打开	打开油门开关
	油内有空气	排除油道空气
	滤油杯、滤网或油箱滤杯之间通道堵塞	清洗滤油杯及汽油管道
	进油针阀卡死	进行排除

续表 4-1

故障	原因	排除方法
火花塞很潮湿，节气门有汽油渗出	主量孔调整针开度太大	一般是将调整针拧紧后，逆时针拧出 1.5～2.0 圈
	进油针阀关闭不严	研磨进油针阀
	汽化器油平面太高	调整浮子上的调整片高度，使油平面降低
	浮子破漏	将浮子内汽油倒出后焊补，但焊后重量增加不得超过 5%～6%
气缸内压力不足	气门间隙过小或无间隙	调整气门间隙
	气门及气门座烧蚀及磨损造成接触不良漏气	研磨气门，及气门座
	活塞环磨损	更换新的活塞环
	火花塞垫圈未放或没拧紧引起漏气	检查火花塞是否有垫圈，然后拧紧
	气门弹簧折断引起漏气	更换新弹簧
	气缸垫损坏引起漏气	更换气缸垫
	二行程汽油机曲轴箱漏气	检查曲轴前后油封，损坏应更换各结合面处(机体和曲轴箱、前后曲轴箱)的，接合不紧，应进行检修
功率不足	点火时间过早或过迟	调整点火提前角
	进、排气门间隙过小	调整气门间隙
	燃油混合比过浓或过稀	找出原因进行排除
汽油机过热	润滑不当，润滑油太稀，量少	更换机油或添加机油
	冷却系统堵塞引起散热不良	清除堵塞冷却系的杂物
	汽油机负荷太重	减轻负荷
	点火不良或点火过迟	进行检查和调整点火提前角
	混合气过稀或过浓使燃烧速度降低	检查过稀过浓原因予以排除
	汽油不符合规定	按要求更换汽油
运转自动停车	燃油烧尽	添加燃油
	高压线脱落	安好
	火花塞积炭短路	清除积炭
	断电器触点间隙不对或脏污	调整或清除脏物

5 拖拉机

5.1 概述

拖拉机是农业生产中最重要的动力机械。拖拉机和作业机具相连接,形成移动式作业机组,可以完成喷施农药以及诸如耕地、整地、播种、中耕、收获和农业运输等其他各项农田作业。在植保机械作业中常与悬挂和牵引喷雾机配套作业。

5.1.1 拖拉机的类型

拖拉机按照行走装置形式的不同可分为轮式、链轨式(履带式)和船式(水田用)3 种。轮式拖拉机又有两轮和四轮之分。习惯地将两轮拖拉机称为手扶拖拉机。四轮拖拉机根据驱动轮的多少,又分为两轮驱动和四轮驱动拖拉机 2 种。

拖拉机按发动机功率的大小可分为大型、中型和小型 3 种。一般习惯于把 80 kW 以上的拖拉机,叫作大型拖拉机。15～80 kW 的拖拉机叫作中型拖拉机,小于 15 kW 的拖拉机叫作小型拖拉机。

拖拉机还可以按用途分为通用型、水田型和特殊型等。

5.1.2 拖拉机的组成

从满足拖拉机配带各种机具进行各项作业的基本要求出发,拖拉机一般由发动机、传动系统、行走系统、转向系统、制动系统、工作装置、电气和仪表系统等组成(图 5-1)。拖拉机上除发动机和电气仪表设备外,其他系统和装置统称为拖拉机底盘。发动机是拖拉机的动力来源,国产拖拉机的发动机几乎都是柴油机,其构造和工作原理已在前面作了介绍。

5.2 传动系统

传动系统是发动机和驱动轮之间所有传动部件的总称。其功用是将发动机的扭矩扩大和传送到拖拉机的驱动轮和动力输出装置,保证拖拉机平稳起步、停车、前进或倒车等,并根据工作需要改变拖拉机的行驶速度和牵引力。

轮式拖拉机的传动系统包括离合器、变速箱、中央传动、差速器和最终传动五

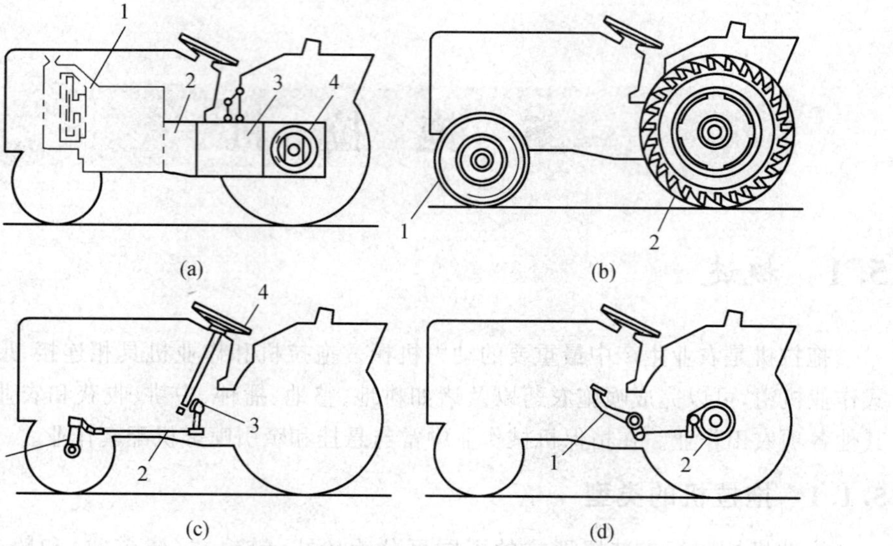

图 5-1　轮式拖拉机简图

(a)传动系　1—发动机　2—离合器　3—变速箱　4—后桥

(b)行走装置　1—前轮(导向轮)　2—后轮(驱动轮)

(c)转向系　1—转向节立轴　2—纵拉杆　3—转向器　4—方向盘

(d)制动系　1—踏板　2—制动器

部分。通常把中央传动、差速器、最终传动装于同一壳体内，布置在左右驱动轮之间，合称为后桥。

链轨式拖拉机的传动系统和轮式拖拉机的主要区别在于后桥中没有差速器，而在中央传动与最终传动之间装有左、右 2 个转向离合器。亦即链轨式拖拉机的动力传动路径为：发动机→离合器→变速箱→中央传动→左、右转向离合器→最终传动→左、右驱动轮。

5.2.1　离合器

离合器一般安装在发动机和变速箱之间。其功用是切断和接合发动机传给变速箱的动力。接合时，使拖拉机平稳起步；切断时，能使拖拉机在发动机不熄火的情况下停车、换挡。

离合器也叫主离合器，以区别拖拉机上其他用途的离合器。主离合器广泛采用摩擦式离合器，它是靠主、被动摩擦零件表面的摩擦力来传递扭矩的。

1. 构造

常接合单作用摩擦式离合器由主动部分、从动部分、压紧装置和操纵机构等组成，如图 5-2 所示。

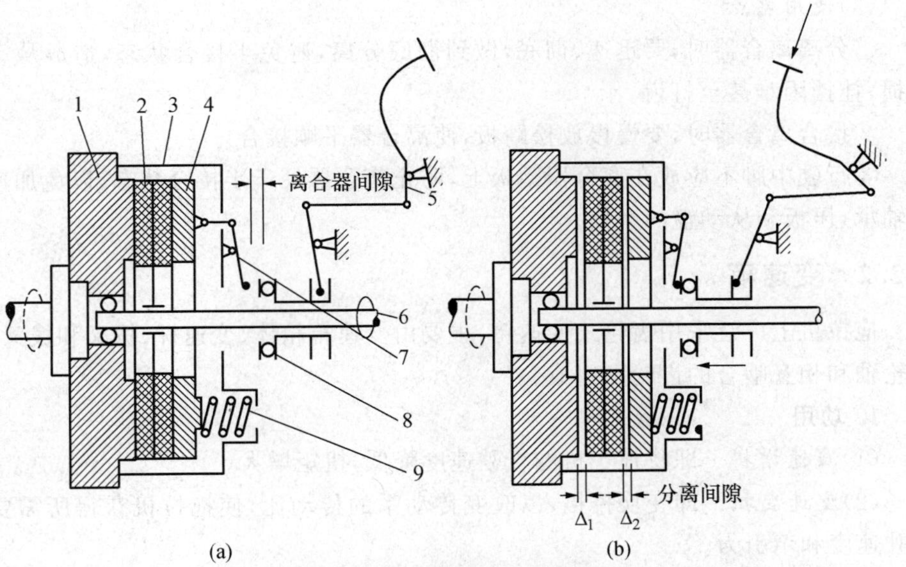

图 5-2 离合器工作原理简图

1—飞轮 2—从动盘 3—离合器盖 4—压盘 5—踏扳
6—离合器轴 7—分离杠杆 8—分离轴承 9—离合器弹簧

(1)主动部分 离合器的主动部分包括飞轮、压盘、离合器盖等,离合器盖与飞轮由螺钉固定在一起,压盘与离合器盖相嵌合。发动机工作时,压盘、离合器盖和飞轮一起旋转,压盘在旋转的同时还可做轴向移动。

(2)从动部分 从动部分包括从动盘和离合器轴。从动盘是由钢片和铆在两边的摩擦片构成的,装在离合器轴的花键上,可做轴向移动。离合器轴前端由轴承支承在飞轮中心孔内,后端与变速箱第一轴相连。

(3)压紧装置和操纵部分 压紧装置由装在离合器盖与压盘之间的弹簧构成。操纵部分由分离轴承、分离杠杆、踏板等组成。

2. 工作原理

(1)接合 松开离合器踏板、加压弹簧逐渐伸展,通过压盘将从动盘压紧在飞轮端面上,离合器便处于接合状态。这时从动盘带动离合器轴随飞轮一起旋转,将动力传给变速箱(图 5-2(a))。

(2)分离 当踩下离合器踏板时,通过拉杆使分离轴承往前移动,压迫分离杠杆内端也往前移动。分离杠杆则绕离合器盖上的支点转动,其外端带动压盘克服弹簧的压力往后移动,从而使从动盘与飞轮、压盘之间的摩擦力消失,离合器分离,动力传递被切断(图 5-2(b))。

(3)使用要点

①分离离合器时,要迅速、彻底,做到彻底分离,避免半接合状态,造成从动盘磨损,挂挡困难甚至打齿。

②接合离合器时,要慢慢放松踏板,使离合器平顺接合。

③行驶中脚不应放在离合器踏板上,防止离合器处于半接合状态,以免加速分离轴承、压板和从动盘的磨损。

5.2.2　变速箱

拖拉机上广泛采用齿轮式变速箱,主要由变速箱箱体、变速杆、拨叉和拨叉轴、齿轮轴和相互啮合的齿轮副组成。

1. 功用

(1)减速增扭　即将拖拉机的行驶速度降低,扭矩增大。

(2)变速变扭　即变换排挡,以改变传动系的传动比,使拖拉机获得所需要的行驶速度和牵引力。

(3)实现空挡　使拖拉机在发动机不熄火的情况下停车,同时也为拖拉机启动创造条件。

(4)实现倒挡　使拖拉机能倒退行驶。

2. 工作原理

(1)齿轮传动中齿数与转速的关系　齿轮式变速箱是利用大小齿轮的搭配来改变转速和传递动力的。在两啮合齿轮传动时,主动齿轮和从动齿轮的转速与它们的齿数成反比,齿数越多,转速越慢。如果二者齿数相等,则其转速不变。变速箱就是根据这个特点通过多对齿轮啮合来变速的,如图 5-3(c)所示。

(2)齿轮传动时转速和扭矩的关系　在图 5-3(a)中,小齿轮为主动齿轮,大齿轮为被动齿轮,当小齿轮驱动大齿轮时,大齿轮比小齿轮的转速慢。但根据作用力和反作用力原理可知,当两齿轮相互作用时,作用在啮合面上的力是相等的。由扭矩=力×力臂可知,因大、小齿轮的半径(即力臂)不等,所以大、小齿轮受的扭矩不相等,即大齿轮的扭矩大,小齿轮的扭矩小。表明在齿轮传动中,扭矩与转速成反比。故当小齿轮驱动大齿轮时,既降低了大齿轮的转速,又增大了大齿轮的扭矩,即减速增扭。反之则为增速减扭。

(3)齿轮传动的旋转方向　当一对齿轮传动时,则主动齿轮和从动齿轮的旋转方向相反。如果在这 2 个齿轮中间再增加 1 个齿轮与之相啮合,如图 5-3(b)所示,则主动齿轮和被动齿轮的旋转方向相同,而且传动速比不变。变速箱就是利用齿轮传动的这个特点,来实现拖拉机倒退的。

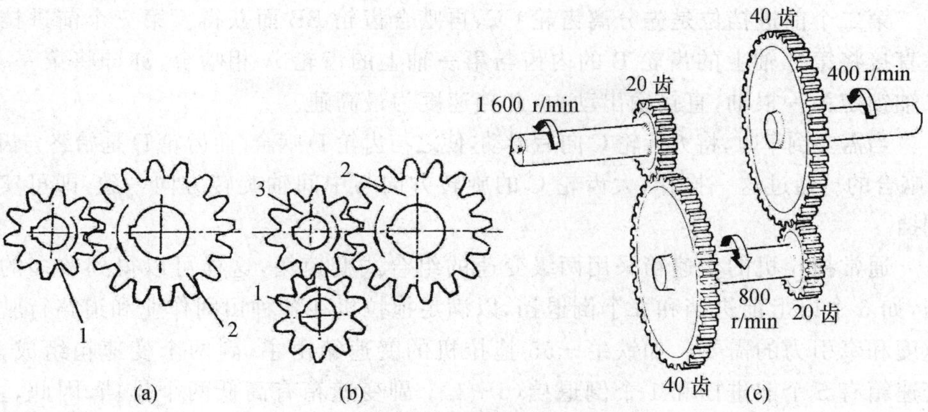

图 5-3 齿轮传动

1—主动齿轮 2—被动齿轮 3—中间齿轮

(4)变速箱的工作原理 图 5-4 所示为一种典型的滑动啮合变速箱,它可实现 3 个前进挡和 1 个倒退挡,第一轴(又称变速箱动力输入轴)的动力来自离合器花键轴,轴端固定着齿轮 A,它始终与中间轴上的大齿轮 A 啮合,而中间轴上的齿轮都是固定的。所以,只要第一轴传入动力,中间轴上的齿轮都将转动。变速箱第二轴为花键轴,它上面的齿轮既可沿花键做轴向移动,又可带动第二轴旋转而输出动力。第二轴的前端支承在 A 齿轮所在的第一轴上,图 5-4 中它们貌似同一轴,其实是互不干扰的两根轴。图 5-4 所示位置为齿轮 CC 处于啮合状态,动力从第一轴经齿轮 AA 传动中间轴,中间轴经齿轮 CC 驱动第二轴而输出动力。为第一个前进挡位。

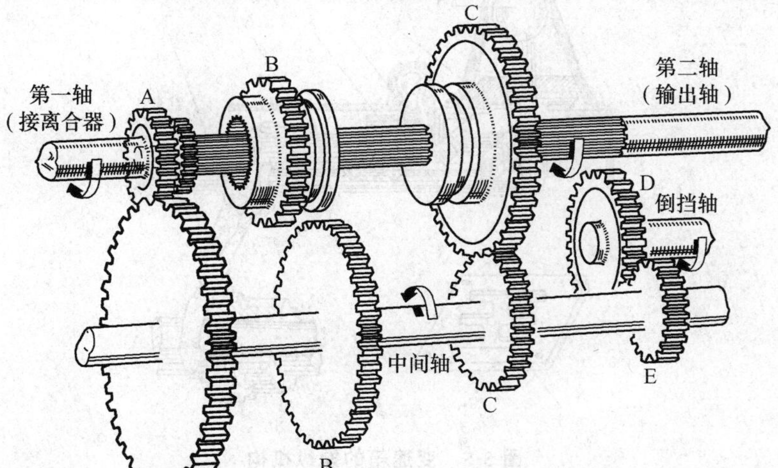

图 5-4 一种滑动啮合变速箱

第二个前进挡位是先分离齿轮 CC，再啮合齿轮 BB 而获得。第三个前进挡位是直接将第二轴上的齿轮 B 的内齿与第一轴上的齿轮 A 相啮合，亦即将第一、第二轴锁定为一根轴，直接输出动力，此挡速度为最高速。

当需要倒车时，将大齿轮 C 向后滑动，使之与齿轮 D 啮合，而齿轮 D 是始终与齿轮 E 啮合的。通过这一操作，大齿轮 C 的旋转方向与中间轴旋转方向一致，即可实现倒挡。

通常拖拉机的变速箱采用两级变速的组合式变速箱，这样可以得到较多的速挡，如 6 个以上前进挡和 2 个倒退挡，以满足拖拉机在各种田间作业和道路行驶对速度和牵引力的需要。如铁牛－55 拖拉机的变速箱由主、副两个变速箱组成，主变速箱有 5 个前进挡和 1 个倒退挡（5＋1），副变速箱有高低两个排挡，因此，主、副变速箱组合可以获得（10＋2）个挡位，即 10 个前进挡，2 个倒挡。

3. 变速箱的操纵机构

变速箱的变速是由驾驶员操纵变速杆，通过换挡机构拨动第二轴上的滑动齿轮，实现换挡。

(1)换挡机构　拖拉机上都采用球支座式的换挡机构，如图 5-5 所示。它由变

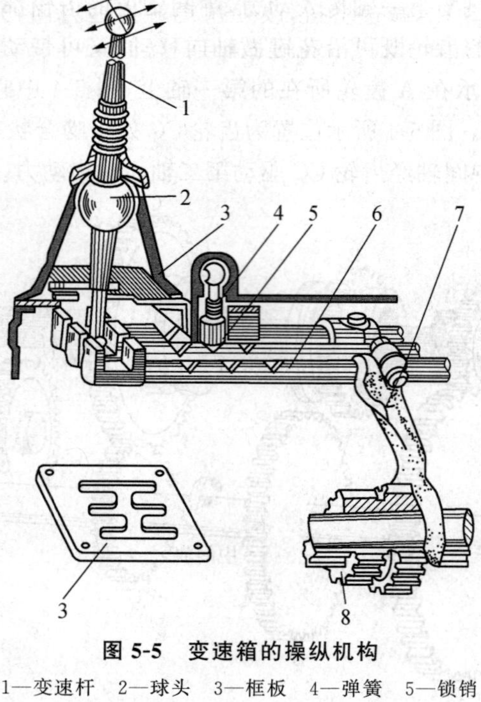

图 5-5　变速箱的操纵机构

1—变速杆　2—球头　3—框板　4—弹簧　5—锁销
6—拨叉轴　7—拨叉　8—滑动齿轮

速杆、拨叉轴和固定在它上面的拨叉组成。操纵变速杆，即可使拨叉轴前后移动，从而带动滑套在花键轴上的齿轮移动，实现换挡。

(2)锁定机构　锁定机构的功用是保证变速齿轮准确地处于全齿啮合或空挡位置，不产生自行脱挡或挂挡现象。它由锁球、弹簧及拨叉轴上的定位槽组成。变速时，变速杆拨叉轴做轴向移动，使压缩弹簧顶起锁球，当齿轮移至某一挡位完全啮合或分离位置时，锁销便在弹簧作用下嵌入定位槽，使拨叉轴和拨叉不能移动，从而防止因震动等原因自行脱挂或挂挡。

4. 变速箱的使用和维护要点

①挂挡时，必须彻底分离离合器，以免齿轮发生撞击，造成轮齿磨损。

②挂挡时不宜过猛，如遇到啮合齿轮端部相互顶住挂不上挡时，应稍接合一下离合器使两齿错开，再分离离合器，进行挂挡。

③定期检查变速箱的润滑油油位，并按规定更换润滑油。

5.2.3　后桥

在变速箱之后、驱动轮之前的所有传动机构及壳体统称后桥。其功用是传递动力，进一步改变传动比，减速增扭，改变扭矩的传递方向，并分配给左右驱动轮。履带式拖拉机的后桥(图 5-6)，包括中央传动、转向离合器和最终传动等。轮式拖拉机的后桥(图 5-7)由中央传动、差速器、最终传动等主要部件组成。

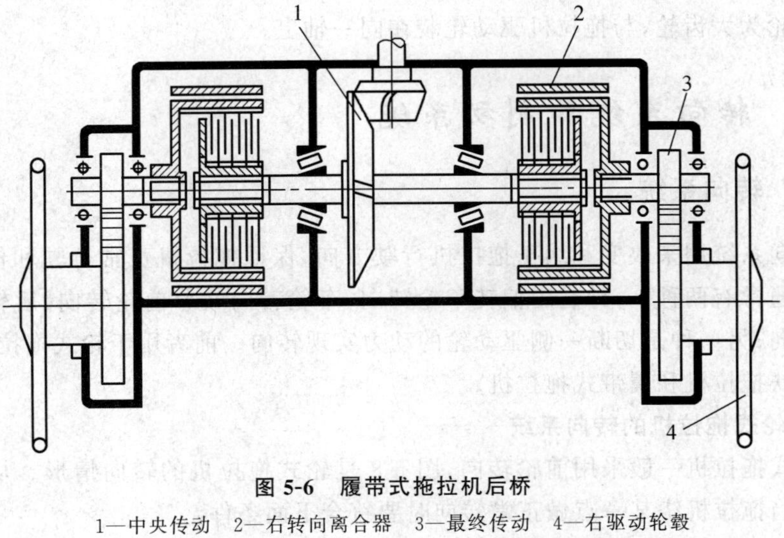

图 5-6　履带式拖拉机后桥

1—中央传动　2—右转向离合器　3—最终传动　4—右驱动轮毂

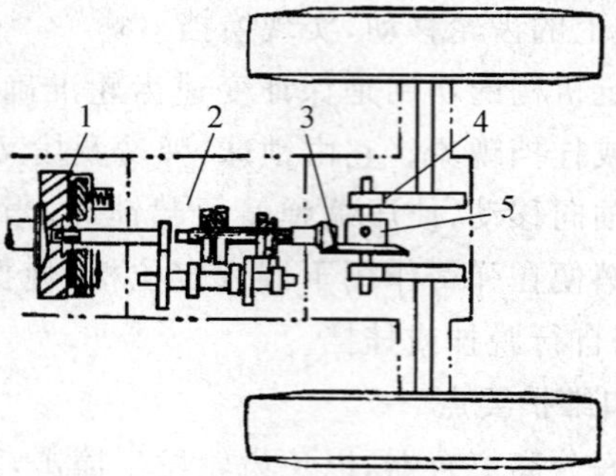

图 5-7 轮式拖拉机后桥

1—离合器 2—变速箱 3—中央传动 4—最终传动 5—差速器

1. 中央传动

中央传动是由一对圆锥齿轮组成的。小圆锥齿轮安装在变速箱从动轴(第二轴)上,由小圆锥齿轮驱动大圆锥齿轮,二者交成直角,使扭矩的传递方向改变了 90°。轮式拖拉机的大圆锥齿轮装在差速器壳上,履带拖拉机的大圆锥齿轮则装在后桥轴上。

2. 最终传动

最终传动的功用是再一次扩大传动比,减速增扭,增加地隙,并将动力传送给驱动轮。它由一对圆柱齿轮组成,主动齿轮为小齿轮,对称地装在左、右半轴上,而被动齿轮为大齿轮,与拖拉机驱动轮装在同一轴上。

5.3 转向系统和制动系统

5.3.1 转向系统

转向系统用来改变和纠正拖拉机行驶方向,保证拖拉机正常行驶和作业。转向方式通常有两种:一种是用偏转车轮转向,车轮转向又分前轮转向、后轮转向和四轮转向;另一种是切断一侧驱动轮的动力实现转向。前者用于轮式拖拉机,后者用于手扶拖拉机和履带式拖拉机。

1. 轮式拖拉机的转向系统

轮式拖拉机一般采用前轮转向,图 5-8 是轮式拖拉机的转向情形。从图中可以看出当拖拉机绕某一点做正常转向时要符合下面条件:

①两侧前轮相对机体要偏转一个角度,而且内侧偏角大于外侧偏角,各车轮都有一个共同的瞬时转向轴心。

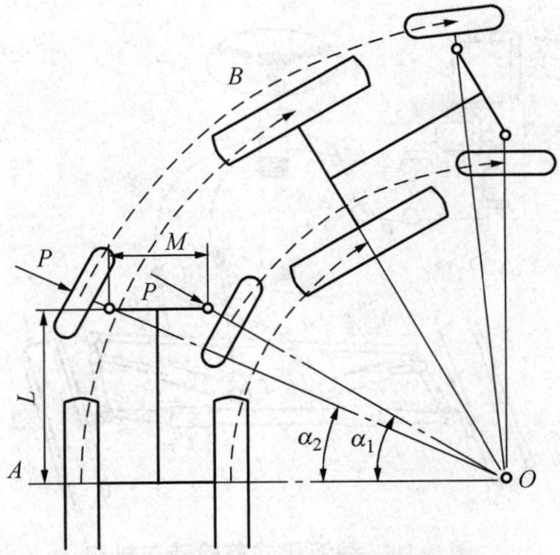

图 5-8 轮式拖拉机转向示意图

②两侧驱动轮的转速不一样，内侧慢，外侧快。

以上两点是通过转向机构和差速器来实现的。

(1)轮式拖拉机的转向机构 转向机构的作用是使导向轮(前轮)偏转，且使偏角符合要求。转向机构的类型按转向动力源通常有机械式和静液压式(图 5-9、图 5-10)。机械式由机械转向器和转向传动机构组成，在中小型轮式拖拉机上采用。静液压式采用液压输出控制前轮的偏转，具有转向灵活轻便的优点，国外已在大中型轮式拖拉机上广泛采用。

(2)差速器 差速器的功用是把中央传动来的扭矩分配给驱动轮，并使两侧驱动轮在转向时内侧转速慢，外侧转速快，便于拖拉机转向。

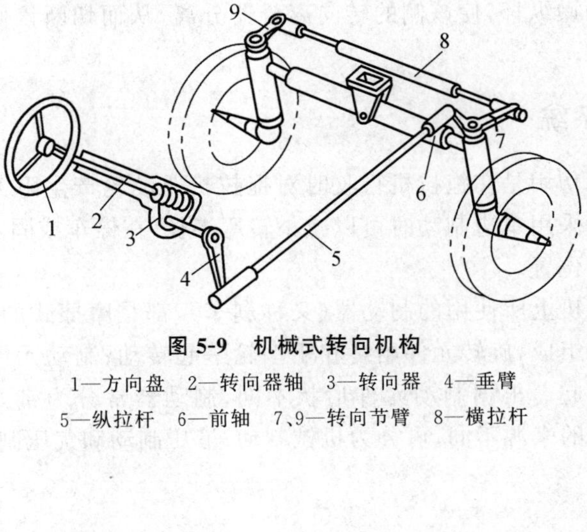

图 5-9 机械式转向机构

1—方向盘 2—转向器轴 3—转向器 4—垂臂

5—纵拉杆 6—前轴 7、9—转向节臂 8—横拉杆

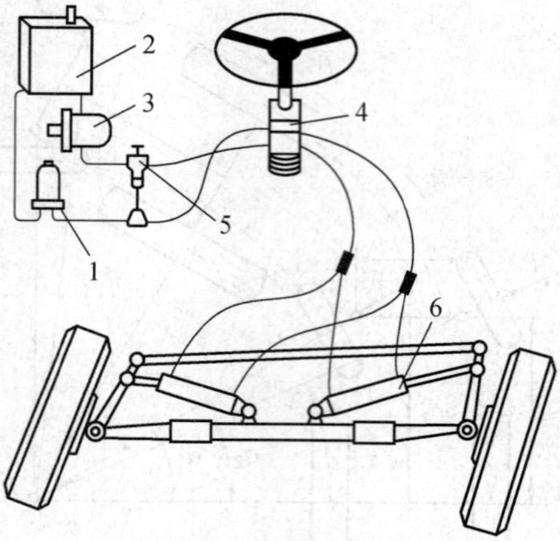

图 5-10　静液压式前轮转向机构

1—滤清器　2—油箱　3—液压泵

4—静液压转向器　5—溢流阀　6—转向油缸

2. 履带式拖拉机的转向系统

履带式拖拉机的转向原理与轮式拖拉机不同,履带相对于拖拉机机体不能偏转,它是靠改变两侧驱动轮上的驱动扭矩,从而使两边履带以不同的速度行驶来实现的。履带拖拉机的转向系统装在后桥壳内(见图 5-6)。国产拖拉机上多采用离合器式转向机构,简称转向离合器,其作用原理和主离合器相同,只是由于动力经过变速箱和中央传动两级减速增扭后,转向离合器所传递的扭矩比主离合器大得多,所以是多片式的。拖拉机在直线行驶时,左右转向离合器都处于压紧状态,因此中央传动传来的扭矩通过转向离合器传给两侧驱动轮。当需要转弯时,向哪侧转弯就拉哪侧的操纵杆,使该侧的转向离合器分离,从而切断该侧的动力,使拖拉机向该侧转弯。

5.3.2　制动系统

制动系统的功用是在拖拉机行驶时对拖拉机驱动轮产生阻力矩,使其转速降低或停止转动。采用单边制动时可以减小转弯半径,在停车或固定作业时,用以保持拖拉机的固定位置。

目前在拖拉机上所使用的制动器(又称刹车),都是摩擦式的。它主要由旋转元件和制动元件组成,旋转元件始终和驱动轮一起转动;制动元件则不动,并与拖拉机机体连在一起。根据制动元件形状不同,制动器常分为带式、蹄式和盘式 3 种。根据制动力的来源不同,可分为机械制动、液压制动和气压制动 3 类。拖拉机上多采用机械传动制动器，当踩下制动器踏板，通过传动杆使制动元件与旋转元件紧密贴合，依靠摩擦力矩使旋转元件制动，也就使驱动轮停止转动。

通常轮式拖拉机的制动器是布置在后桥左右半轴的轴端，采用的是盘形制动器和蹄形制动器。履带拖拉机采用带式制动器，制动带分别环包在左右转向离合器从动鼓（即离合器的从动件）的外表面，制动时，制动带逐渐贴紧在从动鼓外表面使之制动；行驶时，制动带与从动鼓之间保持一定距离。由于履带式拖拉机的制动器也起转向作用，所以也称为转向制动器。

5.4 行走系统

行走系统的功用是支承拖拉机的重量，并把发动机传到驱动轮上的驱动扭矩转变为拖拉机行走所需要的驱动力。

5.4.1 拖拉机的行走原理

拖拉机工作时，发动机的动力经传动系统使驱动轮得到驱动力矩，该力矩通过驱动轮或履带与地面接触时给土壤一个向后的切向力，根据作用力和反作用力的原理，土壤也给驱动轮一个反作用力，这个反作用力就是使拖拉机行驶的驱动力。

5.4.2 轮式拖拉机的行走系统

1. 组成

轮式拖拉机的行走系统主要包括前轴、前轮、左右半轴和后轮。

一般轮式拖拉机的4个车轮中，后面的2个装在左右半轴上，由发动机经传动系统而驱动，称为驱动轮；前面的2个车轮装在没有动力驱动的前轴上，可以相对于机体偏转使拖拉机转向，称为导向轮。有的拖拉机前轴也由发动机经传动系而驱动，此时拖拉机的前轴称为前桥，这种拖拉机的4个轮子都是驱动轮，故称为四轮驱动拖拉机。

拖拉机上的车轮除少数用于水田作业的用钢轮外，都采用低压充气轮胎。充气轮胎通常由内胎、外胎、辐板、轮圈和轮毂等组成。驱动轮是体现拖拉机附着性能好坏的关键部件。拖拉机拖带农具在田间作业时，土壤产生附着力的条件较差，但又需要较大的牵引力，因此，拖拉机的大部分重量尽量集中在驱动轮上，以增加产生附着力的重量（称为附着重），同时又为了增加与土壤的接触面积，以减少车轮下陷所产生的滚动阻力，提高牵引力，驱动轮大多是采用直径较大的低压轮胎，而且轮胎表面有凸起的较深的花纹，以改善轮胎与土壤间的附着性能。为了防止田间作业条件下转向困难，前轮都采用小直径，而且胎面上具有数条环状花纹，以增加前轮的防止侧滑能力。

2. 轮距的调节

为适应喷药作业的要求，轮式拖拉机的前、后轮轮距皆可调节。

为了调整前轮轮距，前轴常采用伸缩的伸缩套管式和伸缩板梁式。后轮轮距的调整方法可分为有级调节和无级调节两种。有级调节通过翻转幅板和轮圈以及改变幅板与轮圈凸耳左右连接位置而得到不同的轮距。无级调节通常是将后轮轮毂在半轴末端的花键或平键上移动得到的。但由于轴长的限制，轮距也只能在一定范围内无级调节。

5.4.3 履带式拖拉机的行走系统

履带式拖拉机的行走系统由机架、驱动轮、履带、导向轮、托带轮、支重轮、台车架及悬架弹簧等组成(图 5-11)。

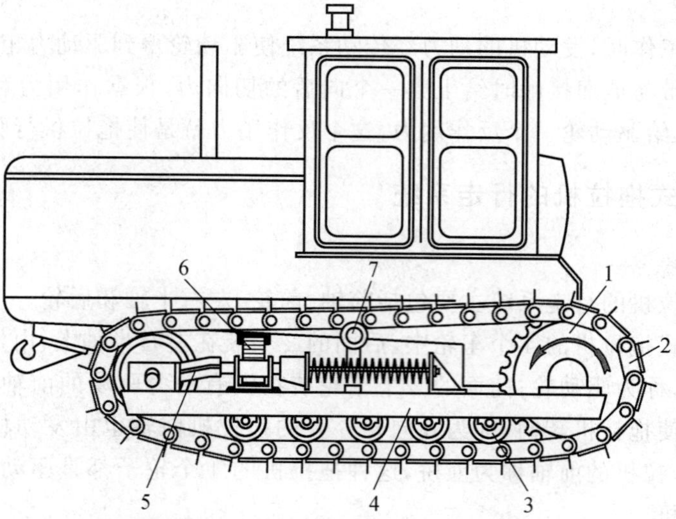

图 5-11 履带式拖拉机行走系统简图

1—驱动轮 2—履带 3—支重轮 4—台车架
5—导向轮 6—悬架弹簧 7—托带轮

驱动轮用以驱动履带，保证拖拉机行驶，支重轮支承拖拉机的重量，并在履带的轨面上滚动，还用来夹持履带，不使履带横向滑脱。托带轮用于防止履带过度下垂及侧向脱落。导向轮是张紧装置的一部分，并引导履带运动的方向。张紧装置使履带保持一定的张紧度，减少履带在运动中的振跳现象。履带的功用是承受拖拉机的重量,并将它分布在较大的支持地面上,以减小单位面积的接地压力,同时产生足够的附着力。

5.4.4 两种行走系统比较

轮式拖拉机的行走系统结构简单,维修方便,节省金属,耐磨性能好,使用寿命长。机动性能好,能以较高的速度做运输作业,便于综合利用。但是牵引附着性能较差,但这正是履带拖拉机的优点,特别是在松软潮湿的土壤上,轮式拖拉机容易产生严重的滑转,使拖拉机的驱动力急剧下降,甚至无法工作。

为了改善轮式拖拉机的牵引附着性能,常采用以下具体措施:

①驱动轮加配重铁;

②将轮胎充水后再充气到规定的气压;

③将拖带农具的部分重量转移到驱动轮上;

④驱动轮加防滑装置;

⑤采用四轮驱动;

⑥驱动轮采用双轮或加装加宽圈等。

5.5 工作装置

拖拉机的工作装置包括动力输出装置、牵引装置和液压悬挂系统。利用这些装置和系统能把拖拉机的动力传递给喷雾机,使拖拉机和喷雾机相互配合进行作业。

5.5.1 动力输出装置

为了扩大拖拉机的使用范围,国产拖拉机都设有动力输出装置。使拖拉机在工作时能从发动机输出一部分功率,带动连接在拖拉机上的喷雾机进行工作。拖拉机的动力输出装置包括动力输出轴和驱动皮带轮两部分。

1. 动力输出轴

动力输出轴可以布置在拖拉机的前面、侧面和后面。其中使用最广泛的是后置动力输出轴。为了使拖拉机和喷雾机可以任意地互换,动力输出轴的结构尺寸、位置、转速和旋转方向都已经标准化。如国产拖拉机的动力输出轴离地面高度为(600±100) mm,输出轴轴端采用八齿矩形花键,旋转方向为顺时针(朝拖拉机前进方向看),标准转速为540 r/min和/或1000 r/min。国外拖拉机的动力输出轴均采用六键。

动力输出轴的形式可分为标准式和同步式两种。标准式动力输出轴的动力取于变速箱第一轴之前,故与拖拉机的行驶速度无关。同步式动力输出轴的动力取于变速箱第二轴之后,故其转速与拖拉机的行驶速度之间保持一定的比例关系,即"同步"。

2. 动力输出皮带轮

动力输出皮带轮以皮带传动的方式驱动固定作业的机具,完成固定作业。动力输出皮带轮是一个独立的部件,可根据工作需要套装在动力输出轴上,在田间作业时,一般都卸下来,以免妨碍工作。

5.5.2 牵引装置

拖拉机的牵引装置是用来连接各种牵引式喷雾机或拖车进行田间作业或运输工作。连接农具的铰结点称为牵引点。牵引装置主要为牵引板,它装在拖拉机的后面,农具通过牵引挂钩与牵引板连接,牵引点的水平位置和高度可以调节。

5.5.3 液压悬挂装置

喷雾机和拖拉机的连接方式除牵引式外还有悬挂式连接。

1. 悬挂式连接的优点

喷雾机通过悬挂装置与拖拉机组成一体,因此结构简单,重量轻,机动性好,转弯灵活。作业时,地块的地头可以留得小,适合于小块地作业,可以比牵引机组提高生产率 8%～10%。由驾驶员一人操作。悬挂喷雾机的重量转移到拖拉机上,增加了拖拉机的附着重,改善了牵引性能。

2. 液压悬挂装置的组成

液压悬挂装置由液压系统、悬挂机构和操纵机构 3 部分组成。

(1)液压系统的组成　液压系统是拖拉机液压悬挂装置的动力和控制部分,它利用液体的基本不可压缩和压力均匀传递的原理传递动力,使农机具提升、降落并自动控制其耕作深度或离地高度。

液压系统主要由油箱、油泵、分配器和油缸等组成。按其液压元件在拖拉机上布置的位置的不同可分为分置式、半分置式和整体式 3 种形式。分置式是分别把油泵、分配器和油缸分别放置在拖拉机的不同位置。如铁牛－55 的液压系统。整体式是把油泵、分配器、油缸安装成一个整体。而半分置式是指把分配器和油缸安装成一整体而与油泵分别安装在拖拉机上的不同位置。

油泵:又称液压油泵,是液压系统中的动力部分,液压油泵由发动机驱动,将油箱中的油液吸出,形成压力油,并源源不断地经管道和分配器输送到液压油缸推动活塞,控制喷雾机。

分配器:是液压系统的控制装置。其功用是控制液压油泵送来的高压油输向油缸的流动方向。分配器的控制阀有"提升""下降""中立"和"浮动"位置,可使喷雾机处于不同的工作状态。

油缸:由缸筒和活塞组成,是液压系统的工作部分。它是把液压能转变为提升喷雾机的机械能。在结构上有单作用式油缸和双作用式油缸 2 种。

(2)分置式液压系统的工作过程 分置式液压系统的工作过程如图 5-12 所示。液压油泵由发动机带动旋转时,油箱里的油液被吸入油泵,产生的高压油经油管送到分配器,分配器控制其流动方向,根据需要送入油缸上腔或下腔,推动活塞,从而使悬挂机构能够完成提升、中立、压降和浮动 4 个工作状态。

提升:操纵手柄放在"提升"位置(图 5-12(a)),由油泵输出的油液经分配器内的油道 B 通向油缸下腔,推动活塞上升,提升喷雾机。与此同时,油缸上腔的油液被排挤,经油道 A 流入分配器后再流回油箱。流回油箱的油液经过油箱内滤清器后得到过滤。

中立:操纵手柄放在"中立"位置时(图 5-12(b)),分配器上通向油缸的两个油道 A 和 B 都被堵住,活塞在油缸内不能移动,喷雾机不升不降。

压降:操纵手柄放在"压降"位置时(图 5-12(c)),油泵输出的油液经分配器内油道 A 流入油缸上腔,推动活塞下移,而下腔油液被活塞下行所挤压,经油道 B 流入分配器后流回油箱。喷雾机从开始降落一直到接触地面以前,活塞下行是由于喷雾机重量的作用。

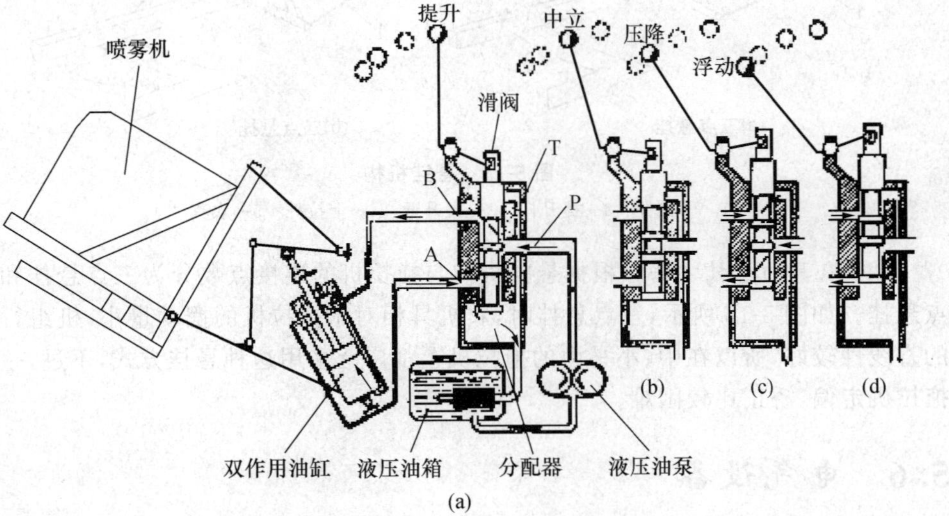

图 5-12 分置式液压系统作用原理

浮动:操纵手柄在"浮动"位置时(图 5-12(d)),油缸上、下两腔与回油道 T 都相通,活塞不受约束。

另外,在"中立"和"浮动"位置时,油缸不需要油泵供油,故此时安全阀开启,使油泵来的压力油流回油箱。

3. 悬挂机构

(1)*农具的悬挂方式* 悬挂机构是拖拉机与喷雾机之间的连接杆件,通过这些杆件,使喷雾机升降并可调整喷雾机的工作位置。根据悬挂机构在拖拉机上布置的位置不同,分为后悬挂、前悬挂、中间悬挂和侧悬挂四种方式,国产拖拉机多为后悬挂方式。

图 5-13 所示悬挂机构由左右提升臂、左右提升杆、上拉杆和左右下拉杆等组成。提升杆的长度可以调整,有的拖拉机只能调整右提升杆的长度,有的拖拉机的提升杆下端与下拉杆连接的销孔有单孔和长槽孔两种,长槽孔适用于宽幅农具,以提高其对不平地面的仿形性能。上下拉杆的端头都采用球形接头和农具相接,以适应农具在工作中摆动时的要求。上拉杆可以通过调节螺杆使之伸长或缩短来调节农具的前后水平。

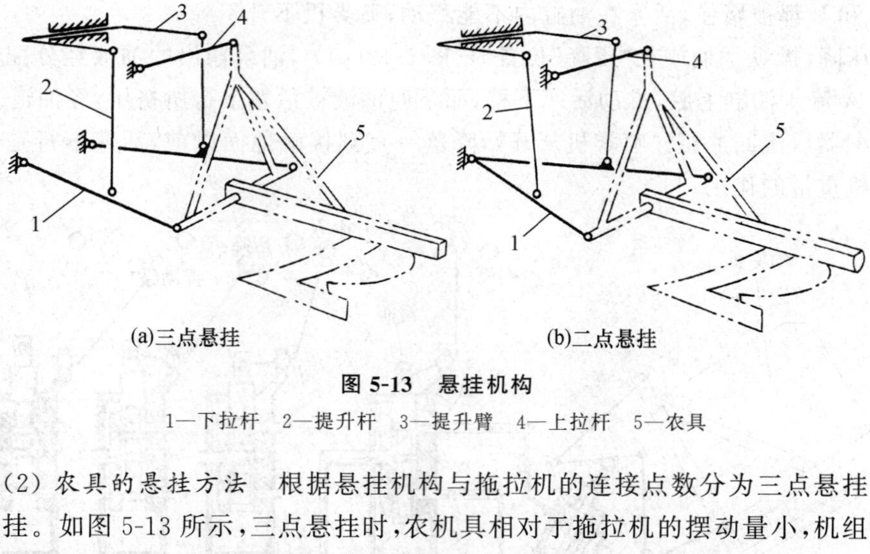

(a)三点悬挂 (b)二点悬挂

图 5-13 悬挂机构

1—下拉杆 2—提升杆 3—提升臂 4—上拉杆 5—农具

(2)*农具的悬挂方法* 根据悬挂机构与拖拉机的连接点数分为三点悬挂和两点悬挂。如图 5-13 所示,三点悬挂时,农机具相对于拖拉机的摆动量小,机组行驶的直线性较好,所以在中、小马力的拖拉机上都广泛采用这种悬挂方式,不过,一旦拖拉机走偏,矫正比较困难。

5.6 电气设备

拖拉机电气设备的功用是用来实现发动机的启动、供夜间工作时照明和保证拖拉机行驶时发出安全信号。其组成包括电源和用电设备两大部分，如图 5-14 所示。

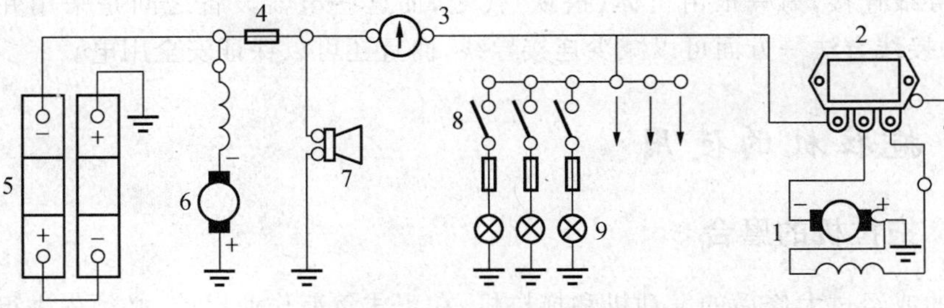

图 5-14　拖拉机电气设备简图

1—电机　2—调节器　3—电流表　4—保险丝　5—蓄电池
6—启动电机　7—电喇叭　8—开关　9—灯

5.6.1　电源设备

履带式拖拉机和手扶拖拉机的电源是采用交流发电机作为照明电源。大多数交流发电机都是永磁旋转磁场式发电机，电压为 6 伏或 12 伏，它的结构简单，使用保养方便。

轮式拖拉机则是采用直流发电机和蓄电池作为电源。新型轮式拖拉机上也有使用三相硅整流发电机作为电源的。蓄电池又叫电瓶，是一种化学电源，它能把电能转换为化学能储存起来，需用时，又能把化学能转换为电能释放出来。它的功用是在发动机启动时供给启动电机电能；在发动机不工作或低速运转时向用电设备供电；在发电机供电时则储存一部分电能。直流发电机的功用是在发动机工作时对用电设备供电并给蓄电池充电。

5.6.2　用电设备

交流电源电路中用电设备主要是照明设备。直流电源电路中用电设备除照明设备以外还有启动电机、预热器、电喇叭、电气仪表等。

照明设备是为了保证夜间安全行驶和工作。拖拉机上通常装有前灯、后灯、仪表灯和灯光开关等。电气仪表包括电流表、机油压力表和水温表等。它们在通电后，利用水温和油温的不同，通过传感器带动仪表指针，以指示发动机有关系统的工作情况。

5.6.3　拖拉机电路

拖拉机上电器设备的电路是由电源电路、启动电路、照明和信号电路等组成。

所有的用电设备均经电源开关,各电器的连接都采用单线,即从电源到用电设备只用一根导线连接,另一根由机体(搭铁)代之,而这些电器设备之间是采用并联连接,这种接线方法一方面可以减少连接导线,而且还可以保证安全用电。

5.7 拖拉机的使用

5.7.1 拖拉机的磨合

新的或经过大修后的发动机和拖拉机,在正式负荷作业以前,必须先进行一段时间的磨合才能全负荷工作,因为机器零件在制造过程中,在加工表面存在着不同程度的刀痕,比较粗糙。如不经磨合就直接投入负荷作业,就会加速零件的磨损,使它们不能发挥出最大有效功率,并将缩短机器的使用寿命。

不同类型的发动机和拖拉机有不同的磨合规范,应按说明书的规定进行;但磨合过程和要注意的问题大致相同,现说明如下。

拖拉机的磨合过程可分为 3 个阶段:

1. 发动机的空转磨合

发动机启动后,以中速运转一段时间使水温上升到 40℃以后,然后在不同转速下,检查发动机的技术状态。注意各指示仪表的读数,特别应注意声音、机油压力、排气冒烟颜色及漏水、漏油、漏气等情况。

2. 拖拉机的空载磨合

拖拉机的空载磨合待发动机水温达 60℃后进行。从低挡到高挡,先前进后倒退,每个挡位应分别进行左、右缓慢转弯。在前进挡位行驶过程中应检查以下情况:

①仔细倾听和观察各系统的工作情况;

②离合器的工作是否正常;

③换挡是否轻便,有无乱挡、脱挡现象;

④转向是否灵活,制动是否可靠。

如发现有故障应彻底排除,才能进行负荷磨合。

3. 拖拉机负荷磨合

拖拉机拖带不同的农具结合作业,负荷从小到大,逐个挡位进行。拖拉机负荷磨合与发动机负荷磨合同时结合进行。

如拖拉机附有液压悬挂系统,也应进行磨合,一般在拖拉机负荷磨合后进行。一般以悬挂犁为重量,操纵手柄反复升降多次,进行磨合。注意升降过程是否平稳,有无抖动,提升速度是否正常,停升是否适时等情况。

5.7.2 拖拉机的操作

1. 拖拉机的启动

各种类型的拖拉机在启动前都必须完成预定的技术保养，进行细致的检查，各轴承润滑点、发动机、调速器、喷油泵、齿轮箱等的油量必须达到标准，加足冷却水，确保油、水不缺不漏。为了减轻启动过程中机件的磨损，应摇车使机油预先进入各润滑部位。天冷启动困难时，应加热水，必要时还可以加热机油或用热水进行预热。各部位螺丝不能松动，变速杆放在空挡位置上。

2. 拖拉机的驾驶

(1)起步　拖拉机的起步要力求平稳，其程序是：迅速踩下离合器，待传动轴停转挂上挡后再平稳缓慢地松放离合器，同时逐渐加大油门，待机车走动后，完全放开离合器，切记不能猛松离合器，否则会发生冲击，损坏零件。

(2)换挡　换挡时要减小油门，通过离合器完全切断动力。换入所需的挡位后，一边逐渐加大油门，同时一边缓慢接合离合器平稳起步。若遇到一时挂不上挡的现象时，应先将离合器接合一下，再切断动力重新挂挡，不能用力猛击变速杆手柄强制挂挡，以防损坏齿轮。

(3)转向　在转弯时，必须降低行驶速度，严禁高速急转弯。逐步转动方向盘，直到驶出弯道，车头接近新方向为止，然后将方向盘回转拨正。

(4)倒车　倒车时要控制速度，防止熄火或因倒车过猛造成事故。采用小油门缓慢倒车并随时做好制动的准备。倒车时要特别注意方向盘的拨动方向，如要使车尾向左，方向盘左转，如要使车尾向右，方向盘右转。

(5)紧急停车　把握住方向盘，迅速放松油门踏板，同时踩下离合器踏板和制动踏板，拖拉机就会立刻停下来。

(6)停车熄火　先减小油门降低速度，踩下离合器，同时使用制动器，使拖拉机平稳地停车，紧接着将变速杆放到空挡，待发动机低速运转几分钟使水温、油温降低后将油门放到停油的位置就可以了。

5.7.3 拖拉机的保养

1. 保养的意义

根据以预防为主的精神，在拖拉机每工作一定时间后，定期地对拖拉机进行清洁、检查、润滑、紧固调整或更换某些易损零件等的技术措施的总称为技术保养。做好技术保养工作，可以延缓机件的磨损，减少故障。提高工效，降低成本，保证拖拉机常年优质、高效、低耗、安全地投入生产使用。

2. 保养的周期

保养周期是根据零件技术状态恶化速度的不同规律制订的，一般归并为几种级别的定期保养，如班保养、一号保养、二号保养等。进行两次同号保养之间的间隔称为该号保养的周期。高一号保养的周期为低一号保养周期的整数倍。

技术保养周期的计量单位常用的有两种：一种以发动机或拖拉机的工作小时为依据，即每工作一定小时数后进行某号技术保养；另一种是按照燃油消耗量来计量保养周期，即消耗一定的燃油千克数后，进行某一号技术保养。

3. 保养的内容

各类型拖拉机的技术保养项目、内容及顺序大致相同。但由于构造上的特点，各项保养项目及内容会有所差别。其具体细则见各车使用、保养说明书，并依此执行，不得任意改动。

6 电 动 机

6.1 概述

电动机是一种将电能变为机械能的动力机械。它的种类很多,如按耗用电能的种类不同,分为直流电动机和交流电动机;交流电动机又按它的转子转速与旋转磁场转速的关系不同,分为同步电动机和异步电动机;异步电动机按其转子结构的不同,还可分为绕线式异步电动机和鼠笼式异步电动机。电动机作为一种植保机械的动力源,被广泛应用于园艺及林用、设施农业植保机械上。

本章主要介绍三相和单相感应式异步电动机。三相感应式异步电动机,简称三相感应电动机或三相异步电动机。三相异步电动机的转子有两种形式,一种是绕线式转子,另一种是鼠笼式转子。绕线式转子的电动机,结构比较复杂,但启动性能较好,一般仅适用于大中型电动机,在农业上多用于大中型排灌站的动力。鼠笼式转子电动机,构造简单、价格低廉、坚固耐用,工作可靠、维修方便、噪声低,但启动性能较差,是工农业生产中运用最广泛的电动机。

单相感应异步电动机可以运行在单相电源上。广泛应用于家用电器、医疗、科研和工业等仪器设备上,如电风扇、洗衣机、微型水泵、切碎机、脱粒机等。与同容量的三相电动机相比,单相电动机体积较大,其效率、功率因数和过载能力都比较低,因此单相感应电动机的容量都比较小,一般在 1 kW 以下。

6.2 三相异步电动机

三相异步电动机主要由定子、转子和支承部件组成。其外形和组成部件如图 6-1 所示。

6.2.1 三相鼠笼式异步电动机的构造

1. 定子

定子是由定子铁芯和定子绕组两部分组成。定子铁芯是用 0.5 mm 厚的硅钢片冲压后叠成一个整体,主要用以导磁(图 6-2(a))。铁芯内部均匀分布着与轴平行的线槽,供嵌放定子绕组用。定子绕组是用高强度漆包线制成的线圈,分成三组

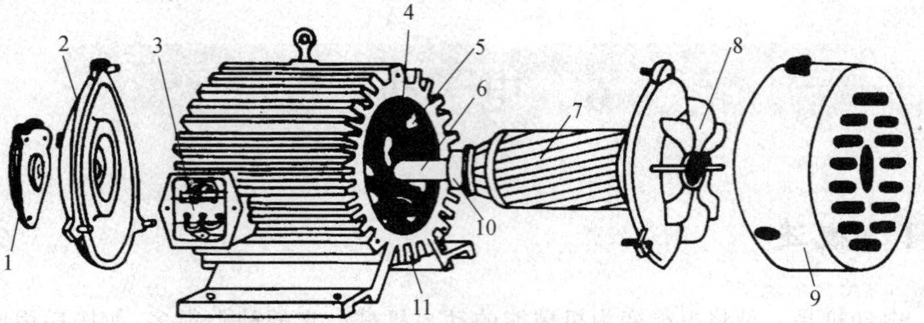

图 6-1 三相鼠笼式感应电动机的构造

1—轴承盖 2—端盖 3—接线盒 4—定子铁芯 5—定子绕组
6—转轴 7—转子 8—风扇 9—罩壳 10—轴承 11—机座

均匀地嵌放在线槽中,用来当通入三相交流电时产生旋转磁场,三相线圈共分 3 个绕组,有 6 根引出线,3 个始端和 3 个末端。

2. 转子

转子是电动机的旋转部件,由转子铁芯、转子绕组和转轴等部分组成。整个转子靠轴承和端盖支承在电机机座上,转子铁芯与定子铁芯之间保持一定间隙。转子铁芯用以导磁,也是由圆形硅钢片叠压而成,在其外圆上均匀地冲有嵌放转子绕组的线槽(图 6-2(b)),转子铁芯是压装在转轴上的。转子绕组是铝浇铸而成,在转子铁芯的线槽内形成一根根的铝条,在转子铁芯两端的槽口处,形成两个端环,与槽里的导条连成一个整体,有的端环上还同时铸有叶片,叫做内风扇,转子铁芯如果去掉铁芯,其转子绕组形似鼠笼,故称为鼠笼式转子绕组,如图 6-3 所示。

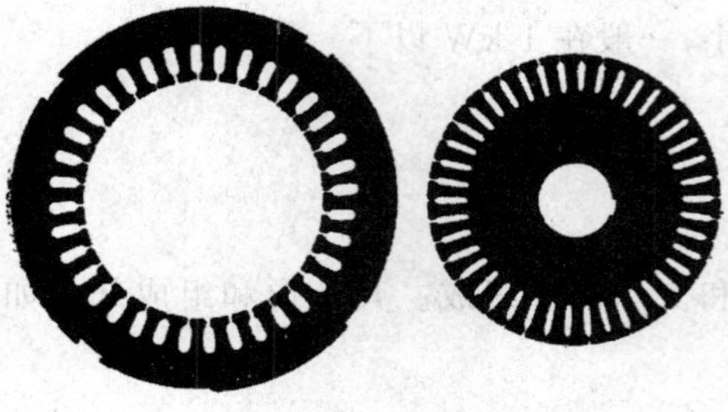

(a) (b)

图 6-2 定子和转子铁芯冲片

(a)定子铁芯冲片 (b)转子铁芯冲片

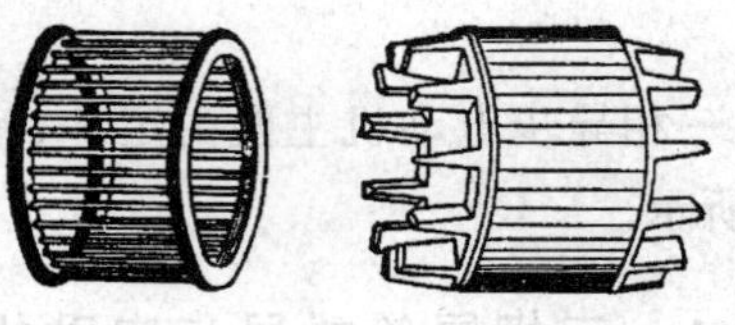

(a) (b)

图 6-3 鼠笼式转子绕组

(a)鼠笼式转子绕组 (b)带铁芯的转子绕组

3. 支承部分

支承部分包括机座、端盖、轴承盖、风扇、风扇罩、出线盒和吊环等部件。出线盘内装有接线板，定子绕组的引出线就是固定在这块板的接线柱上，在接线柱旁边或在引出线上标有各组绕组的始端和末端的符号，如A、B、C和X、Y、Z。可以根据不同要求，将三相定子绕组接成星形或三角形。星形接线，是把电动机定子绕组的3个末端连在一起，余下的3个始端与三相电源的3根火线相接，这种接线的符号是Y。三角形接线，是把相邻的绕组的始末端相接，在3个接点分别与电源的3根火线相接，这种接线的符号是△。

6.2.2 三相异步电动机的工作原理

1. 转子导条在旋转磁场中产生的转动力矩

如图6-4所示，在一个可用手柄转动的永久磁铁两极中，放一个鼠笼式转子，当转动手柄使磁铁转动时，就会发现鼠笼转子也跟着旋转。其原因是，当磁场旋转时，转子导条在旋转磁场中切割磁力线产生感应电势，感应电势的方向可用发电机右手定则来确定（注意：此时可看作磁铁不动，而导条以与磁铁相反方向运动）。由于转子导条通过端环都是接通的，所以导条中一有电势就会有电流流通。载流导体在磁场中会受到电磁力的作用，其受力方向可用左手定则来确定。在此电磁力的作用下，转子产生旋转力矩而旋转，转子的转动方向与旋转磁场的旋转方向相同。

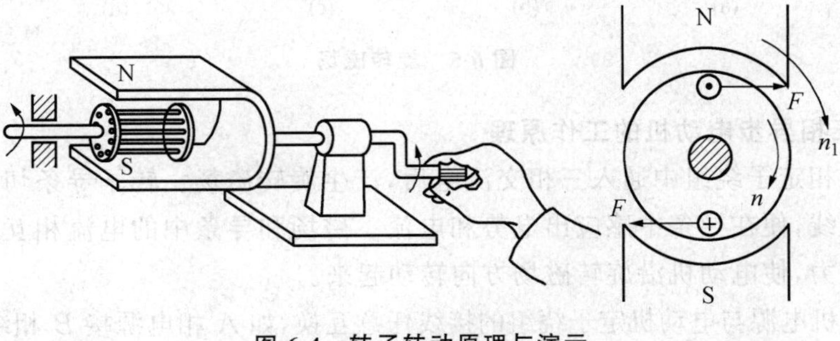

图6-4 转子转动原理与演示

2. 三相定子绕组中通过三相交流电会产生旋转磁场

如图6-5所示，A—X、B—Y、C—Z为对称配置的三相定子绕组，它们在定子铁芯中彼此相隔120°角。当三相定子绕组接到三相交流电源上后，A相电源接A—X绕组，B相电源接B—Y绕组，C相电源接C—Z绕组，定子绕组中就有对称三相电流通过。各相电流随时间变化曲线如图6-5所示，现假定电流为正时表示电流由定子绕组的始端（ABC）流向末端（XYZ），电流为负时则相反。电流流入端用⊗表示，流出端用⊙表示。从图6-5中看出，t_0点时，A相电流i_a为0，B相电流i_b为负，C相电流i_c为正。在三相绕组中通入电流的情况，如图6-5中正对t_0

时刻下图所示。这时线圈中所产生的合成磁场方向是从上向下的。

当在 t_1 时，则 i_a 为正，i_b 为 0，i_c 为负，这时合成磁场方向如图 6-5(b)t_1 下的图所示。同样，图中 t_2，t_3 各点也分别表示出该瞬间合成磁场的方向。可看出合成磁场是沿顺时针方向旋转的。所以当三相定子绕组中通入三相交流电后，会产生旋转磁场。

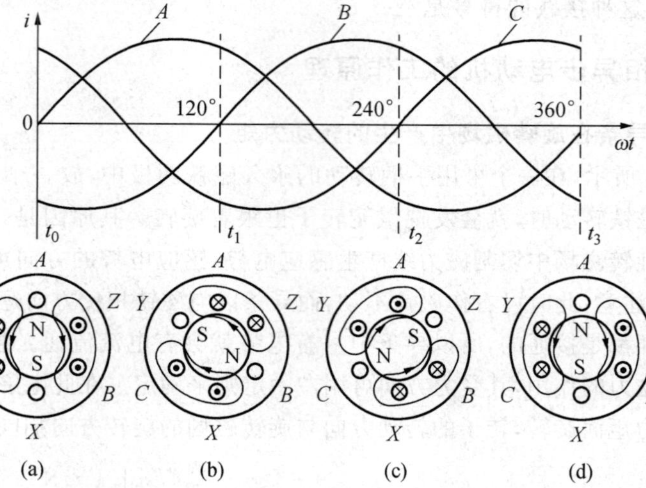

图 6-5 旋转磁场

3. 三相异步电动机的工作原理

在三相定子绕组中通入三相交流电后，产生旋转磁场。转子导条切割旋转磁场的磁力线，便在导条中感应出电势和电流。磁场和导条中的电流相互作用就产生了电磁力，使电动机沿旋转磁场方向转动起来。

电动机电源与电动机定子绕组的接线任意互换，如 A 相电源接 B 相绕组；B 相电源接 A 相绕组。用上述同样的分析方法，可知旋转磁场的转向就会改变。所以，若要改变三相异步电动机的转向，只要把电机任意二相与电源线互换一下即可。

6.2.3 三相异步电动机的技术性能

1. 旋转磁场的转速(同步转速) n_1

上述的旋转磁场，为两极的旋转磁场。从图 6-5 可知，当电流变化一周从 t_0 点到 t_3 点时，旋转磁场旋转了 360°，若电流每秒钟变化 f 周，则旋转磁场每秒钟也旋转 f 圈，我国交流电的频率 f 为 50 Hz，所以两极异步电动机旋转磁场的转速 $n_1=60f=60\times50=3\ 000$ r/min。

绕组数目增加 1 倍(如 6 个绕组),每个绕组相隔 60°,分别嵌放在 12 个线槽中如图 6-6 所示,然后将相隔 180°的两个绕组串联起来成为一相(A'—X'和 A—X 串联为一相;B'—Y'和 B—Y 串联为一相;C′—Z′和 C—Z 串联为一相),再在三相绕组中通入三相交流电,就会产生一个四极的旋转磁场。通过图 6-7 可知,当电流变化一个周期时,旋转磁场仅旋转半圈。对于频率 $f=50$ Hz/s 的电源,四极电动机旋转磁场的转速 $n_1=f/2=25$ Hz$=1\ 500$ r/min。

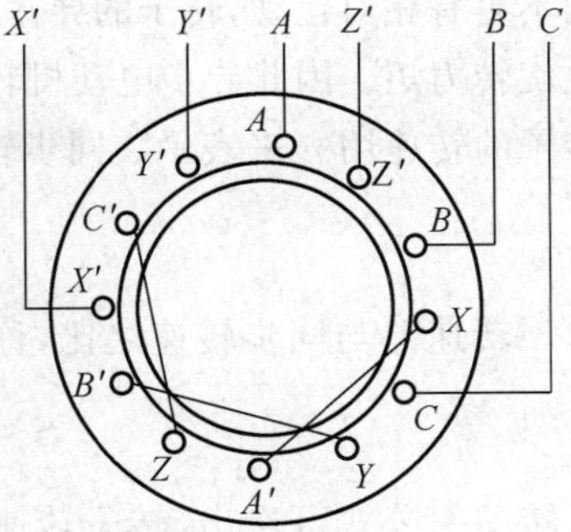

图 6-6 产生四极的定子绕组

只要适当安排绕组,就可以得到 3 对磁极、4 对磁极或 P 对磁极的旋转磁场。它们的转速如下。

3 对磁极时 $n_1=60f/3=1\ 000$ r/min。4 对磁极时 $n_1=60f/4=750$ r/min。P 对磁极时 $n_1=60f/P$(r/min)。

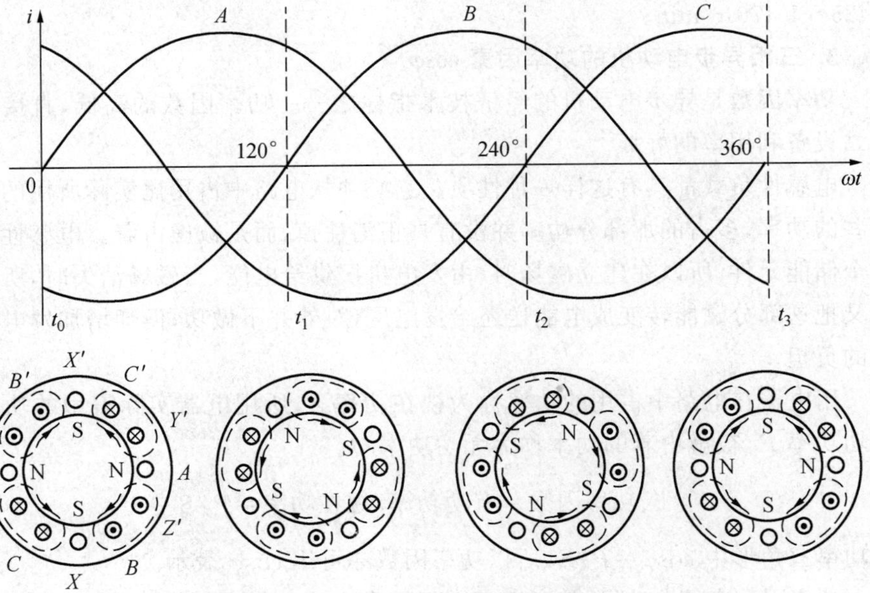

图 6-7 四极定子的旋转磁场

2. 三相异步电动机转子的转速 n 和转差率 s

从三相异步电动机的工作原理可知,电动机转子的转速绝不能达到旋转磁场的转速 n_1。因为如果转子的转速和旋转磁场转速相等时,就意味着转子和旋转磁场之间不再有相对运动，转子的导体就不能切割磁力线，就不能产生感应电流，也不能产生旋转力矩。因此异步电动机转子的转速永远要小于旋转磁场的转速。异步电动机转子的转速用 n 来表示。同步转速 n_1 与转子转速之差称为转速差，用 Δn 表示。

$$\Delta n = n_1 - n$$

转速差与同步转速之比，称为异步电动机的转差率，用 S 表示：

$$S = \Delta n / n_1 = (n_1 - n) / n_1$$

从转差率公式可看出，转子转速增大则转差率就小，当转子停止不动时($n=0$)，转差率 $S=1$，而转子转速等于同步转速时($n=n_1$)，其转差率 $S=0$。所以电动机的转速，一般在零和同步转速之间变化，转差率在零和 1 之间变化。即：

$$0 < S \leqslant 1$$

常用的异步电动机，在额定负载时，转差率为 2%～5%。

四极异步电动机，其同步转速为 1 500 r/min，在额定负载时转子的转速为 1 425～1 470 r/min。

3. 三相异步电动机的功率因素 cosφ

功率因数是异步电动机的经济技术指标之一。功率因数的高低，直接影响到电站设备利用率的好坏。

电感性负载都具有这样一种性质。它必须从电路中占用比实际所用的功率大一些的功率，多占的那部分功率并没有真正消耗掉，而是被虚占着。电感性负载是一个储能元件，所以在建立磁场时，由发电机厂供给电能，当磁场消失时，所用电器则又把这部分磁能转变成电能送还给发电厂，对外并不做功，但却增加发电厂和电网的负担。

用电器在电路中占用的功率称为视在功率 S，所用电器实际需用的功率称为有功功率 P，被虚占着的功率称为无功功率 Q。

$$功率因数 = 有功功率/视在功率 = P/S$$

在功率三角形中 $\cos\varphi = P/S$，所以功率因数亦可用 $\cos\varphi$ 表示。

功率因数高的电动机，就意味着减轻了发电厂和供电网在这方面的负担，也就是提高了发电厂和供电网的利用率。功率因数对某台电动机并不是一个不变的数值，而是随着电动机功率利用情况而变化的。因一台电动机被占用作能量交换的这部分无功功率 Q 的大小基本是不变的，有功功率 P 则随着负载的增加而增大。所以当电动机的负载达到额定功率时功率因数最大，当电动机空载运动时功率因数最低。

4. 三相异步电动机的功率 P

功率是指电动机转轴所输出的功率。电动机铭牌上的功率是电动机的额定功率。它说明这台电动机长期所能做功的能力。功率单位为马力和千瓦。

三相异步电动机的输出功率 P 用下式表示。

$$P=\sqrt{3}\times U\times I\times \cos\varphi\times \eta$$

式中：P 为三相异步电动机的功率，kW；U 为三组定子绕组的线电压，V；I 为三相定子绕组的线电流，A；η 为电动机的效率，%。

5. 效率 η

电动机的效率是输入功率和输出功率之比，也是随电动机负荷情况而变化的数值。电动机在负荷为 0.7～1 额定功率时效率最大。

6. 定子绕组的电流 I

电动机定子绕组通过的电流值是反映电机负荷大小的标志。在电动机额定功率时，定子绕组中通过的电流值为额定电流。若电动机工作时，定子电流过大，超过额定值，这说明电动机过载或出了故障，应立即停车检查，否则会烧毁电动机的绕组。异步电动机在刚启动的瞬间，定子绕组通过的电流称为启动电流。因启动的瞬间，转子尚未转动，这时转差率为 1，切割磁力线的速率最大，所以电动机的电流超过额定值很多，一般要比额定值高 4～7 倍，当转速增加到稳定值后，定子绕组的电流也会减小到额定值。

7. 定子绕组的额定电压 U

定子绕组的额定电压表示绕组要求作用于其两端的电压值，如果作用其两端的电压太大，会使电动机发热，甚至损坏绝缘材料。如果电压过低，会使其转子转矩减小很多，因转矩与电压的平方成正比，如电机在额定负载下工作，将使定子和转子的电流比额定值大，甚至会使电动机超载，把电动机烧毁。一般规定作用在定子绕组上的电压不得超过额定值的 10%，也不得低于额定电压的 5%。

6.2.4 三相异步电动机的启动

三相异步电动机的启动电流很大，是额定电流值的 4～7 倍，这样大的启动电流对电动机本身不致发生很大的危险，因为转子一经转动，电流会很快地减小。但在启动时，过大的启动电流会造成电网上的电压显著下降，以致对接在同一电网上的其他用电设备的工作受到影响，所以必须将启动电流限制在一定数值内。鼠笼式异步电动机有两种启动方法，即是在额定电压下直接启动和降压启动。

1. 直接启动

直接启动就是利用闸刀、铁壳开关和磁力启动器把电动机直接接到额定电压的电源上，这种启动方法的优点是操作和启动设备都最简单。电动机是否能直接启动，主要受电网容量的限制，一般来说，只要启动时不致使电网电压下降 5% 时即可用直接启动法。

①通过闸刀和铁壳开关与三相电源相连(图 6-8)，定子三相绕组可做星形连接，也可做三角形连接，视电源电压和电动机额定电压而定。连接后引出 3 根线，通过保险丝和闸刀或铁壳开关与三相电源相连，启动时只需合上开关即可；保险丝用来保护电动机免受其超载和短路电流的损害。

②通过磁力启动器与三相电源相连，磁力启动器是交流接触器和热继电器的组合，见图 6-9。交流接触器是作为闭合、切断电路用，按下启动按钮，电源即通过磁力启动器的线圈，吸上衔铁，使触点 1、2、3、4 闭合，电动机与电源接通。放开启动按钮，由于辅助触点 4 已闭合，维持了磁铁线圈的通路，主触点仍然闭合，电动机运行不受影响。只有按下停止按钮，切断了磁铁线的电路，触点 1、2、3、4 才断开，电动机才停止运行，热继电器是电动机的过载保护元件，热继电器 1JR 因过载电流使热元件双金属片受热变形而触点打开时，都能切断磁铁线圈的电流，使主触点断开，达到保护电动机的目的。

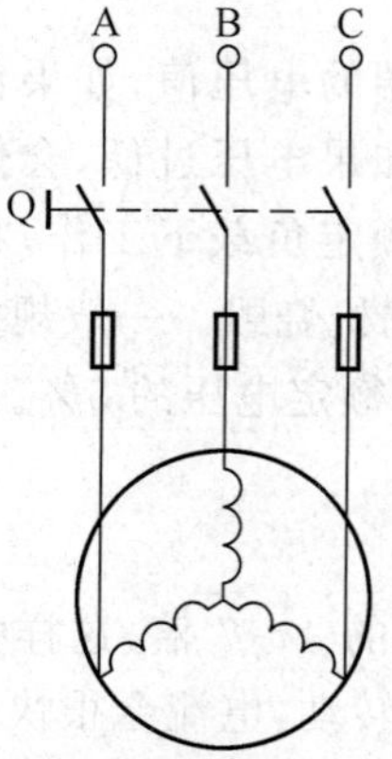

图 6-8 通过闸刀与电源相连启动电机

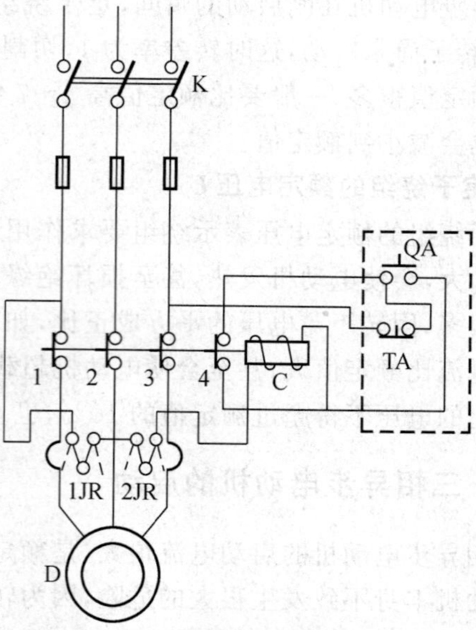

图 6-9 磁力启动器的线路图

K—闸刀开关 C—交流接触器磁铁线圈

QA—启动按钮 TA—停止按钮

1JR、2JR—热继电器 D—电动机

1、2、3—主触点 4—辅助触点

2. 降压启动

若电网的容量不够大时，就需要用降低启动电压的方法来减小启动电流。

(1)*电阻降压和电抗降压启动*　这种启动方法是在定子绕组电路中串联一个三相电阻器或电抗器，使电动机在启动时一部分电压降落在电阻或电抗上，于是加在电动机上的电压低于电网电压，减小了启动电流。这种启动的电路如图 6-10(a)和 6-10(b)所示。启动时，先将闸刀 K_1 合上，电阻器或电抗就串入定子电路启动，待电动机转速接近额定转速时，再合上 K_2 使电阻器或电抗器短路，电动机就在额定电压运行。

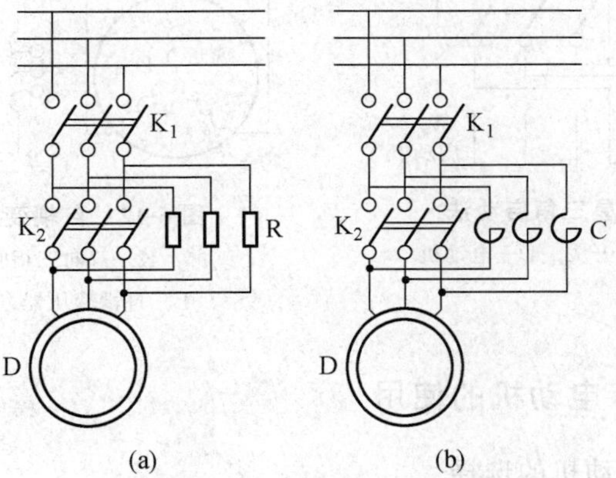

图 6-10　电阻和电抗启动法

(a)电阻降压启动法　(b)电抗降压启动法

K_1、K_2—闸刀开关　R—电阻器　C—电抗器　D—电动机

(2)*星三角(Y/△)启动*　这种方法只适用于定子绕组在正常工作时是三角形接法的电动机，其启动电路如图 6-11 所示。在启动时先合上闸刀 K_1，再把 Y/△开关合向启动位置(Y)，此时定子是 Y 形接法。待电动机接近额定转速时再把 Y/△开关迅速合向运行位置(△)，这时定子绕组改为△接法，定子每相绕组上通过的是额定电压，启动结束。

(3)*自耦变压器降压启动*　利用自耦变压器降压启动的电路如图 6-12 所示。设自耦变压器的变压比为 K，经自耦变压降压后，加在电动机上的电压为 $1/K$ 额定电压，达到了降压启动的目的。工作时先把闸刀合向下方(启动位置)，待电动机接近额定转速时，再把闸刀合向上方(运行位置)，电动机就在额定电压下运行。

自耦变压器启动，在容量较大的鼠笼式异步电动机上应用较广，缺点是设备费用较高。

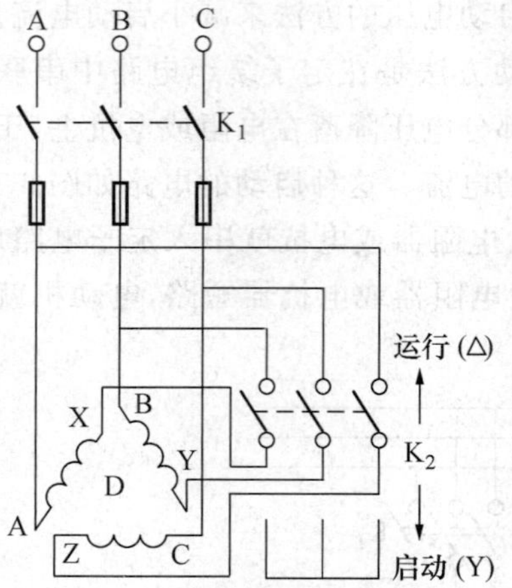

图 6-11 星三角启动法

K_1、K_2—闸刀开关 D—电动机

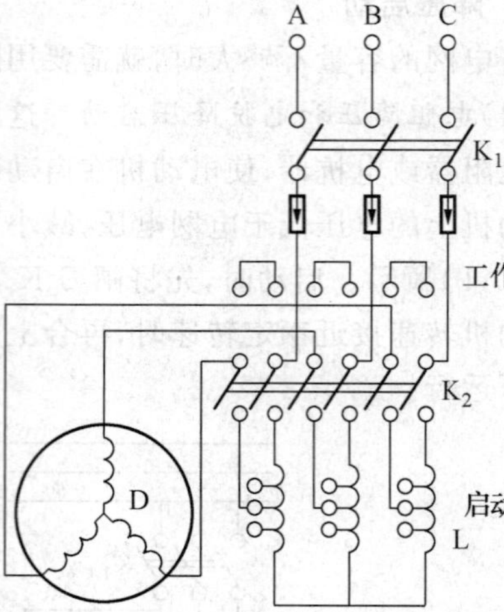

图 6-12 自耦变压器启动法

K—双向三相闸刀开关

L—自耦变压器 D—电动机

6.2.5 三相异步电动机的使用

1. 三相异步电动机的选择

(1)异步电动机的铭牌 每台电动机的外壳上都有一块铭牌(表 6-1)。铭牌上标记着电动机在正常运行情况下的条件和有关技术数据,在选用、安装、维修时都以此为依据。铭牌上项目很多,除前面已经介绍过的功率、电压、电流、转速、功率、功率因数外,在这里着重介绍以下几点。

①型号:是表示电机品种、性能、防护形式、转子类型等的代号。其型号含义如下:

表 6-1 三相感应异步电动机的铭牌

型号 Y132M—4	功率 7.5 kW	频率 50 Hz
电压 380 V	电流 15.4A	接法 △
转速 2 800 r/min	绝缘等级 E 级	工作方式 连续
出厂 年 月	标准编号 JB/T 3074—2008	××电机厂

Y 为产品代号,三相感应异步电动机;132 为机座中心高度,mm;M 为机座长度代号(S 表示短机座,M 表示中机座,L 表示长机座);4 为磁极数。

Y 系列电动机为全封闭自冷式三相鼠笼异步电动机,是我国按照国际标准统一设计的新的基本系列。它具有高效、节能、启动转矩大、噪声低、振动小、运行安全可靠等优点，适用于驱动无特殊性能要求的各种机械设备，如水泵、风机、运输机、搅拌机、农业机械、食品加工机械等。

封闭式电动机的定子和转子都是封闭的，能防止灰尘或其他飞扬物侵入电动机内部。适用于潮湿和有灰尘等工作条件较差的环境工作。

②绝缘等级或温升：当电动机定子和转子通有电流时，由于电动机内部损耗都转变成热量使电动机的温度逐渐升高。允许温升是指在环境温度在40℃及在海拔1 000 m高度以下的条件下，定子绕组的稳定温升，受电动机绕组绝缘材料等级的限制，若超过规定温度，将会使电动机绝缘老化甚至损坏，将会缩短电动机的寿命。表6-2给出了电机的绝缘等级与最高允许温度的对应关系，其中最高允许温度是额定环境温度（40℃）加允许温升。

表6-2 电机的绝缘等级与允许温度

绝缘等级	A级	B级	E级	F级	H级
最高允许温度/℃	105	120	130	155	180

③工作方式：按电动机运行的持续时间，工作方式分为连续、短时和断续3种：

连续：表示这台电动机可以按铭牌规定的各项额定值连续运行。

短时：表示只能按铭牌规定时间短时使用。如果连续使用，会使电动机过热。

断续：表示以间歇方式运行，但可多次周期性断续使用。

电动机的铭牌，提供了电动机正常工作的数据。在使用电动机时，首先要仔细了解铭牌上各项规定条件，才能正确和安全使用电动机。

(2)选择电动机时应考虑的几个问题

①型号的选择：根据所带工作机的要求和电动机安装场所的条件来选择电动机的型号，目前农村中普遍用来带动水泵、磨粉机、脱粒机、轧花机和各种粉碎机等农业机械的小型电动机，大多采用封闭型电动机。

②容量的选择：正确选择电动机的容量（指电动机的功率）十分重要。电动机容量选择过大，会造成“大马拉小车”，不能充分发挥电动机的作用，而且功率因数和效率降低，造成电力和资金的浪费。如果电动机的容量选得太小，就造成“小马拉大车”的情况，或者根本带不动；或者虽能带动，但电动机额定转矩比要求的转矩小，电动机中的电流超过额定值，将引起电动机过热，影响电动机的寿命，甚至烧毁。电动机的额定功率一般比被带的工作机械所需功率大10%左右为宜。

③转速的选择：在选择电动机额定转速时，要考虑到被带动的工作机械的要

求，使电动机转速尽量与所带动的工作机械的转速配合。当电动机采用直接传动来驱动工作机械时，电动机应与工作机械的转速相同。当电动机与被驱动的工作机械的转速不同时，就要通过传动装置变速。功率相同的电动机，其重量和价格随转速的增加而减少，因转速愈高构造愈简单，成本也低。所以一般情况下，宜选用转速高的电动机。总之，要使所选择的电动机，在各种性能方面尽量满足工作机械的要求，根据电源情况、转速要求、传动装置的情况、安装场所的环境情况及所需的功率等来选择电动机，使电动机得到最充分的利用。

2. 电动机保险丝的选择

保险丝是作为电动机过载和短路保护用的，应合理选择。根据一般运行经验，保险丝的额定电流为电动机额定电流的 1.5～2.5 倍为宜。

3. 小型配电盘

小型配电盘安装在电源与电动机之间，在配电盘上装有指示灯、电压表、电流表、三相闸刀、保险盒等，其电路见图 6-13。配电盘用来接合与切断电动机的电源，并能指示电力网供电情况。如输电线一根断路，则连接该线上的指示灯熄灭，其他两指示灯变暗。如两根断路，则 3 个指示灯均熄灭。在一相线路中装有电流表，可以指示电动机负载的大小，在两线间装有电压表，用来指示输电网的电压变化情况。此外还装有 3 个单盒保险，起安全保护作用。虽然三相闸刀上也有保险，但因线间距离较近，往往会在熔断保险丝时，造成线间电弧短路，这是非常危险的。在引入线上安装 3 个单盒保险即可避免。

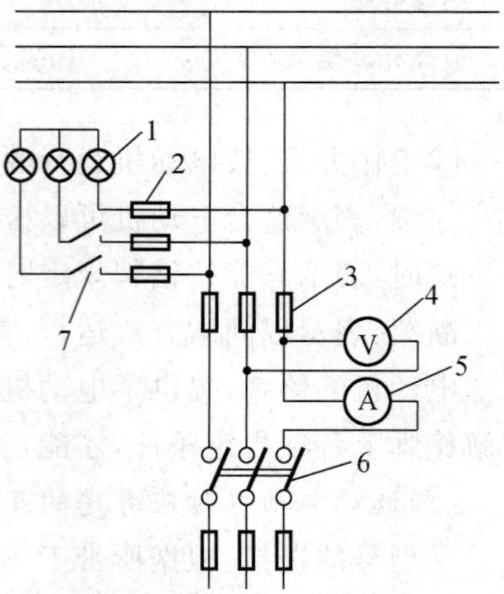

图 6-13 小型配电盘线路图

1—线路指示灯 2—指示灯保险丝
3—线路保险丝 4—电压表 5—电流表
6—三相闸刀开关 7—指示灯开关

4. 电动机使用的安全技术

(1)电动机使用应注意的几个问题

①加强监视电动机的电流和温升。异步电动机的电流和温度变化，可以反映出它在运行中是否正常。当有故障时，大多会引起电流增大和电动机温度过高，因此，对运行中的电动机，监视它的电流和温度是极其重要的。

②注意供电电压的变化，电压过高或过低，对电机都不利，电动机运行电压不得低于额定值的 5%，不得超过额定值的 10%。三相电压的差不得大于 5%。

③注意电动机的声响。正常时，声响均匀无杂音。当发现有异常声响时，应及时检查原因加以消除。

④要防止电动机缺相运行(电源供电三相中断一相),电动机缺相运行,定子电流会急剧增加,声响也增大,在很短时间内就会烧毁电动机,因此要特别注意。

(2)安全用电 电如果使用不当会造成触电事故,或发生火灾,我们必须正确掌握电的规律,避免事故。

①触电事故:触电是由于电流通过人体造成的。其伤害程度决定于通过人体电流大小、途径和时间长短。0.6～1.5 mA 的交流电,流过人体手指会感到微微发抖。50～80 mA 能使人停止呼吸。人体通过由手到脚的触电情况是最危险的。触电时间一长,人体电阻下降,危险就更大。所以,我们检修接线时,一定要先切断电源。

②保护接地与保护接零:保护接地是指把电气设备的金属外壳直接接地,接地电阻不超过 4 Ω。

保护接零是指在 1 000 V 以下且中点接地的电网中,把设备的金属外壳与中线接牢(图 6-14)的安全措施。假如电动机 A 相绝缘损坏与机壳短路,则 A 相与中线短路将 A 相保险丝熔断,A 相电源被切断,免除触电危险,如图 6-14(a)所示。单相用电器保护接零如图 6-14(b)所示。

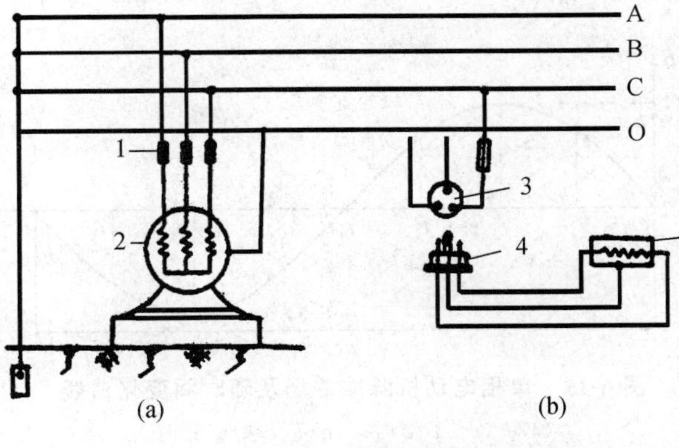

图 6-14 保护接零

(a)电动机外壳接零 (b)单相电器外壳接零

1—保险丝 2—电动机 3—插销座 4—插头 5—用电器

6.3 单相感应异步电动机

单相异步电动机就其结构来看,和三相异步电动机差不多。转子的构造完全相同,常见转子为鼠笼式,定子绕组和三相异步电动机相近似,但它的绕组是单相的。

当单相定子绕组接入三相交流电中的一根火线和零线,即单相正弦交流电通过定子绕组时,产生一个位置固定,但大小随时间作正弦规律变化的脉动磁场,见图 6-15。该磁场与三相感应电动机中的磁场是不同的,前者是一个静止的脉动磁场,后者是一个旋转磁场。由分析可知,单相感应异步电动机没有启动转矩,即启动转矩为零。因此,为使单相电动机自行启动,需要某种特殊的启动装置。目前常用的启动方法有分相法和罩极法。容量较大或要求启动转矩较高的单相电动机常采用分相法。

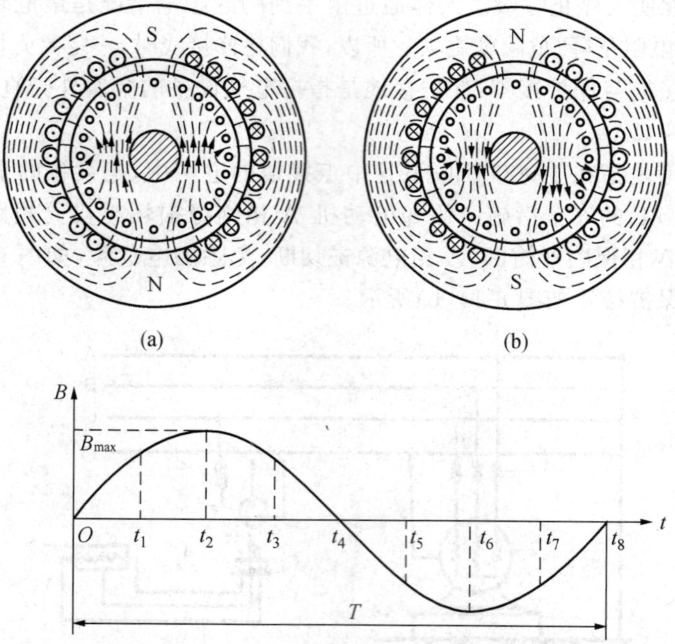

图 6-15 单相电动机脉冲磁场及随时间变化曲线

(a)$0<t<T/2$ 时 (b)$T/2<t<T$ 时

6.3.1 电容分相式单相电动机启动原理

如图 6-16 所示,在定子上除装有工作绕组 A 外,还有启动绕组 B,启动绕组 B 与工作绕组 A 在空间相隔 90°,并且在启动绕组 B 中串联一个适当容量的电容器。通入两个绕组中的电流在相位上近于相差 90°,这就是分相。这样,在空间相差 90°的两个绕组,分别通入在相位上相差 90°(或

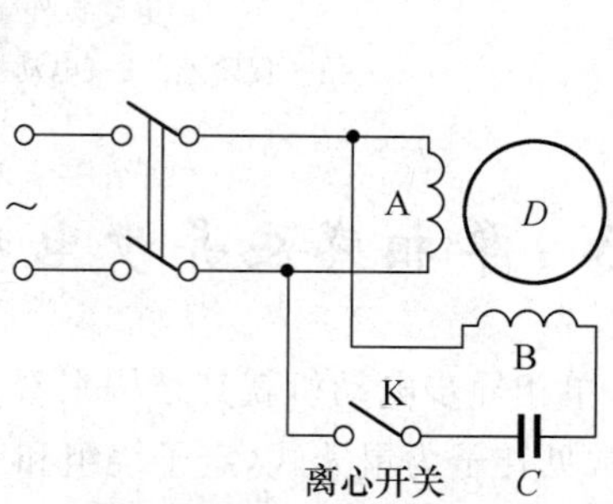

图 6-16 电容分相式单相电动机线路图

接近 90°)的两相电流,也能在定子内产生旋转磁场。设两相电流为:

$$i_A = I_{max}\sin(\omega t)$$
$$i_B = I_{max}\sin(\omega t + 90°)$$

我们仍可以用三相感应电动机的工作原理分析方法,可以得到两相电流所产生的合成磁场也是在空间旋转的(图 6-17)。在这旋转磁场的作用下,单相电动机的鼠笼式转子得到启动转矩而旋转起来。根据这一原理制造的电动机也称为单相电容式异步电动机。电容器在完成启动作用后,既可以继续接在电路中(称为电容运转电动机),也可以在接近额定转速时,借助离心力的作用把开关 K 断开,以切断启动绕组(称为电容启动电动机),在再次启动时靠弹簧使其闭合。

除用电容器来分相外,也可与启动绕组串联适当的电阻(或启动绕组本身的电阻比工作绕组大得多),达到分相的目的。

改变单相电容式电动机转向的方法是:换接任何一组绕组的电源接线头。如将工作绕组和启动绕组的电源接头线同时改变,则电动机的旋转方向仍不变。

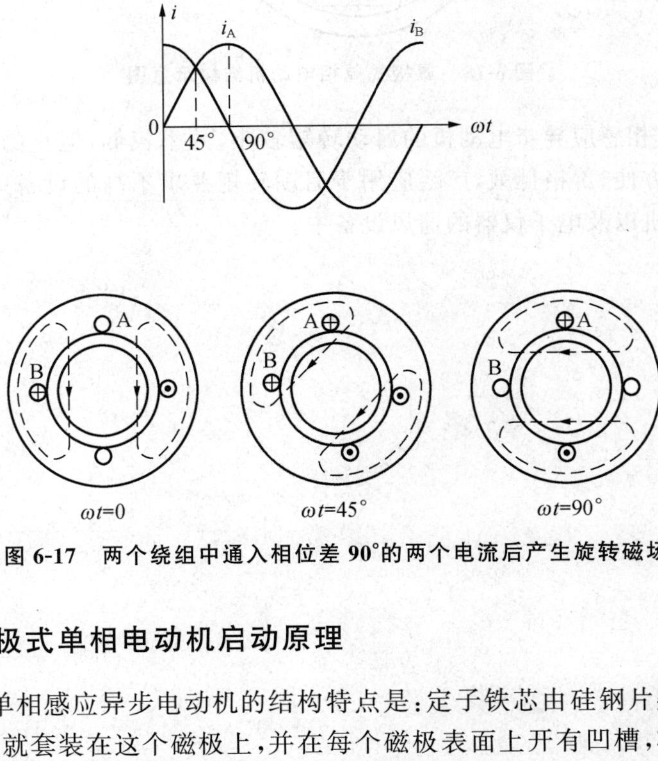

图 6-17 两个绕组中通入相位差 90°的两个电流后产生旋转磁场

6.3.2 罩极式单相电动机启动原理

罩极式单相感应异步电动机的结构特点是:定子铁芯由硅钢片叠成凸出的磁极,定子绕组就套装在这个磁极上,并在每个磁极表面上开有凹槽,将磁极表面分成大小两部分,在小的部分上再套着一个短路铜环,称为罩极圈,相当于一个副绕组，如图 6-18 所示。当定子绕组通过交流电而产生脉动磁场时，由于短路铜环中感应电流的作用，使通过磁极表面的磁通分为两部分。这两部分磁通不但在数量上不相等，而且在相位上也不同相，被短路环罩着的这部分磁通滞后于另一部分的磁通。这两个在空间上不是同一位置，在时间上又有相位差的交变磁通，就形成了一个旋转磁场。转子在该磁场的作用下产生启动转矩而自行启动，它的旋转方向是由磁极的未罩部分向被罩部分的方向旋转，如图 6-18 中箭头所示。如要使它反转，必须改变其磁极的安装位置。

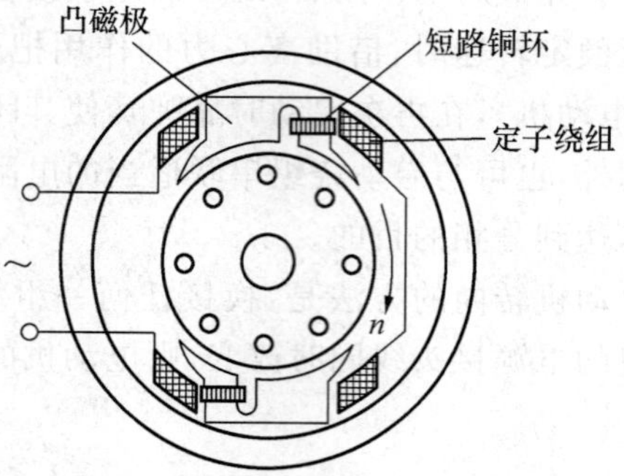

图 6-18　罩极式单相电动机结构示意图

罩极式单相感应异步电动机的启动转矩较小，效率较低，但它的结构简单，工作可靠，维护方便，价格低廉，广泛应用于启动转矩要求不高的设备中，如电风扇、电唱机、吹风机以及电子仪器的通风设备中。

第二篇

植保机械与施药技术

与农作物病、虫、草、鼠等危害进行斗争是人类自开始农耕文化以来就面临的挑战,化学农药的发明使化学防治方法成为当今农作物病虫害防治最有效、最主要的手段。施用化学农药的机械称为植物保护机械,简称植保机械或药械。

目前使用的植保机械,其功用早已超出了仅防治病虫害的范围,它的功用表现在以下诸多方面:

①喷施杀虫剂、杀菌剂用以防治植物虫害、病害;

②喷施化学除草剂用以防治杂草;

③喷施病原体及细菌等生物制剂用以防治植物病害;

④喷施液体肥料进行叶面追肥;

⑤喷施生长调节剂、花果减疏剂促进果实的正常生长与成熟;

⑥撒布人工培养的天敌昆虫进行植物病虫害的生物防治;

⑦对病、虫、草、兽、鸟等施以射线、光波、电磁波、超声波、高压电以及火焰、声响等物理能量,达到控制、驱赶或灭除的目的;

⑧对植物种子进行药剂消毒及包衣处理,用以防治播种后的病虫害;

⑨喷施落叶剂或将作物进行适当处理以便于机械收获;

⑩将农药施于翻整过的地面或注入地下,进行土壤消毒用以防治杂草及地下害虫等。

植保机械的种类很多,由于农药的剂型、作物种类和防治对象的多样性,农药的施用方法是不同的,这就决定了植保机械也是多种多样的。从手持式小型喷雾器到拖拉机牵引或自走式大型喷雾机;从地面喷洒机具到装在飞机上的航空喷洒装置,形式多种多样,其分类方法主要有:

①按施用的农药剂型和用途分类分为喷雾机、喷粉机、喷烟机、撒粒机、拌种机和土壤消毒机等。

②按配套动力分类分为手动植保机具、畜力植保机具、小型动力植保机具、大型牵引或自走式植保机具、航空喷洒装置等。

③按操作、携带和运载方式等分类，手动植保机具可分为手持式、手摇式、肩挂式、胸挂式、踏板式等；小型动力植保机具可分为担架式、背负式、手提式、手推车式等；大型动力植保机具可分为牵引式、悬挂式、自走式等。

④按施液量多少分类可分为常量喷雾、低量喷雾、微量(超低量)喷雾。

⑤按雾化方式分类可分为液力喷雾机、气力喷雾机、热力喷雾机、离心喷雾机等。

植保机械的农业技术要求有：

①应能满足农业、园艺、林业等不同种类、不同生态以及不同自然条件下对植物病、虫、草、兽害的防治要求；

②应能将液剂、粉剂、粒剂等各种剂型的农药均匀地分布在施用对象所要求的施药部位上；

③对所施用的农药应有较高的附着率、较少的飘移损失及环境污染；

④机具应具有较高的生产效率、较好的使用经济性和安全性。

现代植保机械的发展趋势是，提高喷洒作业质量、有效利用农药、保护生态环境、提高工效、改善人员劳动条件与安全、提高机具使用可靠性、经济性等。主要表现在以下几个方面：

①低容量喷雾机喷雾量少、雾滴细、药液分布均匀、工效高，在园艺方面获得广泛应用。液力喷雾机、风送喷雾机将在农、林、牧业病虫害防治方面进一步获得广泛应用。

②小型机动植保机械配备小型发动机，对不同植物和地区有广泛适应性，其中背负、手提、推车、担架等形式的液力喷雾机和风送喷雾机是主要发展机型。

③喷洒部件形式多样化、规格化、标准化、系列化，制造精密、喷洒性能优良，能满足不同植物、不同生长形态以及不同剂型农药的喷洒要求。

④大型植保机械趋向机电一体化，宽幅喷雾机安装机电液控制系统与电子装置，对喷雾作业参数实施监控与自动调整，提高喷洒精度与作业效率。

⑤不锈钢、铝合金、硬质陶瓷、工程塑料等新材料大量用于植保机械的工作部件，提高机具的可靠性和耐久性。

⑥新型植保机械发展迅速，静电喷雾机、控滴喷雾机、回收循环式喷雾机、双流体喷雾机、遥控喷雾机、常温烟雾机等都是植保机械技术的新成果。

⑦重视生态环境的保护，尽可能减少喷洒农药过程中对土壤、水源、害虫天敌以及环境的污染与损害。

7　植保机械主要类型及特点

7.1　手动植保机械

手动植保机械是指以人力为动力的一类植保机械，分为手动喷雾器和手动喷粉器两种。目前国内广泛采用的手动喷雾器主要有背负式手动喷雾器、压缩式喷雾器、单管式喷雾器和踏板式喷雾器等。手动喷粉器有卧式喷粉器和立摇式喷粉器。在这一节里将介绍它们的基本结构、基本工作原理和基本的使用方法。

7.1.1　手动喷雾器

1. 背负式手动喷雾器

背负式手动喷雾器型号多，结构上虽有差异，但是工作原理相同，工农—16 型背负式手动喷雾器是它们的典型代表，下面以它为例，介绍背负式手动喷雾器的结构和工作原理。

(1)工农—16 型背负式手动喷雾器　工农—16 型背负式手动喷雾器的构造如图 7-1 所示。工作部件主要是液泵和喷射部件。辅助部件包括药液箱(16 L)、空气室和传动机构等。这种喷雾器的液泵为往复活塞泵，装在药液箱内，由泵筒、活塞杆、皮碗、进水阀、出水阀和吸水滤网等组成。喷射部件由胶管、开关、套管、喷管和喷头等组成。

工农—16 型背负式手动喷雾器的工作原理是，当摇动摇杆时，连杆带动活塞杆和皮碗，在泵筒内做上下运动，当活塞杆和皮碗上行时，出水阀关闭，泵筒内皮碗下方的容积增大，形成真空，药液箱内的药液在大气压力的作用下，经吸水滤网，冲开了进水球阀，涌入泵筒中。当摇杆带动活塞杆和皮碗下行时，进水阀被关闭，泵筒内皮碗下方容积减少，压力增大，所贮存的药液即冲开了出水球阀，进入空气室。由于塞杆带动皮碗不断地上下运动，使空气室内的药液不断增加，空气室内的空气被压缩，从而产生了一定的压力，这时如果打开开关，气室内的药液在压力作用下，通过出水接头，压向胶管，流入喷管、喷头体的涡流室，经喷孔喷出。

(2)3WS—16 型背负式手动喷雾器　3WS—16 型背负式手动喷雾器与工农—16 型背负式手动喷雾器的工作原理完全相同，但是，它具有许多新的特点：

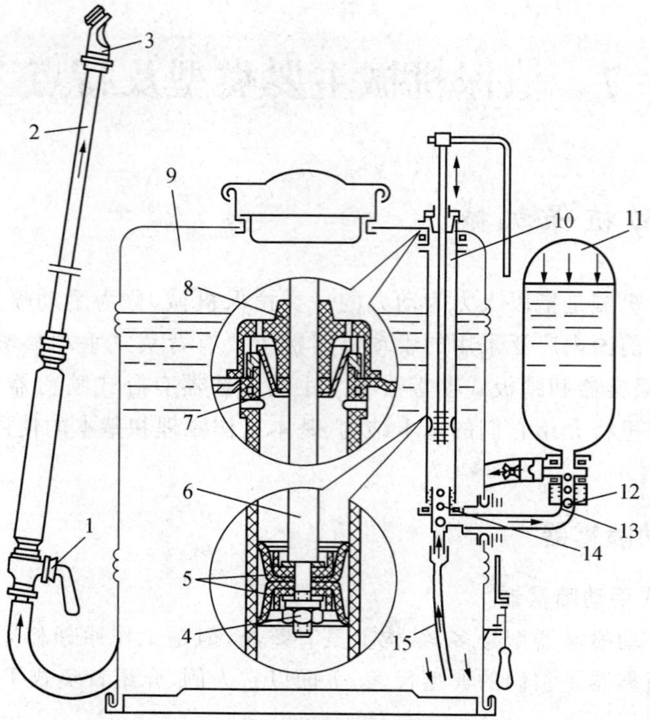

图 7-1　工农—16 型背负式手动喷雾器

1—开关　2—喷杆　3—喷头　4—螺母　5—皮碗　6—活塞杆
7—毡圈　8—泵盖　9—药液箱　10—泵筒　11—空气室
12—出水球阀　13—出水阀座　14—进水球阀　15—吸水管

图 7-2　3WS—16 型背负式手动喷雾器

1—手柄　2—药液箱　3—空气室
4—揿压式开关　5—喷杆　6—喷头

①药液箱的形状设计更加合理，采用了仿人体后背的形状(图 7-2)。

②采用了大流量的活塞泵，并将空气室与液泵合二为一，内置于药液箱，可以避免空气室的意外损坏而造成药液的泄漏。

③采用了多种喷洒部件和揿压式开关，能够进行连续喷雾或点喷。

2. 压缩式喷雾器

压缩式喷雾器是靠预先压缩的空气使药液桶中的液体具有压力的液力喷雾器。有肩挂式和手提式两种，容量一般为 6～8 L。下面以 3WS—7 型压缩式喷雾器为例，介绍其基本结构和工作原理。

3WS—7 型压缩式喷雾器的结构如图 7-3 所示，由压气泵、药液桶和喷洒部件等组成。压气泵由泵筒、活塞杆和出气阀等组成。泵筒底部安装有出气阀，出气阀应密封可靠，保证压气筒在进气时药液不进入泵筒内部，活塞杆下端装有垫圈、皮碗等零件。药液桶由桶身、加水盖、出水管、背带等组成。桶身采用薄钢板制造，除储存药液外还起空气室的作用，要求能承受一定压力并能密封。桶身上标有水位线，以控制加液量。3WS—7 型压缩式喷雾器的喷洒部件与工农—16 型背负式手动喷雾器相同。

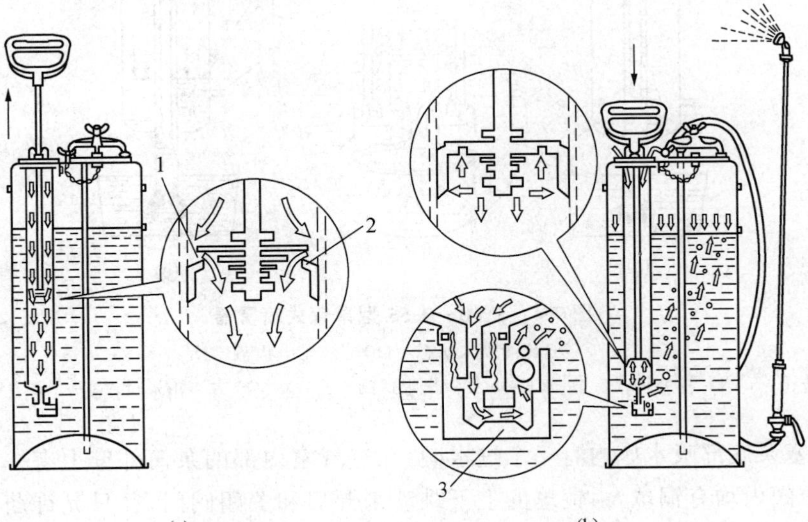

图 7-3 3WS—7 型压缩式喷雾器

(a)进气状态 (b)压气状态

1—进气孔 2—皮碗 3—出气阀

压缩式喷雾器的工作原理是，利用压气泵将空气压入药液桶液面上方的空间，使药液承受一定的压力，经出水管和喷洒部件成雾状喷出。当将活塞杆上拉时，泵筒下腔空气变稀薄，压强减小，出气阀在药液压力和吸力作用下关闭，空气在压力差的作用下，通过皮碗上的小孔流入泵筒下腔。当活塞杆下压时，皮碗受到下腔空气的作用紧靠在垫圈上，封闭进气小孔，空气向下压开出气阀球而进入药液桶。如此不断地上下拉压活塞杆，药液桶上部的压缩空气增多，压强增大。这时打开开关，药液就被压入喷洒部件，成雾状喷出。

3. 单管式喷雾器

单管式喷雾器是一种只有手动泵和喷洒部件的喷雾器。它具有较高的工作压力，常用工作压力达 0.7 MPa。其代表性产品是 3WD—0.55 型单管式喷雾器。

3WD—0.55 型单管式喷雾器由与空气室组成一体的柱塞泵和喷洒部件组成，如图 7-4 所示。它没有药液箱，作业时将泵插入盛放药液的容器内，所以需要两个人操作。

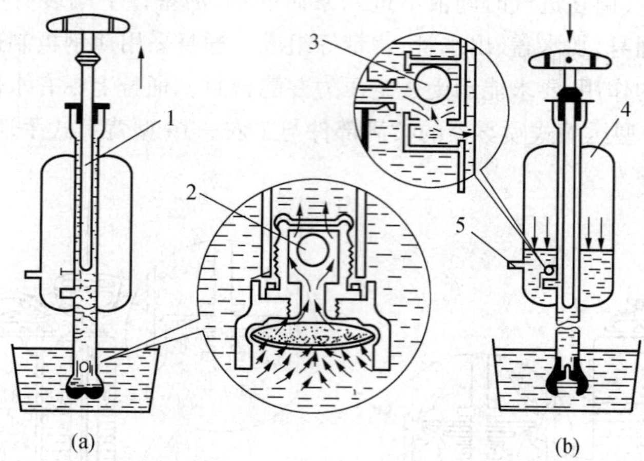

图 7-4 3WD—0.55 型单管式喷雾器

(a)药液吸入状态 (b)药液压出状态

1—柱塞杆 2—进水球阀 3—出水球阀 4—空气室 5—出水口接头

柱塞泵底部吸水座内有一个进水阀，在空气室内部的泵筒外壁上有一个出水阀，两个阀内均有铜球，由铜球的上下跳动来开启和关闭阀门，并只允许药液流进阀门而不许流出，以控制药液流向。

工作原理是，当提起柱塞杆时，泵筒内的空间突然增大，形成局部真空，在大气压力的作用下，经过滤网，药液冲开进水阀球，进入泵筒内。压下柱塞杆时，进水阀球将进水孔封闭，已进入泵筒内的药液只能推开出水阀球进入空气室。再次提起柱塞杆时，在空气室内药液的作用下出水阀被关闭，进水阀打开。如此反复，进入空气室的药液逐渐增多，空气室内的空气被压缩而使药液承受压力，药液经出水口接头，通过喷洒部件成雾状喷出。

4. 踏板式喷雾器

踏板式喷雾器是一种喷射压力高、射程远的手动喷雾器。操作者以脚踏住机座，用手推动摇杆前后摆动，带动柱塞泵往复运动，将药液吸入泵体，并压入空气室，达到一定压力后，即可进行正常喷雾。踏板式喷雾器适用于果树、桑树、园林、架棚植物的喷雾作业。

踏板式喷雾器按泵的结构不同大致可分单缸和双缸两类，如丰收—3 型是双

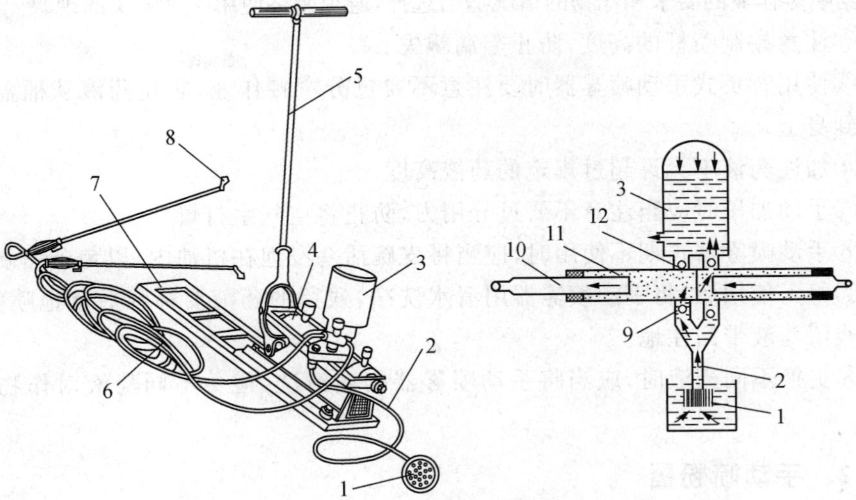

图 7-5 丰收—3 型踏板式喷雾器

1—过滤器 2—吸管 3—空气室 4—双缸往复式柱塞泵
5—摇杆 6—出水管 7—踏板 8—喷头 9—进液阀门
10—柱塞 11—缸筒 12—出液阀门

缸泵踏板式喷雾器,如图 7-5 所示。丰收—3 型踏板式喷雾器的最高工作压力为 1.8 MPa,垂直射程 2～4 m,水平射程 3～7 m,喷射流量可达 3.3～3.7 L/min。

丰收—3 型踏板式喷雾器主要由柱塞泵、空气室、机座、杠杆部件、三通部件、吸液部件和喷洒部件等组成。

踏板式喷雾器的工作原理是:推拉踏板式喷雾器的摇杆时,通过杠杆、连杆、框架带动柱塞前后运动。当摇杆由右向左推时,柱塞也由右向左移动,左出液阀关闭,左柱塞与缸体组成的左腔内的容积增大,药液在大气压的作用下,通过吸液头和吸液胶管,冲开左吸液阀进入缸体左腔内。同时,右吸液阀关闭,右柱塞与缸筒所组成的右腔的容积不断缩小,腔筒内药液的压力升高,药液冲开右出液阀进入空气室。当摇杆向右拉时,其作用则相反。如此不断地将药液吸入缸体腔筒内,又从缸体腔筒压入空气室,空气室内的空气受压缩而压力升高。当达到一定压力时,便可打开喷杆上的开关,使药液连续地通过出液三通、胶管、喷杆和喷头喷孔呈雾状喷出。

5. 手动喷雾器的使用方法

在使用手动喷雾器时,应当注意以下几个方面:

①根据需要合理选择合适的喷头。国内目前常用的空心圆锥雾喷头有几种孔径的喷孔片,大孔的流量大、雾滴粗、喷雾角大,相反,孔小的流量小、雾滴细、喷雾角小,应

当根据喷雾作业的要求和作物的情况适当选择，避免始终使用一个喷头的现象。

②注意控制喷杆的高度，防止雾滴飘失。

③使用背负式手动喷雾器时要注意不要过分弯腰作业，防止药液从桶盖处流出溅到身上。

④加注药液不允许超过规定的药液高度。

⑤手动加压时应当注意不要过分用力，防止将空气室打爆。

⑥手动喷雾器长期不使用时，应当将皮碗活塞浸泡在机油内，以免干缩硬化。

⑦每天使用后，将手动喷雾器用清水洗净，残留的药液要稀释后就地喷完，不得将残留药液带回住地。

⑧更换不同药液时，应当将手动喷雾器彻底清洗，避免不同药液对作物产生药害。

7.1.2 手动喷粉器

手动喷粉器是一种由人力驱动的风机所产生的气流来喷撒粉剂的机具。手动喷粉器按操作者的支承方式有背负式和胸挂式两类，按风机的操作方式有横摇式和立摇式等几种。手动喷粉器的结构简单，操作方便，工效高。作业时不消耗液体，可以节省运输液体的人工。但药粉的附着性能差，受风的影响大。它适用于在密闭的空间使用，如温室、粮食仓库等。下面介绍两种国内常用的手动喷粉器。

1. 卧式喷粉器

丰收—5 型胸挂式手动喷粉器的结构如图 7-6 所示。它采用卧式圆筒形结构，由药粉筒、齿轮箱、风机及喷撒部件等组成。作业时用手驱动手柄绕轴旋转，旋转轴上安装有搅拌器、松粉盘、风机和齿轮箱等部件。搅拌器用来松动和推送药粉筒内的粉剂，松粉盘用于使粉剂松动，开关盘固定在桶身内，盘上有一个可以滑转的开关片，盘和片上各有 6 个圆孔，扳动开关片上的翼形螺母就可以改变出粉孔的大小，调节出粉量。风机为离心式，风机壳与药粉筒合一，通过齿轮箱带动。风机的作用是产生高速气流，吹送粉剂。

丰收—5 型喷粉器的工作原理是，当手柄以一定转速转动时，通过齿轮箱增速，使叶轮连续高速旋转，从而产生高速气流，同时搅拌器把药粉向松粉盘推送，药粉从松粉盘边缘的缺口到达开关盘处，经开关盘上的出粉孔吸入风机，并随高速气流一起经喷粉头喷出。

2. 立摇式喷粉器

立摇式喷粉器的结构简图如图 7-7 所示。它由粉箱、齿轮箱、风机和喷撒部件等组成。喷粉器筒身的上部装有齿轮箱，下部安装风机。粉箱底部呈倒圆锥形，以

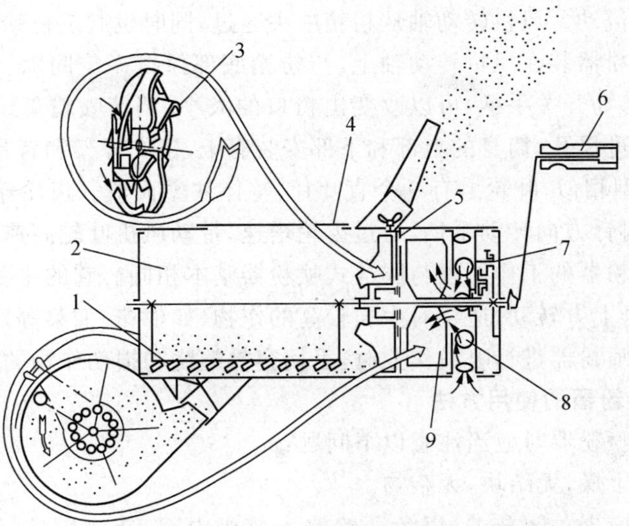

图 7-6 丰收—5 型胸挂式手动喷粉器

1—搅拌器 2—药粉筒 3—松粉盘
4—筒盖 5—粉门开关 6—手柄
7—齿轮箱 8—进风口 9—风机叶片

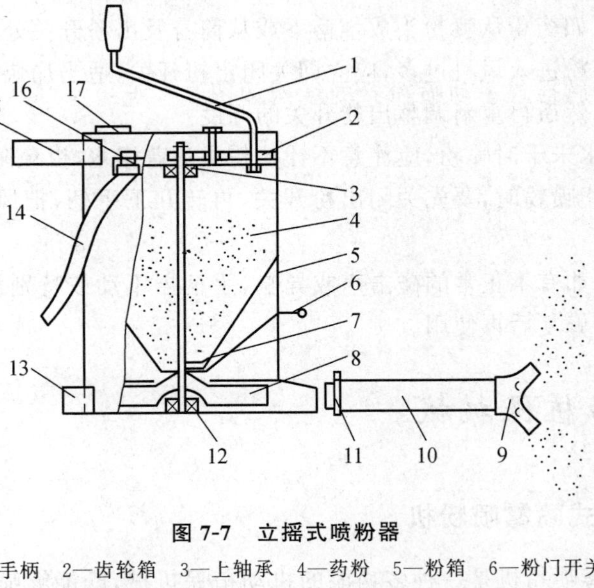

图 7-7 立摇式喷粉器

1—手柄 2—齿轮箱 3—上轴承 4—药粉 5—粉箱 6—粉门开关
7—搅拌器 8—风机叶片 9—喷粉头 10—喷粉管 11—接头 12—下轴承
13—下支撑架 14—背带 15—上支撑架 16—背带扣 17—加粉盖

便于粉剂向下流动。风机转动轴从粉箱中央通过，同时也起疏松粉剂、防止药粉架空的作用。输粉器装在风机转动轴上，与粉箱底部保持一定间隙。粉门开关安装在粉箱底部，移动开关手柄，可以改变出粉口的大小，调节喷粉量。喷粉器筒身中部有 8 个风机进风孔，筒身的上部和下部安装有上、下支撑架和背带扣。风机的形式和丰收—5 型相似，叶轮上有 9 个直叶片，整体注塑而成。齿轮箱有四级传动齿轮，工作时顺时针方向转动手柄，通过齿轮增速，带动风机叶轮高速转动。

立摇式喷粉器的工作原理与胸挂式喷粉器基本相同。它的主要特点是筒身竖直，手柄在筒身上方转动，适合对生长较高的作物（如棉花、油菜等）进行喷粉作业，解决了用卧式喷粉器进行喷粉作业时，手柄容易缠绕和损伤作物的问题。

3. 手动喷粉器的使用方法

使用手动喷粉器时应当注意以下问题：

①药粉应干燥，无结块，无杂物。

②装粉前应先关闭开关，以免药粉漏入风机内部，造成积粉，使风机转不动。装好粉后切勿将粉压实，以免结块，影响喷撒。

③按喷药量，调节出粉开关。初喷时开度要小些，逐步加大到适当的开度。喷粉时操作者应穿戴防护用具，行走方向一般应同风向垂直或顺风前进。如果需要逆风前进时，要把喷粉管移到人体后面或侧面喷撒，以免中毒。

④喷粉中，如药粉从喷粉头成堆落下或从筒身及出粉开关处冒出，表明出粉开关开度过大，药粉进入风机过多，应立即关闭出粉开关，适当加快摇转手柄，让风机内的积粉喷出，然后再重新调整出粉开关的开度。

⑤早晨露水未干时喷粉，应注意不让喷粉头沾着露水，以免阻碍出粉。

⑥中途停止喷粉时，要先关闭出粉开关，再转几下手柄，把风机内的药粉全部喷干净。

⑦喷粉时，如有不正常的碰击声或异响，手柄摇不动或特别沉重时，应当立即停止使用，检查修复后再使用。

7.2 机动植保机械

7.2.1 背负式喷雾喷粉机

背负式喷雾喷粉机是一种多功能的机动植保机械，既能够喷雾，也能够喷粉。背负式喷雾喷粉机由于具有操作轻便、灵活、生产效率高等特点，广泛用于较大面积的农林作物病虫害的防治，以及化学农药喷施、叶面施肥、喷撒植物生长调节剂、卫生防疫、消灭仓储害虫及家畜体外寄生虫、喷撒颗粒等工作。它不受地理条件限制，在丘陵地区及零散地块上都很适用。

目前国内有很多型号的背负式喷雾喷粉机，但是其基本结构和工作原理是相同的。下面以东方红－18 型(3W—18 型)背负式喷雾喷粉机为例，介绍其基本结构、工作原理和使用方法。

1. 基本结构

背负式喷雾喷粉机主要由机架、离心风机、汽油机、油箱、药箱和喷洒装置等部件组成(图 7-8)。

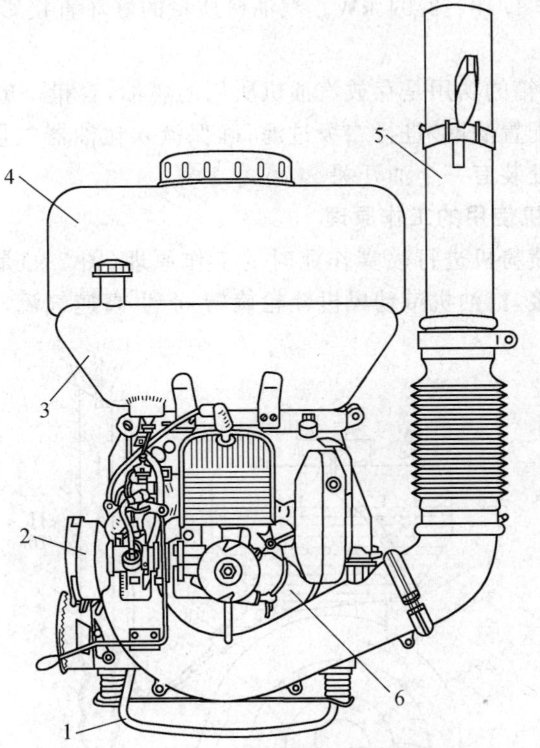

图 7-8　东方红—18 型背负式喷雾喷粉机

1—机架　2—汽油机　3—油箱　4—药箱　5—喷管　6—风机

(1)机架总成　机架总成是安装汽油机、风机、药箱等部件的基础部件。它主要包括机架、操纵机构、减振装置、背带和背垫等部件。

(2)离心风机　离心风机是背负式喷雾喷粉机的重要部件之一。它的功用是产生高速气流，使药液雾化或将药粉吹散，并将之送向远方。背负式喷雾喷粉机所使用的风机均是小型高速离心风机。气流从叶轮轴向进入风机，获得能量后的高速气流沿叶轮圆周切向流出。

(3)药箱　药箱的功用是盛放药液或药粉，根据作业不同，药箱内的结构有所变化，只要更换部分零件就可以变为药液箱或药粉箱，完成喷雾或喷粉作业。主要部件包括药箱体、药箱盖、过滤网、粉门、进气管、吹粉管、输粉管等。

(4)喷洒装置　喷洒装置的功用是输风、输粉和输药液，主要包括弯头、软管、直管、弯管、喷头、药液开关和输液管等。其中，喷头是主要的工作部件。

(5)配套动力　背负式喷雾喷粉机的配套动力都是结构紧凑、体积小、转速高的二冲程汽油机。目前国内背负式喷雾喷粉机的配套汽油机的转速为 5 000～7 500 r/min，功率 1.18～2.94 kW。汽油机质量的好坏直接影响背负式喷雾喷粉机使用的可靠性。

(6)油箱　油箱的功用是存放汽油机所用的燃油，容量一般为 1 L。在油箱的进油口和出油口配置滤网，进行二级过滤，确保流入化油器主量孔的燃油清洁，无杂质。在出油口处装有一个油开关。

2. 作为喷雾机使用的工作原理

背负式喷雾喷粉机进行喷雾作业时的工作原理(图 7-9)是：离心风机与汽油机输出轴直接连接，汽油机带动风机叶轮旋转，产生高速气流，其中大部分高速气

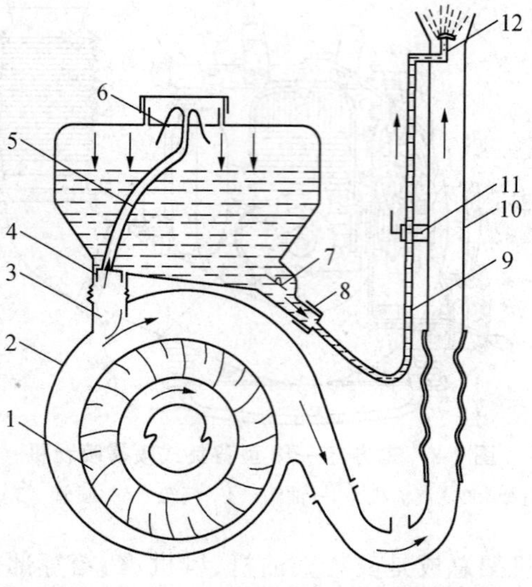

图 7-9　东方红—18 型喷雾喷粉机的喷雾作业

1—叶轮　2—风机　3—进风阀门　4—进气塞
5—进气软管　6—滤网　7—粉门　8—接头
9—药液管　10—喷管　11—开关　12—喷头

流经风机出口流往喷管，而少量气流经进风阀门、进气塞、进气软管、滤网，流进药液箱内，使药液箱中形成一定的气压。药液在压力的作用下，经粉门、药液管、开关，流到喷头，从喷嘴周围的小孔以一定的流量流出，先与喷嘴叶片相撞，初步雾化，在喷口中再受到高速气流冲击，进一步雾化，弥散成细小雾粒，并随气流吹到很远的前方。

3. 作为喷粉机使用的工作原理

背负式喷雾喷粉机进行喷粉作业时的工作原理(图 7-10)是：汽油机带动风机叶轮旋转，所产生的大部分高速气流经风机出口流往喷管，而少量气流经进风阀门进入吹粉管，然后由吹粉管上的小孔吹出，使药箱中的药粉松散，以粉气混合状态吹向粉门。由于在弯头的出粉口处，喷管的高速气流形成了负压，将粉剂吸到弯头内。这时粉剂随从高速气流，通过喷管和喷粉头吹向作物。

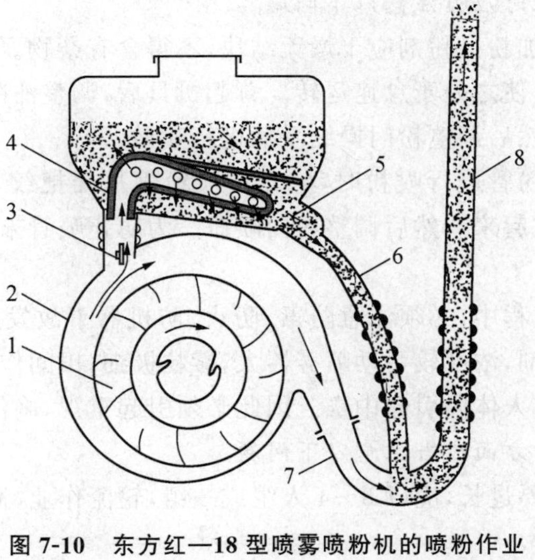

图 7-10　东方红—18 型喷雾喷粉机的喷粉作业

1—叶轮　2—风机　3—进风阀门　4—吹粉管
5—粉门　6—输粉管　7—弯头　8—喷管

4. 使用方法和注意事项

(1)在喷雾作业时应当注意以下问题

①正确选择喷洒部件，以适合喷洒农药和作物的需要。

②机具作业前应先按汽油机有关操作方法，检查其油路系统和电路系统后进行启动。确保汽油机工作正常。

③作业前，先用清水试喷一次，保证各连接处无渗漏。加药不要过满，以免从过滤网出气口溢进风机壳里。药液必须洁净，以免堵塞喷嘴。加药后要盖紧药

箱盖。

④启动发动机,使之处于怠速运转。背起机具后,调整油门开关使汽油机稳定在额定转速左右,开启药液手把开关即可开始作业。

⑤不得在一处长期停留喷洒,防止对作物产生药害。

⑥根据风向选择正确的行走路线,最好采用侧向喷洒方式,以免人身受药液侵害。

⑦喷药前首先要校正背机人的行走速度,并按行走速度和喷量大小,核算施液量。喷药时严格按预定的喷量和行走速度进行。前进速度应基本一致,以保证喷洒均匀。

⑧大田作业喷洒可变换弯管方向;喷洒灌木丛时可将弯管口朝下,防止雾粒向上飞扬。

(2)在喷粉作业时应当注意以下问题

①关好粉门后加粉。粉剂应干燥无结块,不得含有杂物。加粉后旋紧药箱盖。

②启动发动机,使之处于怠速运转。背起机具后,调整油门开关使汽油机稳定在额定转速左右。然后调整粉门操纵手柄进行喷撒。

③使用薄膜喷粉管进行喷粉时,应先将喷粉管从摇把绞车上放出,再加大油门,使薄膜喷粉管吹起来。然后调整粉门喷撒。为防止喷管末端存粉,前进中应随时抖动喷管。

总之,在使用过程中,必须注意防毒、防火、防机器事故发生,尤其应十分重视防毒。因喷洒的药剂,浓度较手动喷雾器大,雾粒极细,田间作业时,机具周围形成一片雾云,很易吸进人体内引起中毒。因此必须引起重视,确保人身安全。

(3)在安全防护方面应当注意以下问题

①作业时间不要过长,应以 3～4 人组成一组,轮流作业,避免长期处于药雾中吸不到新鲜空气。

②操作人员必须佩戴口罩,并应经常换洗。作业时携带毛巾、肥皂,随时洗脸、洗手、漱口,擦洗着药处。

③避免顶风作业,禁止喷管在作业者前方以八字形交叉方式喷洒。

④发现有中毒症状时,应立即停止背机,求医诊治。

⑤背负式喷雾喷粉机是用汽油作燃料,应注意防火。

7.2.2 担架式喷雾机

担架式喷雾机是一种将各个工作部件装在像担架一样的机架上,作业时由人抬着担架进行转移的机动喷雾机。

1. 担架式喷雾机的种类与特点

担架式喷雾机根据配备的液泵种类不同而分为离心泵式、活塞泵式、柱塞泵式和隔膜泵式喷雾机等类型。

担架式喷雾机的主要特点有：

(1)压力较高，射程较大　虽然泵的类型不同，但其工作压力(<2.5 MPa)相同，最大工作压力(3 MPa)亦相同。

(2)流量大　泵的流量多数在30～40 L/min内，国内最常用机型的流量也都相同，都是40 L/min。

(3)泵的转速较接近　在600～900 r/min范围内，而且以700～800 r/min的居多。

2. 担架式喷雾机的结构

担架式喷雾机(图7-11)一般包括机架、动力机(汽油机、柴油机或电动机)、液泵、压力表、吸水部件和喷洒部件等部分，有的还配用了混药器。

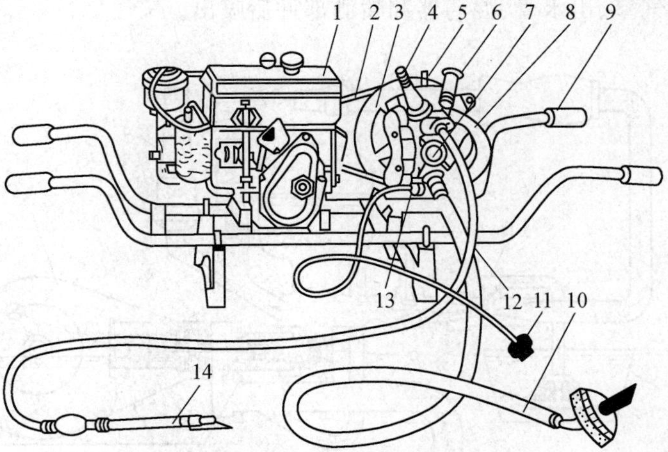

图7-11　担架式喷雾机

1—柴油机　2—三角皮带　3—皮带轮　4—压力指示器
5—空气室　6—调压阀　7—隔膜泵　8—回水管　9—机架
10—吸水管　11—吸药液管　12—出水管　13—混药器　14—喷枪

(1)液泵　担架式喷雾机配备的液泵主要以容积式泵为主，例如柱塞泵、隔膜泵等，它们的基本特点是压力可以根据需要在一定范围内调节，而泵的流量变化较小，但是由于压力存在波动性，因此一般都配备了空气室，用于稳定压力。

(2)滤网　吸水滤网是保证药液清洁，防止堵塞的重要工作部件。当用于水稻田采用自动吸水、自动混药时，必须配备吸水滤网，以保证泵的正常工作。

(3)喷洒部件　喷洒部件的配置和选择是否合理不仅影响喷雾机性能的发挥，而且影响防治工效、防治成本和防治效果。目前国产担架式喷雾机喷洒部件配套品种主要有两类：一类是喷杆，一类是喷枪。

(4)配套动力　担架式喷雾机的配套动力主要为四冲程小型汽油机、柴油机和电动机。

(5)机架　担架式喷雾机的机架通常用钢管或角钢焊接而成。为了提高工效，许多地方将喷雾机的药液泵和药液箱固定在手扶拖拉机挂车上。

3. 工作原理

以配备柱塞泵的担架式喷雾机为例，说明担架式喷雾机的工作原理。

如图 7-12 所示，由动力机通过三角皮带驱动柱塞泵的曲轴高速转动，经过曲柄连杆结构使柱塞做往复运动，当柱塞向后运动时，泵内的空间增大，压力降低，形成真空，此时，在外界大气压力的作用下，水从泵的吸管经过过滤器后，推开进水阀门，吸入泵内，当柱塞向前运动时，泵内的水被挤压，进水阀门关闭，同时推开出水阀门，经过空气室、出水管、混药器和喷洒部件后喷出。

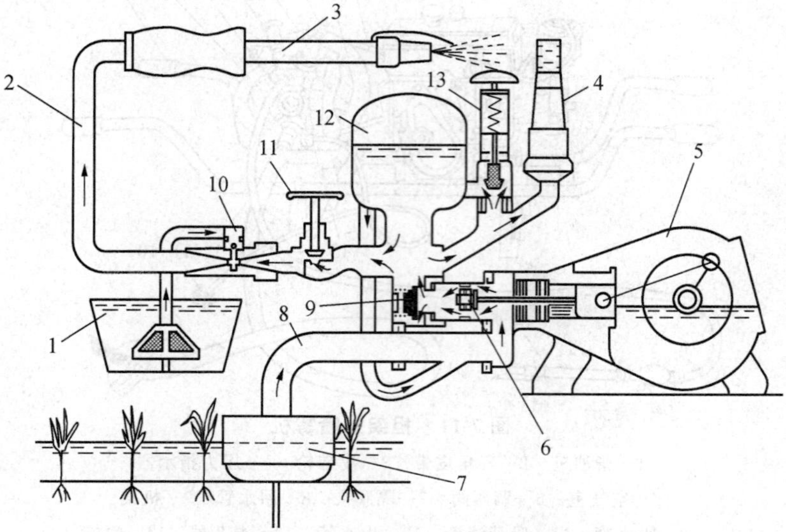

图 7-12　担架式喷雾机的工作原理

1—药液　2—出水管　3—喷枪　4—压力指示器　5—活塞泵　6—活塞　7—吸水滤网　8—吸水管　9—出水阀　10—混药器　11—阀门　12—空气室　13—调压阀

在从液泵排出的高压水流通过混药器(图 7-13)时，在混药室内形成真空，将药液从药液箱内吸入，与水流混合后，经过喷洒部件喷出。射流式混药器的工作原理与文丘里式滴灌施肥装置完全相同。

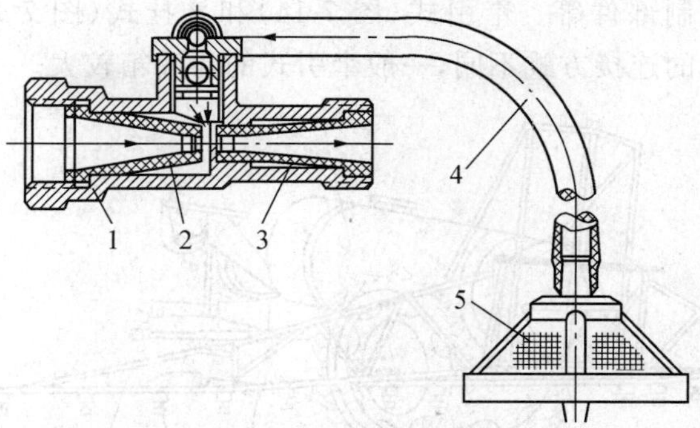

图 7-13　混药器

1—壳体　2—射嘴　3—衬套　4—吸管　5—吸药滤网

4. 担架式喷雾机的使用

下面以工农—36 型喷雾机为例，说明在使用担架式喷雾机时的注意事项：

①按说明书规定的牌号向曲轴箱内加入润滑油至规定的油位以后，每次使用前及使用中都要检查油位，并按规定对汽油机或柴油机检查及添加润滑油。

②正确选用喷洒及吸水滤网部件。

③将调压阀调节到较低压力的位置，把调压手柄扳至卸压位置。

④启动发动机，调节调压手柄，使压力指示器指示到要求的工作压力。

⑤混药器只有在使用远程喷枪时才配套使用。

⑥用清水进行试喷。观察各接头处有无渗漏现象，喷雾状况是否良好。

⑦作业后，用清水继续喷洒 2～5 min，清洗泵和管路内的残留药液，防止药液腐蚀。

⑧卸下吸水滤网和喷雾胶管，打开出水开关；将调压阀减压，旋松调压手轮，使调压弹簧处于松弛状态。排除泵内存水，并擦洗掉机组外表污物。

7.2.3　喷杆式喷雾机

1. 种类

喷杆式喷雾机是一种将喷头装在横向喷杆或竖喷杆上的机动喷雾机。它作为大田作物高效优质的农药喷洒机具，近年来，在国内得到了推广应用。该机具的特点是生产率高，喷量分布均匀，是一种理想的大田作物用植保机具。

喷杆式喷雾机的种类很多，目前我国主要生产的种类有悬挂式和牵引式两种，喷洒幅宽为 18～20 m。

2. 基本结构

喷杆式喷雾机的主要工作部件包括：液泵、药液箱、喷头、防滴装置、搅拌器、喷杆、桁架和管路控制部件等。牵引式(图 7-14)和悬挂式(图 7-15)的结构完全相同,只是与拖拉机的连接方式不同,一般牵引式的药液箱较大。

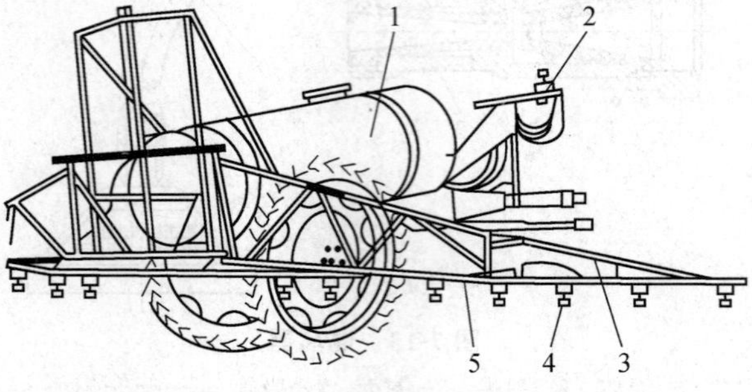

图 7-14　牵引式喷杆喷雾机

1—药液箱　2—调节分配阀　3—喷杆　4—喷头　5—桁架

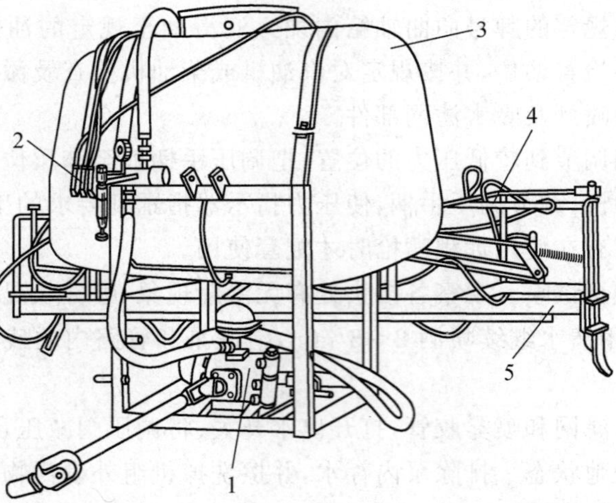

图 7-15　悬挂式喷杆喷雾机

1—液泵　2—调节分配阀　3—药液箱　4—喷杆　5—桁架

(1)液泵　主要有隔膜泵和滚子泵两种。

(2)药液箱　药液箱用于盛装药液,其容积从 0.2 m^3 到 2.0 m^3。药液箱的上方有加液口,装有加液口滤网,下方有出液口,箱内装有搅拌器。药液箱常用耐农药腐蚀的玻璃钢或聚乙烯塑料制作。

(3)喷头　适用于喷杆式喷雾机的喷头有狭缝式喷头(扇形雾喷头)和空心圆锥雾喷头等几种。标准型狭缝式喷头为扇形扁平雾流,在喷头中心部位处雾量多,往两边雾量递减,相邻喷头呈 5°角装在喷杆上,雾流交错重叠,使整机喷幅内雾量分布均匀。

(4)防滴装置 喷杆式喷雾机在喷除草剂时,为了消除停喷时药液在残压作用下沿喷头滴漏而造成药害,多配有防滴装置。

(5)搅拌器 喷杆式喷雾机作业时,为使药液箱中的药剂与水充分混合,防止药剂(如可湿性粉剂)沉淀,保证喷出的药液具有均匀一致的浓度,喷杆喷雾机上多配有搅拌器。

(6)喷杆桁架 桁架的作用是安装喷头、折叠和展开喷杆。按喷杆长度的不同,喷杆桁架可以是三节、五节或七节,除中央喷杆外,其余的各节可以向后、向上或向两侧折叠,以便于运输和停放。

宽幅喷杆的两端均装有仿形环或仿形板,以免作业时由于喷杆倾斜而使最外端的喷头着地。中喷杆与外喷杆的铰接处还装有垂直方向的弹性活节。当地面不平,拖拉机倾斜而使外喷杆着地时,外喷杆可以自动地向上避让,中央喷杆与邻接的中喷杆之间也需要装有安全避让装置,如在两节喷杆之间倾斜地装有凸轮弹簧自动回位机构,作业中,当遇到障碍物时,在外力作用下,凸轮曲面克服弹簧力开始滑动,它一边把中喷杆和外喷杆抬起,一边使它们绕着倾斜的凸轮轴向后。向上回转,绕过障碍物后,在喷杆自重及弹簧力的作用下,又迅速复位,从而起到保护喷杆的作用。

(7)管路控制部件 喷杆式喷雾机的管路控制部件一般由调压阀、安全阀、截止阀、分配阀和压力指示器等组成。

3. 工作原理

喷杆式喷雾机的工作原理如图 7-16 所示。工作时,由拖拉机的动力输出轴驱动液泵转动,将药液从药液箱中以一定的压力排出,经过过滤器后进入调节分配阀,药液通过喷杆上的喷头形成雾状后喷出。

调压阀用于控制喷杆喷头的工作压力,当压力高时,药液通过旁通管路返回药液箱。如果需要进行搅拌,可以打开搅拌阀门,让一部分经过液力搅拌器,返回药液箱,起搅拌作用。

4. 喷杆式喷雾机的使用方法

(1)机具准备

①作业前对机具进行检修保养,使机具各部分处于良好的技术状态,做到各连接部分畅通不漏,开关灵活,雾化良好,并按说明书要求进行必要的润滑。

②喷量测定,按正常工作时的喷雾压力和确定的喷孔喷量,测量单个喷头的喷量(L/min),喷杆总喷量等于各喷头喷量的总和。

③进行试喷,应检查压力指示装置,安全阀工作是否正常,喷雾压力,雾化质量及各部分连接处是否漏滴等。

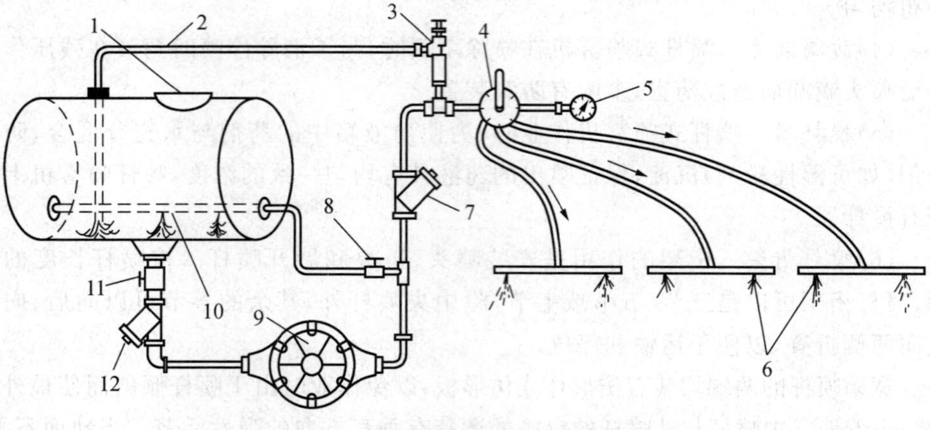

图 7-16 喷杆式喷雾机的工作原理

1—药液箱 2—旁通回液管 3—调压阀 4—调节分配阀 5—压力表 6—喷头 7—过滤器 8—搅拌阀门 9—滚子泵 10—液力搅拌器 11—阀门 12—过滤器

(2)喷雾作业

①施药量的调整:单位面积有效药剂施用量由农业技术要求确定,喷雾作业时,可以通过调整喷药量、药液浓度和作业行驶速度来实现。如果浓度大,喷药量可以少一些,反之可以大一些。喷药量的多少还应考虑地块的长度,药箱的容积和不同浓度对药效的影响。喷药量的多少与喷雾压力有关,少量改变可调节喷雾压力,但喷雾压力直接影响雾化质量,故一般在作业前确定,作业过程中不得随意改变。

由此可以确定机组作业时的前进速度 V:

$$V=\frac{40}{B\times Q}\times g$$

式中:V 为机组前进速度,km/h;g 为喷雾机的喷药量,L/min;Q 为单位面积施药量,L/亩;B 为喷雾机的喷幅,m。

前进速度不宜过高,否则机具颠簸会影响喷洒均匀度。行驶速度确定后,作业过程中不得任意改变。

②喷杆高度的调整:向地面全面喷施除草剂时,喷杆高度对地面受药量的均匀度影响很大。喷施除草剂应选用扇形雾喷头,喷杆高度应使相邻喷雾面交叉重叠,使地面受药均匀。当扇形雾喷雾角为 110°,喷头在喷杆上间距为 50 cm 时,喷杆高度为 50 cm。如图 7-17 所示,当喷杆高度过低时(位置(a)),相邻喷雾面因接不上而漏喷,在位置(b)时重叠不够,地面不平将造成漏喷,处在(c)的位置为正确高

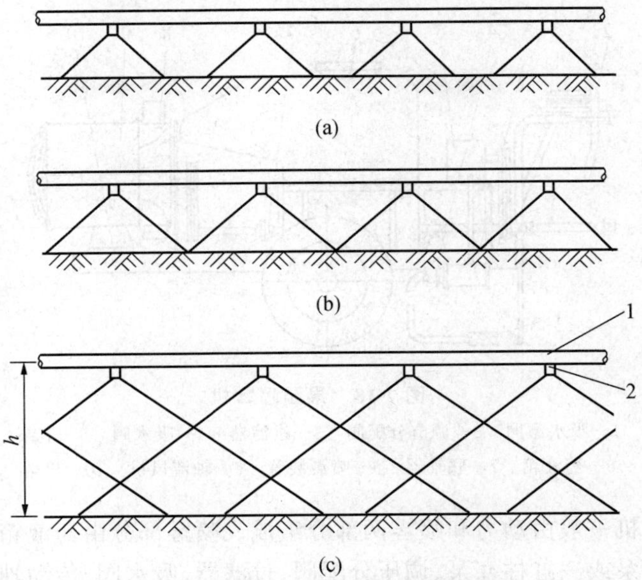

图 7-17　喷杆高度对喷洒质量的影响

(a)位置太低　(b)临界位置　(c) 合适位置

1—喷杆　2—喷头

度,地面受药最为均匀。此外,喷杆应与地面始终保持平行。

③行走方法:一般采用梭形走法。在进行无作物全面喷雾时,应有明显标志指示行走路线,防止重喷或漏喷。若对大田作物行间喷雾时,应在播种时留出拖拉机喷药作业道,保证相邻喷雾工作幅的相接。操作驾驶员必须使前进速度和工作压力保持稳定,同时还应注意喷头堵塞和泄漏;药液箱用空,造成泵脱水运转;喷杆碰撞障碍物等。

④作业中的安全技术:应穿戴必要的安全保护用品;工作中禁止吃喝,手应彻底洗净后,才能饮食;作业中注意风向改变;田间排除故障时,应先卸压后再进行拆卸;加药时注意防止飞溅;药液容器要集中处理等。

7.2.3　果园喷雾机

果园喷雾机是一种风送式喷雾机。我国目前主要生产的有 3WG—1000 型拖拉机牵引式果园喷雾机(图 7-18),它的特点是操作、调整、保养方便,利用拖拉机输出动力,驱动风机与水泵,风送式喷雾作业,喷雾速度快,生产率高。适用于喷施化学药剂,进行果树的病虫害防治,还可用于苹果、梨、桃以及具有适宜行距的葡萄园的病虫害防治。

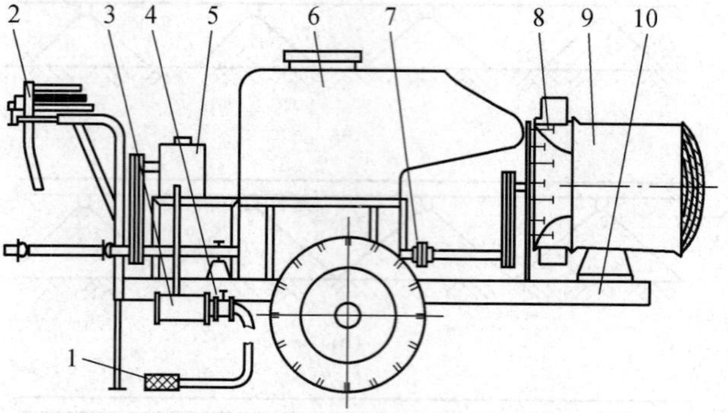

图 7-18 果园喷雾机

1—吸水滤网 2—调节分配阀 3—过滤器 4—吸水阀 5—液泵
6—药液箱 7—联轴器 8—喷洒装置 9—轴流风机 10—机架

果园喷雾机一般由动力和喷雾两部分组成。喷雾部分由药液箱、轴流风机、四缸活塞式隔膜泵或三缸柱塞泵、调压分配阀、过滤器、吸水阀、传动轴和喷洒装置等组成。

拖拉机牵引式 3WG—1000 型风送果园喷雾机的工作原理是:当拖拉机驱动液泵运转时,水源处的水,经吸水滤网、开关、过滤器,进入液泵。然后经调节分配阀总开关的回水管及搅拌管进入药液箱,在向药箱加水的同时,将农药按所需的配合比例加入药箱,这样就边加水,边混合农药。药箱中的药液经出水管、吸水阀、过滤器与液泵的进水管进入液泵。在泵的作用下,药液由泵的出水管路进入调节分配阀的总开关,在总开关开启时,药液经 2 个分置开关,通过其输液管进入喷洒装置的喷管中。进入喷管的具有压力的药液在喷头的作用下,以雾状喷出,并通过风机所产生的强风速和大气流,将雾滴再进行第二次雾化。在气流的作用下,将已雾化的细雾滴吹送到作物或果树之上。

8 植保机械的主要工作部件

8.1 液泵

喷雾机上用的液泵有两大类，一类为往复式泵，如柱塞泵、活塞泵、隔膜泵等。这类泵属强制式脉动排液，工作压力较大，需安装安全阀和空气室，使喷雾压力稳定，排液连续。另一类是旋转泵，如离心泵、滚子泵。旋转泵能连续排液，压力稳定，不需要空气室，滚子泵也属强制式排液。

8.1.1 柱塞泵

柱塞泵由泵缸、柱塞、进液阀、排液阀、传动机构等组成。柱塞泵有单缸（如单管式喷雾器采用的柱塞泵）、双缸（如踏板式喷雾器采用的柱塞泵）和三缸柱塞泵（图 8-1）之分，柱塞由铜或不锈钢制成。

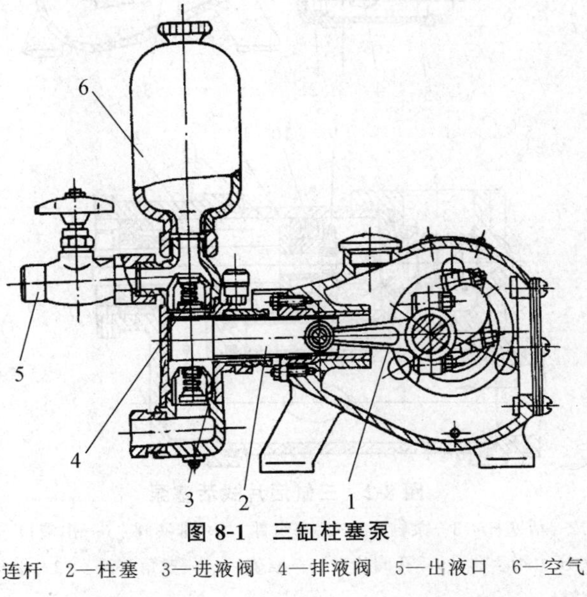

图 8-1　三缸柱塞泵

1—连杆　2—柱塞　3—进液阀　4—排液阀　5—出液口　6—空气室

三缸柱塞泵的工作原理是：发动机通过曲柄连杆机构使柱塞往复运动，当柱塞向后运动时，泵缸的容积增大，产生负压，排液阀关闭，药液在大气压的作用下推开进液阀,进入泵缸。当柱塞向前运动时,泵缸内的药液受到挤压,此时进液阀关闭,排液阀被推开,药液进入空气室。如此往复进行,将药液增压后排出。

柱塞泵的特点是压力调节范围大,适宜在高压、中小排量、低转速下工作,能自吸。柱塞泵要求药液清洁,以防止柱塞过度磨损和进、排液阀门关闭不严。

8.1.2 活塞泵

活塞泵有压气泵(如压缩式喷雾器采用的活塞泵)和压液泵(如背负式喷雾器采用的活塞泵)之分。图 8-2 所示的三缸活片式活塞泵主要用于机动喷雾机上。活片式活塞泵由泵体、出水阀、空气室、调压阀、压力指示器和截止阀等组成。

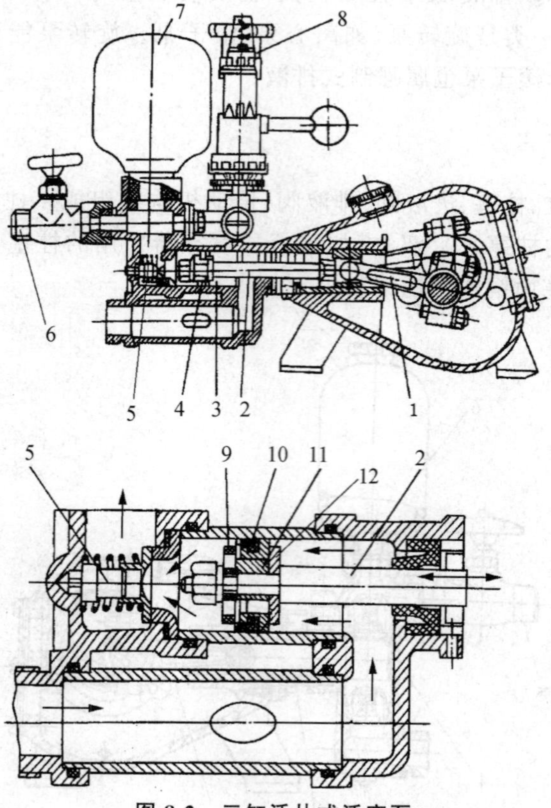

图 8-2 三缸活片式活塞泵

1—连杆 2—活塞杆 3—泵缸 4—活塞组件 5—排液阀 6—出液口 7—空气室 8—压力指示器 9—孔阀片 10—胶碗 11—三角套筒 12—平阀片

活片式活塞泵的工作原理是:工作时,发动机通过曲柄连杆机构使活塞往复运动,当活塞向前移时,使胶碗紧贴在平阀片上,切断前后缸通路,药液被活塞向前缸挤压，推开排液阀进入空气室，完成排液过程，此时后缸容积增大，在压力差的作用下后缸吸入药液。活塞杆后移时，排液阀关闭，胶碗与孔阀片紧贴，而与平阀之间出现间隙，由于前缸产生负压，后缸的药液从胶碗与三角套筒之间的通道，经孔阀片进入前缸，完成吸液过程。如此往复进行，将药液增压后排出。

三缸活片式活塞泵的特点是能够自吸，效率高，压力的调节范围广，适合在高、中压力及中、小流量下工作。压力有波动，需要配备空气室和安全阀。要求药液清洁，以防止活塞过度磨损和排液阀门关闭不严。

8.1.3　隔膜泵

隔膜泵又称膜片泵，有单缸、双缸和多缸之分。由泵缸、泵盖、隔膜、进液阀、排液阀、空气室、偏心机构等组成。图 8-3 是单缸隔膜泵的结构简图。隔膜由合成橡胶制成。

单缸隔膜泵的工作原理是：当发动机带动偏心机构旋转时，偏心机构带动隔膜做往复变形运动，从而改变隔膜与泵盖之间的容积，当连杆向下运动时，泵缸容积增大，此时进液阀打开，出液阀关闭，在压力差的作用下，将药液吸入。当连杆向上运动时，泵缸容积减小，药液压力升高，此时出液阀打开，进液阀关闭，将药液排出。如此往复进行，完成吸液和排液过程。

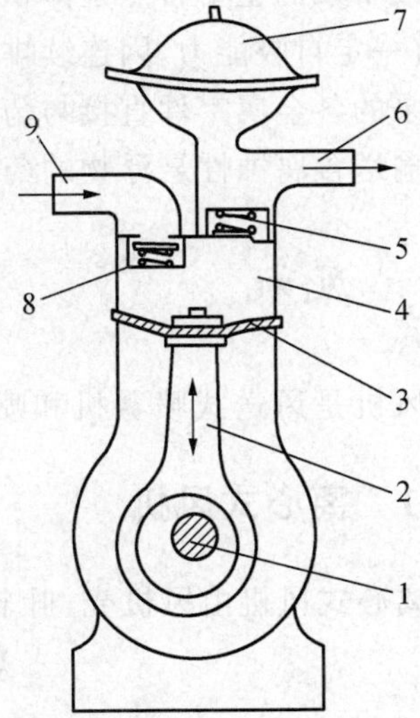

图 8-3　单缸隔膜泵

1—偏心机构　2—连杆　3—隔膜
4—泵缸　5—出液阀　6—出液口
7—空气室　8—进液阀　9—进液口

隔膜泵属强制式容积泵，其特点是流量大，体积小，结构简单，传动金属零件不接触药液，耐腐性好，能自吸，压力范围大。但是它排液的脉动性大，需要空气室稳压，隔膜破裂后药液会流入传动部件。

目前，市场上除单缸隔膜泵外，还有双缸隔膜泵、4 缸隔膜泵、6 缸隔膜泵、8 缸隔膜泵和 12 缸隔膜泵，这些多缸隔膜泵均对称排列、串联组合设计制造；缸数越多，流量越大、压力越高，广泛应用于大型植保机械上。

8.1.4　滚子泵

滚子泵为旋转式液泵，由泵体、泵轴、转子和滚子等组成（图 8-4）。转子为圆柱体，在泵体内呈偏心安置，其上开有径向槽，槽内安有直径与槽宽相等的圆柱形滚子。

滚子泵的工作原理是：转子快速旋转时，滚子在离心力的作用下而紧靠在泵体的内壁上，由于偏心的作用使滚子沿径向槽作往复运动。在泵体内转子、滚子与二端盖之间形成一个密闭的工作室，工作室容积是随转子的旋转而变化的，吸液口一侧工作室容积由小变大，形成低压，药液从吸液口吸入，随后工作室容积又由大变小，药液以一定压力从排液口排出。

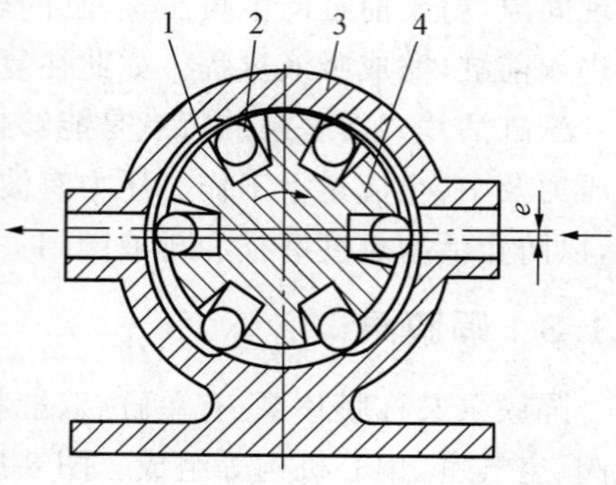

图 8-4　滚子泵

1—集液槽　2—滚子　3—泵体　4—转子

滚子泵的主要特点是体积小，结构简单，有一定自吸能力，因连续排液不需要空气室，转子的转动方向具有可逆性。但滚子泵的各金属零件直接与药液接触，抗腐能力差，易磨损，工作压力不宜过高，也不宜输送含腐蚀性悬浮物的药液。

8.2　风机

风机是风送式喷雾机和喷粉机的重要工作部件。有离心式和轴流式两种。

8.2.1　离心式风机

离心式风机由风机壳、叶轮和轴等部分组成(图 8-5)。风机壳呈蜗壳形。叶轮上的叶片有前弯叶片、径向叶片和后弯叶片。

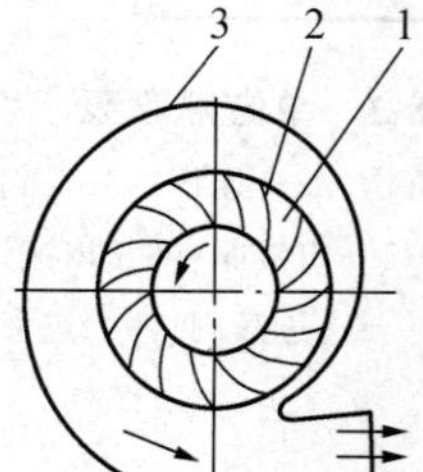

图 8-5　离心风机

1—叶轮　2—前弯叶片　3—壳体

离心风机的工作原理是：工作时，叶轮高速旋转，风机壳内的空气被叶片沿圆周切向压出，壳体中间形成负压，外界空气从进风口进入，如此循环进行，风机将空气加压后输送出去。

离心风机的基本特点是轴向进气，切向出风，出口风速高，但风量较小，适用于利用高速气流雾化药液的风送式喷雾机，同时气流还起输送雾滴的作用。

8.2.2　轴流式风机

轴流式风机的机壳为圆筒形，叶轮的叶片为圆弧板翼型或机翼型。轴流式风机的形式如图 8-6 所示。

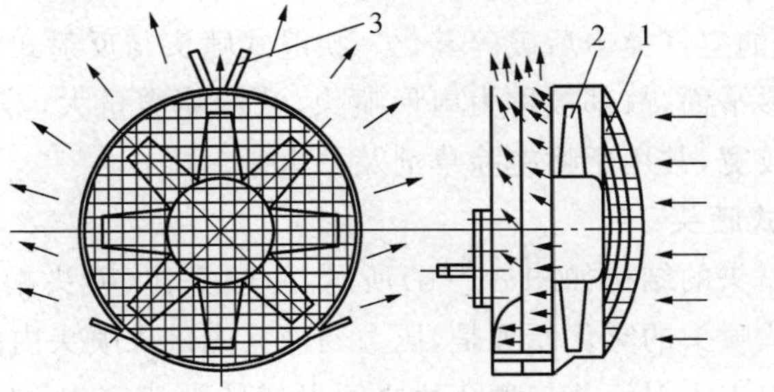

图 8-6　轴流式风机

1—进口罩　2—叶片　3—导风板

轴流式风机的工作原理是，叶轮旋转时，叶片对空气产生轴向推力，使空气沿机壳做轴向运动，形成一定风压。

轴流式风机的特点是轴向进气，轴向出风，它的风量大而风速低。适用于输送已被雾化了的细小雾滴。常用于高效率的大型喷雾机上，射程较远，主要用于果园喷雾机。

8.3　喷头

喷洒部件是植保机械的关键部件，分为液力喷头、气力喷头、离心喷头和喷粉喷头等几种类型。

8.3.1　液力喷头

1. 单孔式喷头

单孔式喷头的结构如图 8-7(a)所示，喷嘴为圆锥形孔。单孔式喷头的雾化原理是，当高压药液通过喷嘴时，形成高速射流，与相对静止的空气撞击后破碎雾化。单孔式喷头的特点是射程远，雾滴粗，多用于喷枪，适合水田、果树的喷雾。

2. 反射式喷头

反射式喷头的结构如图 8-7(b)所示，喷嘴由圆锥形喷孔和反射体构成。反射式喷头的雾化原理是，当高压药液通过喷孔时，形成高速射流，与静止的反射体撞击后形成平面液膜,再与静止的空气撞击后破碎雾化。反射式喷头的特点是喷洒形状呈扇形平面,喷雾量大,雾滴较粗,飘移较少。

3. 狭缝式喷头

狭缝式喷头的结构如图 8-7(c)所示,喷嘴由相互垂直狭长缝和槽形楔面构成。狭缝式喷头的雾化原理是,药液从狭长缝中喷出后,受到槽形楔面的挤压,成为平面液膜,与静止的空气撞击后破碎雾化。狭缝式喷头与反射式喷头的特点相同,喷洒形状也呈扇形平面,故都被称为扇形喷头,它的喷雾量大,雾滴较粗,飘移较少,工作压力范围较宽,常用于喷施除草剂及杀虫剂。

4. 涡流芯式喷头

涡流芯式喷头的结构如图 8-7(d)所示,由喷头体、喷头帽、喷孔片、涡流芯等组成。涡流芯式喷头的雾化原理是,压力药液首先进入喷头内的涡流芯螺旋槽,然后沿螺旋槽切向进入涡流芯与喷孔片之间形成的涡流室内,然后从喷孔片的喷孔喷出,形成空心圆锥形液膜,与静止空气撞击后,液膜克服表面张力而雾化。

涡流芯式喷头适合于机动喷雾机和果园喷雾机使用。

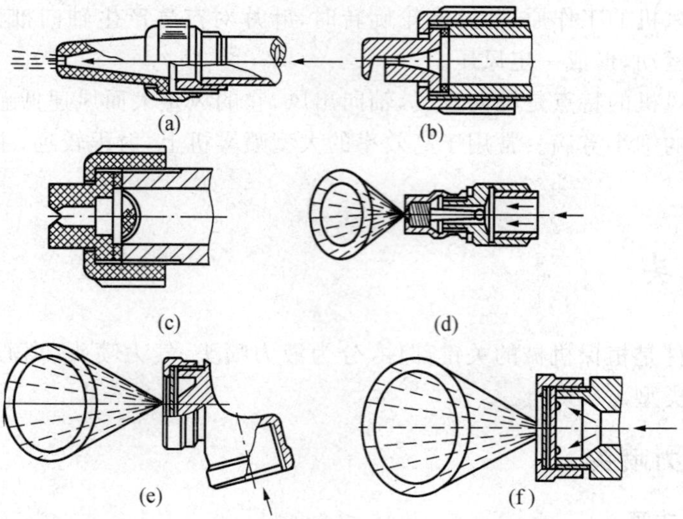

图 8-7 液力喷头

(a)单孔式喷头 (b)反射式喷头 (c)狭缝式喷头 (d)涡流芯式喷头

(e)切向离心式喷头 (f)涡流片式喷头 (g)涡流芯可调式喷头

5. 切向离心式喷头

切向离心式喷头的结构如图 8-7(e)所示,由喷头帽、喷头体、喷孔片等组成。切向离心式喷头的雾化原理是,压力药液从喷头体的通道切向进入涡流室,绕锥体芯产生旋转运动,从喷孔片的喷孔喷出后,由于旋转运动产生的离心力和喷孔内外的压力差的作用,使药液向四周飞散,形成空心圆锥液膜,液膜与静止的空气撞击后破碎雾化。

切向离心式喷头是我国目前使用最广的一种喷头,主要用于手动喷雾器。

6. 涡流片式喷头

涡流片喷头的结构如图 8-7(f)所示,与涡流芯喷头的区别是以涡流片代替涡流芯,雾化原理相同,可以用于各种喷雾机。

7. 涡流芯可调式喷头

涡流芯可调喷头的结构如图 8-7(g)所示,由喷头体、喷头帽、喷孔片、可调涡流芯等组成。它与涡流芯喷头的雾化原理相同,所不同的是,通过调节涡流芯,可以改变涡流室的深浅,涡流室变浅,则射程短,雾锥角大,雾滴细;涡流室调深,则射程远,雾锥角小,雾滴粗。

涡流芯可调喷头适合于水田、菜田、果树的喷雾。

8.3.2 气力喷头

气力喷头是利用高速气流使药液雾化,其特点是雾滴细,射程较远,结构简单,功耗小,由于气流的吹动,药液在作物叶面的正反面都能够沉积,防治效果好,工效高。主要缺点是雾滴不均匀,近处的雾滴大,远处的雾滴小。

气力喷头主要用于背负式机动喷雾喷粉机。

1. 固定叶轮式喷头

固定叶轮式喷头的结构如图 8-8(a)所示,由喷管、固定叶轮、喷孔等组成。固定叶轮式喷头的雾化原理是,风机产生的高速气流通过喷管时,在喷头的喷孔处形

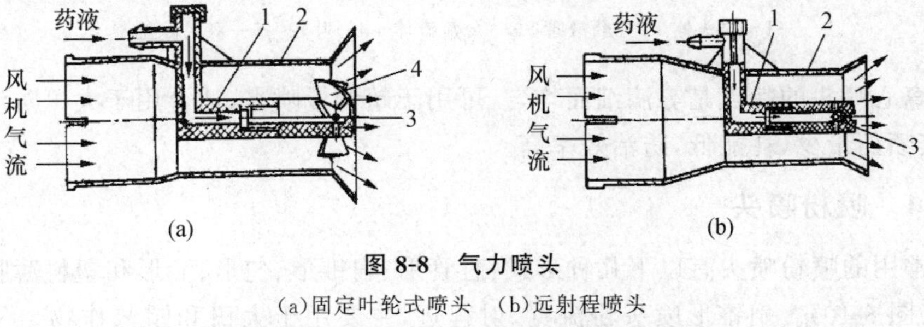

图 8-8 气力喷头

(a)固定叶轮式喷头 (b)远射程喷头

1—药液管 2—喷头体 3—出液孔 4—固定叶片

成负压，药液箱内的药液在压力差的作用下，从出液孔径向流出，与轴向流动的高速气流撞击后，一边绕固定叶轮的叶片旋转，一边破碎雾化，然后随高速气流喷出。

2. 远射程喷头

远射程喷头的结构如图 8-8(b)所示，由喷管、喷头等组成。远射程喷头的雾化原理与固定叶轮式喷头完全相同。由于气流受到的阻力小，所以射程较远。

远射程喷头适合于果园喷雾。

8.3.3 离心喷头

离心喷头是利用喷头高速旋转产生的离心力来进行雾化的。常用的转盘式离心喷头如图 8-9 所示，它由双层齿盘、叶轮等组成。转盘式离心喷头的工作原理是，风机产生的高速气流从喷管经过时，在分流锥体作用下，形成环状气流从喷口吹出，驱动叶轮并带动齿盘高速旋转，同时，药液在风压的作用从液孔流出，进入齿盘的缝隙中。在齿盘高速旋转的离心力作用下药液沿齿盘面扩散呈薄膜，进而沿齿盘圆周上的齿尖抛出，被撕碎成细小的雾滴。雾滴随喷口喷出的气流吹送到远处，沉降到作物上。

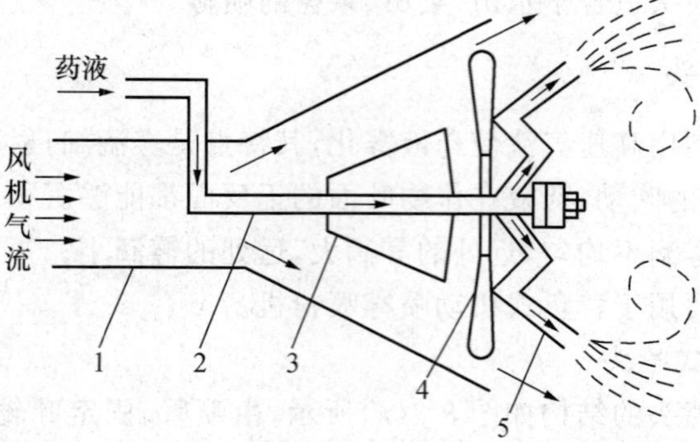

图 8-9 转盘式离心喷头

1—喷头体 2—药液管 3—分流锥体 4—叶轮 5—双层齿盘

离心喷头的特点是雾滴细而均匀，可用于超低量喷雾，适合用于大田防治病虫害，其喷药量少，耗能低，防治效率高。

8.3.4 喷粉喷头

常用的喷粉喷头有以下几种形式：直管形、扁锥形、匀形、Y 形和塑料薄膜长喷管等(图 8-10)。扁锥形喷头粉流宽，射程近，主要用于大田和园艺作物。匀形的粉流也是宽而短，且向上成一角度喷出，适用于对叶子背面喷粉除虫的作物，如棉花。圆筒形粉流集中，为远射程喷头，适用于果园和森林。塑料薄膜长喷管是一种新型的高效喷管，管长10～25 m，管壁上每隔一定距离开有一个小喷粉孔。风机吹出的粉流从一排喷粉孔吹出，可有效地利用风机的风量，并减少了粉剂的飘失，大大提高了效率，适用于大面积宽幅喷粉，这种喷管主要与背负式喷雾喷粉机配套使用。

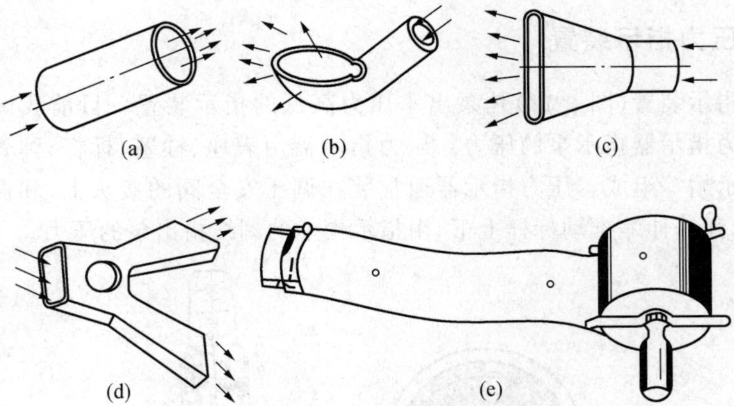

图 8-10 喷粉喷头

(a)直管形 (b)勺形 (c)扁锥形 (d)Y形 (e)塑料薄膜长喷管

8.4 搅拌装置

用于植保机械的搅拌装置的主要功用是搅拌药液箱内的药液，防止药液中的非溶解物沉淀，避免乳化剂中的乳油悬浮到药液表面，保证进入喷雾系统的药液具有均匀一致的浓度。

搅拌装置分为机械式、气力式和液力式3种(图8-11)。机械式搅拌器是通过发动机带动搅拌器，在药液箱中转动搅拌。气力式是利用风机产生的部分气流通

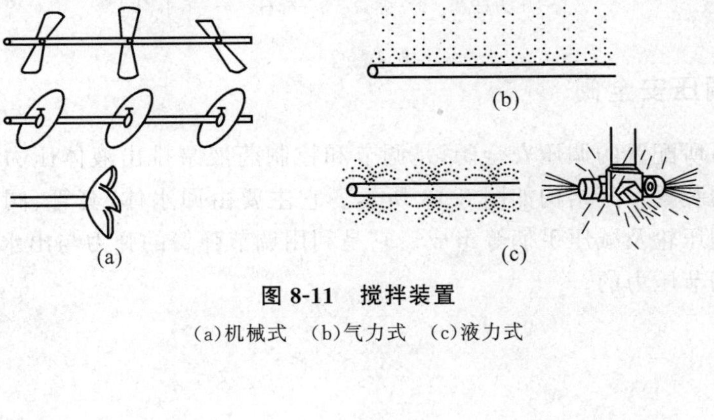

图 8-11 搅拌装置

(a)机械式 (b)气力式 (c)液力式

过药液箱，靠气流冲击和气泡进行搅拌。液力式是利用液泵的部分回流对药液箱的药液产生冲击进行搅拌。目前液力式搅拌器的应用比较广泛。

8.5 控制装置

8.5.1 压力指示装置

压力指示装置(图 8-12)是泵出水压力高低的指示装置。目前我国多数生产厂家用压力指示器指示泵的压力。压力指示器由表座、柱塞、标杆、弹簧、表罩、连接帽和指示帽等组成。压力指示器通常装在调压安全阀的接头上，和调压安全阀连在一起，弹簧伸缩推动标杆上下，由指示帽上的刻线指出泵的压力。

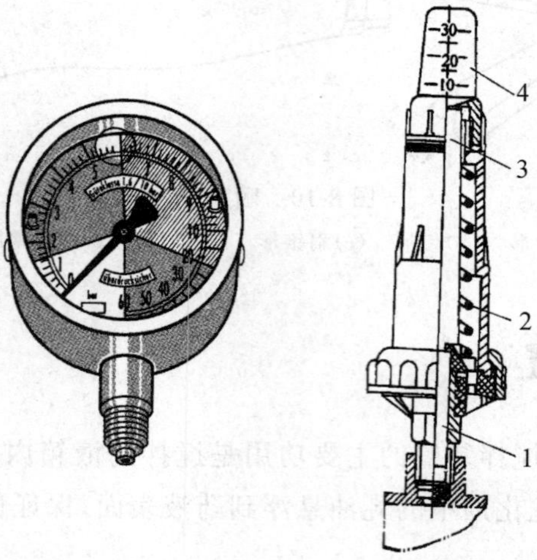

图 8-12　压力指示装置

(a)压力指示表　(b)压力指示器

1—压力柱塞　2—弹簧　3—标杆　4—指示帽

8.5.2 调压安全阀

容积泵所配置的调压安全阀，是调节和控制药液泵排出液体压力高低和卸去压力负荷的装置。其结构如图 8-13 所示。它主要由回水体、套管、阀座、阀门、阀套、弹簧、调压轮及减压手柄等组成。它是利用调节弹簧的弹力与出水压力相平衡来控制或调节压力的。

8.5.3 防滴装置

喷杆式喷雾机在喷除草剂时，为了消除停喷时药液在残压作用下沿喷头滴漏而造成药害，多配有防滴装置。防滴装置有膜片式防滴阀、球式防滴阀、真空回吸三通阀 3 种。

膜片式防滴阀由阀体、阀帽、膜片、弹簧、弹簧盒、弹簧盖等组成，其结构如图 8-14 所示，其工作原理是，当此压力超过调定的阀开启压力时，弹簧受压缩，药液即冲开膜片流往喷头进行喷雾。在截止阀被关的瞬间，喷头在管路残压的作用下继续喷雾，但管路中的压力急骤下降，当压力降到调定的阀关闭压力时，膜片在弹簧作用下迅速关闭出液口，从而有效地防止管路中的残液沿喷头下滴。

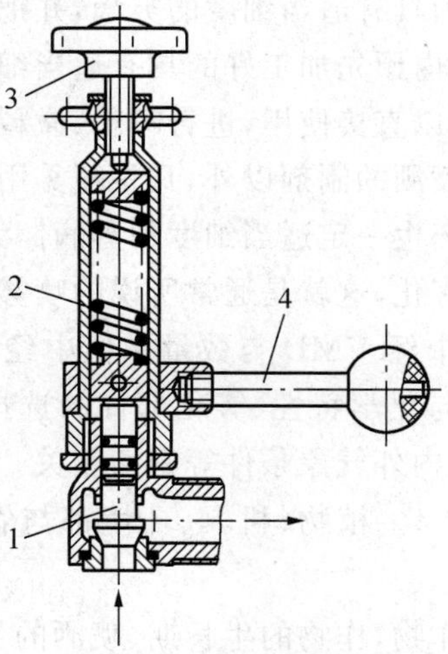

图 8-13 调压安全阀

1—压力柱塞 2—弹簧
3—调压手柄 4—减压手柄

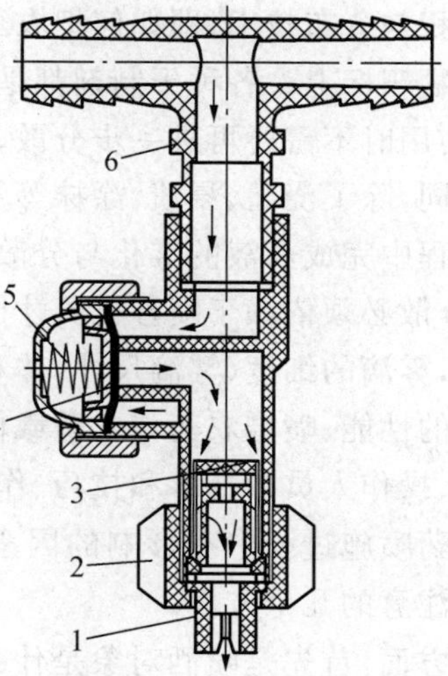

图 8-14 防滴装置

1—喷头 2—喷头帽 3—滤网
4—膜片 5—弹簧 6—三通

8.5.4 单向阀门

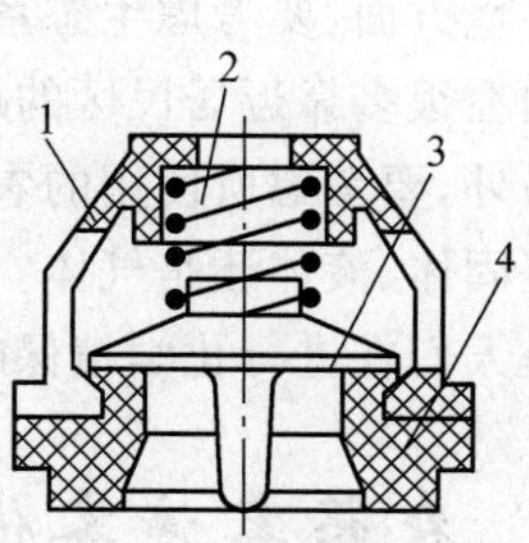

图 8-15 单向平阀

1—阀罩 2—弹簧 3—阀盘 4—阀座

液泵中常用的单向平阀结构如图 8-15 所示，根据安装位置的不同，既可以做进水阀，也可以做出水阀。阀门弹簧用不锈钢制造，阀座、阀盘和阀罩用不锈钢或工程塑料制造。

9　农药雾滴雾化与喷雾方法

将农药雾化成细小的雾滴进行喷雾的方法是施药技术中的关键环节。农药施药技术的实质可以简单地说就是农药的雾化、经喷头雾化后的雾滴传输、雾滴在靶标上的沉积与分布技术，即如何把农药分散为具有适当细度的雾滴，并把它均匀地施用到作物靶标上。各种干制剂都是在工厂内预先加工好的具有适当细度或粒度的制剂，使用时不需要再进一步分散，用户可以直接使用，进行喷粉、撒粒。而液态制剂则不同，除了浇灌、浸渍、涂抹等不需要喷洒的制剂以外，凡是喷雾用的都必须在喷雾过程中完成药液的雾化与分散，使之产生一定适当细度的雾滴。无疑，药液的雾化、分散必须依赖于喷雾机具才能完成雾化，这就是通常所说的喷雾法。在雾化过程中，雾滴的细度(雾滴尺寸：体积中值中经 VMD 与数量中值中经 NMD)与喷雾机具的性能、喷雾农药与农药载体物理与化学特性、雾化部件的选择、药液流量的控制、操作人员的技术和技巧、作物冠层内外气象条件等密切相关。

对农药喷施过程中有影响的因素见表 9-1。植物、机具、环境都与农药接触，是人们要注意的几个方面。

植物方面：首先是喷洒对象是什么样的作物，作物的生长期、喷洒的目标点、喷洒的农药量和要求在植物上沉降的结构即要求是大雾滴还是小雾滴以及要求在作物上的有效物质覆盖率等，这些因素都对机具的使用方法有一定影响、都是首先要考虑的因素。

环境方面：要考虑生态系统，考虑化学植保对人、畜和其他植物的破坏性，如联邦德国在很多靠近居民区的地方是禁止飞机喷洒农药的。

另外，要考虑所使用的农药是除草剂、杀虫剂还是杀菌剂？载体物质是油还是水？是固体、液体还是气体？此外有效物质和载体物质的密度、表面张力、黏度等也都是人们在进行化学植保时要考虑的因素。

9.1　农药雾滴雾化

将农药以雾滴的形式分散到大气中，使之形成雾状分散体系的过程称为雾化。农药雾滴雾化的实质是喷雾液体在喷雾机具提供的外力作用下克服自身的表面张力，实现比表面的大幅度扩增。

表 9-1 对农药喷雾有影响的因素

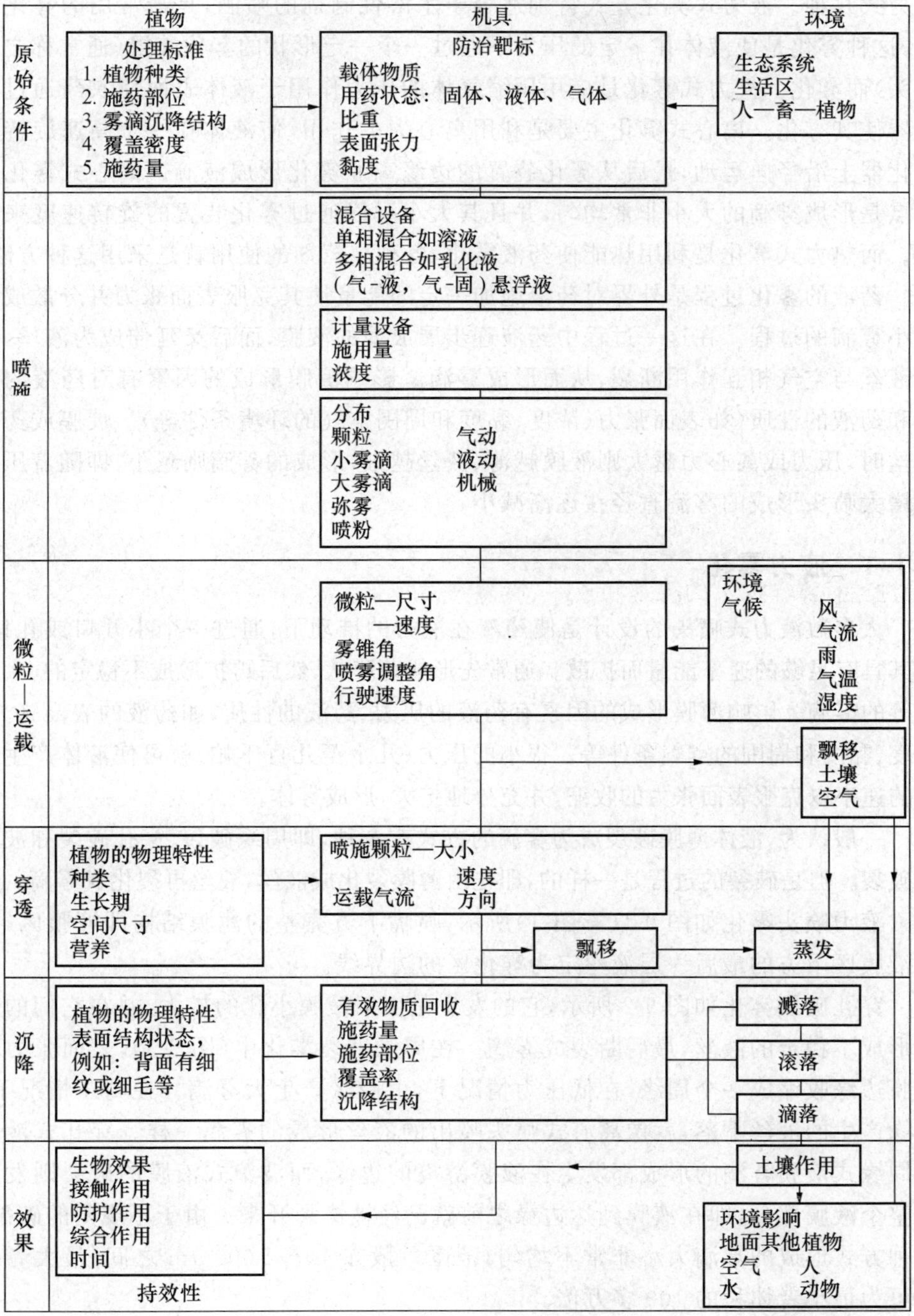

按雾化原理分，液体农药雾化成雾滴的方式可分为液力式、气力式、离心式和热力式几种。液力式雾化方式特别适合于水溶性制剂的喷洒，是最常用的雾化方式，这种雾化是使液体在一定的压力下通过一个一定形状的雾化装置(通常称之为喷头)而雾化。气力式雾化是应用压缩气体的压力作用于液体表面使农药通过雾化器使其雾化。离心式雾化主要是利用离心力的作用，使液体在一个高速旋转的雾化器上沿径向运动，最后从雾化装置的边缘离心雾化形成液滴。离心式雾化的特点是形成雾滴的大小非常均匀，并且其大小可以通过雾化装置的旋转速度来调整。而热力式雾化是利用热能使药液雾化，各种熏蒸剂的使用就是采用这种方法。

药液的雾化过程是外界对药液施加一定的能量使其克服表面张力并分散成为细小雾滴的过程。在这一过程中药液逐步展成薄的液膜，而后又延伸成为液丝，最后液丝与空气相互作用断裂，从而形成雾滴。影响液膜形成的因素有对药液的压力和药液的性质(如表面张力、浓度、黏度和周围空气的环境条件等)。展膜或药液拉丝时，压力或离心力越大则液膜越薄、液丝越细，形成的雾滴则越小，即随着压力的增大喷头形成的雾滴直径在逐渐减小。

9.1.1 液力雾化

大多数液力式喷头的设计是使药液在液力的推动下，通过一个小开口或孔口，使其具有足够的速率能量而扩散。通常先形成薄膜状，然后再扩散成不稳定的、大小不等的雾滴。影响薄膜形成的因素有药液的压力、药液的性质，如药液的表面张力、浓度、黏度和周围的空气条件等。很小的压力(几十至几百千帕)就可使液体产生足够的速率以克服表面张力的收缩，并充分地扩大，形成雾体。

一般认为，液体薄膜破裂成为雾滴的方式有 3 种，即周缘破裂、穿孔破裂和波浪式破裂。但是破裂的过程是一样的，即先由薄膜裂化成液丝，液丝再裂化成雾滴。

液力喷头雾化如图 9-1(彩图-1)所示，喷嘴下方完整的薄膜结构即液膜区，而将液膜区下方的最后一层液丝定为雾化区的边界线。

穿孔破裂雾化如图 9-2 所示，它的发生是由于液膜小孔的扩大，并在它们的边缘形成不稳定的液丝，最后断裂成雾滴。在周缘破裂雾化中(图 9-3)，表面张力使液膜边缘收缩成一个周缘，在低压力情况下，由周缘产生大雾滴。在高压情况下，周缘产生的液丝下落，就像离心式喷头喷出的液丝形成的雾滴一样。穿孔式液膜和周缘式液膜雾滴的形成都发生在液膜游离的边缘，而波浪式液膜的破裂则发生在整个液膜部分，即在液膜到达边缘之前就已经被撕裂开来。由于不规则的破裂，这种方式形成的雾滴大小非常不均匀，范围一般在 10～1 000 μm 之间，最大者甚至可为最小者体积的 100 多万倍。

图 9-1　液力喷头的雾化

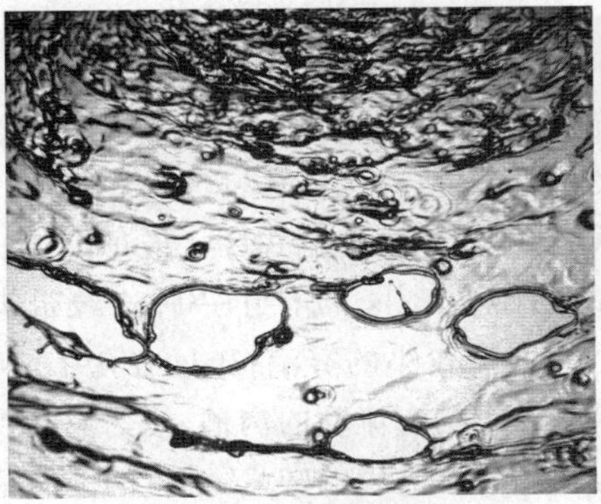

图 9-2　穿孔破裂雾化

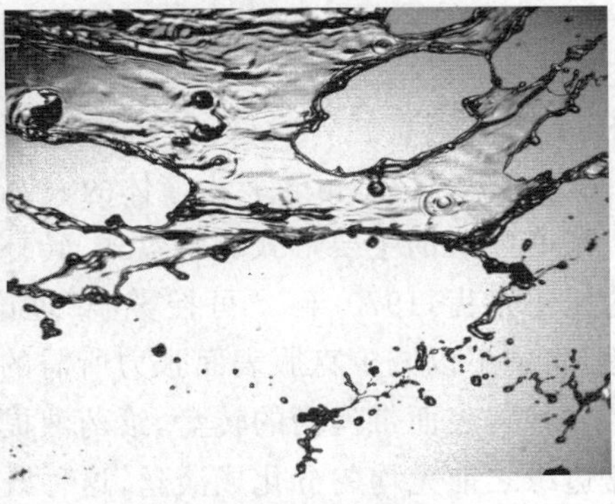

图 9-3　周缘破裂雾化

雾化过程中，雾滴的平均直径随压力的增加而减少，而随喷头喷孔尺寸的增大而增大。从喷液的理化特性来讲，液体的表面张力减小和黏度增加，也会使雾滴直径加大，因此，在农药制剂的过程中，使用各种添加剂可以减少易飘移小雾滴的数目。在实际使用时，雾滴的大小对农药沉积利用来讲特别重要，它们将由在一定工作条件下使用的喷头及雾化参数所决定。雾滴的大小和各种施药技术参数，如液体黏度、喷孔大小、喷雾压力等都有关系。

9.1.2　离心雾化

离心雾化是在离心力的作用下，将均匀分布到雾化装置边缘的药液在一定的速度下(8 000～10 000 r/min)高速进行离心运动并在离心力的作用下飞离雾化装置边缘，然后经空气的摩擦与剪切作用分散成为均匀的细小雾滴的过程。离心雾化产生的雾滴细且均匀，是低容量、超低容量与静电喷雾法经常采用的雾化方式。旋转圆盘离心式雾化装置如图 9-4 所示。这种雾化方法的雾滴细度取决于转盘的旋转速率和药液的滴加速度，转速越高、药液滴加速度越慢，则雾化越细。

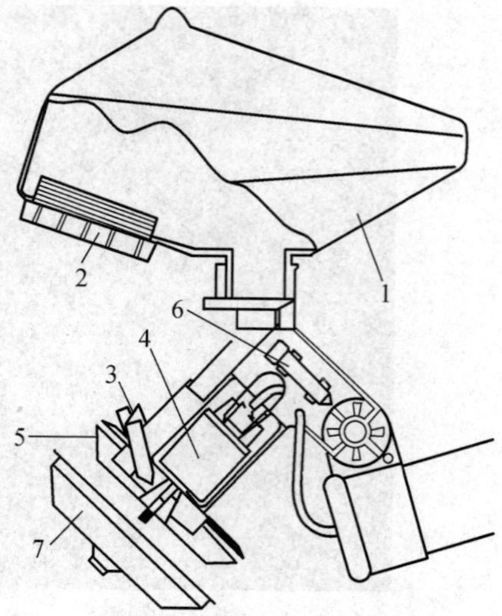

图 9-4　旋转圆盘离心式雾化装置

1—药箱　2—加药口　3—计量器　4—电动机　5—旋转圆盘　6—备用计量器　7—防护罩

离心喷头产生单个雾滴的直径可由 Walton 和 Prewett 提出的理论公式(9-1)计算：

$$d = k \frac{1}{\omega} \sqrt{\frac{r}{D\rho}} \qquad (9\text{-}1)$$

式中：d 为雾滴直径，μm；k 为常数，通常这一经验平均数为 3.67；ω 为角速度，r/s；D 为转盘直径，mm；r 为液体的表面张力，mN/m；ρ 为液体密度，g/cm^3。

离心喷头的主要形式有转盘式、转杯式、转笼式以及转刷式等。最早设计的转盘边缘不带齿，1970 年，“可控雾滴”理论的创始人 Bals，设计了一种边缘带齿的转盘，实现了以减少克服表面张力所需的力而产生较小的雾滴；Bals 在 1976 年发明了一种内表面带沟槽的转盘，给药液提供了一个均布流动的沟槽，使药液在到达转盘边缘之前先均匀分化成液丝，这种既有沟槽又有尖齿的转盘，产生的雾滴范围很窄——即雾滴非常均匀，因此可供“可控雾滴”施药技术之用。

转盘式离心喷头可以与风机结合使用，称之为风助式转盘式喷头，产生的雾滴大小的上限，可由式(9-2)计算确定：

$$d = \frac{2kr}{\rho v^2} \qquad (9\text{-}2)$$

式中：d 为雾滴的直径，μm；v 为气流速率，m/s；k 为由雾滴大小范围决定的常数(同公式 9-1)；r 为液体的表面张力，mN/m；ρ 为气流密度，g/cm^3。

9.1.3　气力雾化

气力雾化是利用风机产生的高速气流对药液的拉伸作用而使药液分散雾化的

方法，因为空气和药液都是流体，因此也称为气液两相流雾化法。这种雾化原理能产生细而均匀的雾滴，设施农业用的常温烟雾机大都是采用这种雾化原理。许多气液两相流喷头是特别为环境与工业应用设计的，如特定环境中的降温加湿、粉剂药品及奶粉和其他工业化产品的喷雾干燥、喷涂油漆等。气液两相流喷头雾化方式可分为内混式和外混式两种，内混式是气体和液体在喷头体内混合，外混式则在喷头体外两相流的混合。

图 9-5 是各种液体和气流两相流雾化装置的工作原理。白箭头表示气流，黑箭头表示液流。第一种为顺流式；第二种为逆流式，它的雾化比第一种为好；第三种是将液体吹到蘑菇形物体上使之向四周分散；第四种为涡流式，里面有可使液体旋转的盘，气流通过时带动液流旋转；第五种为反射型，液流碰撞到反射体上粉碎，再用气流进一步雾化吹走。小型背负式喷雾机采用 1～3 种雾化方式。有的公司生产的大型喷雾机（牵引式）使用反射式雾化装置。第 6 种雾化装置不但雾化液体，还用于雾化固体。气流在喷头处流速很高形成较低压力，有很大的抽吸力量。所以在药箱内不再需要充以压力，同时吹送的气流可把喷头喷出的药液粉碎雾化。第 7 种雾化装置在气流运用技术上比前几种好，用在背负式喷雾机上较多。

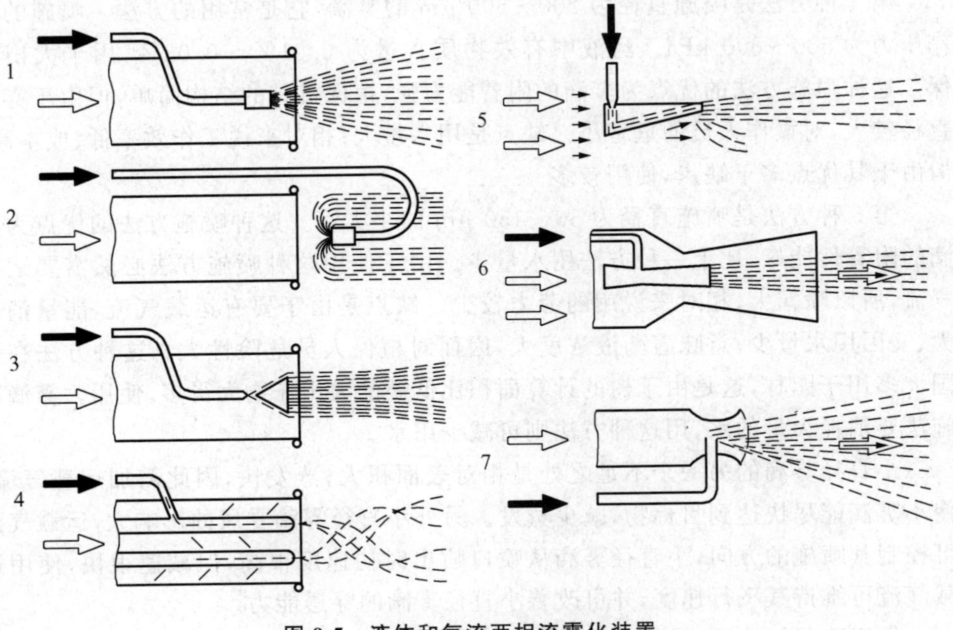

图 9-5　液体和气流两相流雾化装置

1—顺流式喷头　2—逆流式喷头　3—蘑菇状喷头　4—涡流式喷头

5—反射喷头　6、7—喷射式喷头

各种雾化装置的优缺点和运用范围如下。

第 1、2 种是固体颗粒农药的喷施法，这种喷施法在欧美发达国家已很少采用，原因在于使用离心式撒播机具撒布固体颗粒时，由于其颗粒直径差别较大，重量不同，有的籽粒被喷得很远，有的很近，分布很不均匀，再者固体颗粒很难停留在植物上，会滑下来。因而局限应用于除莠。喷撒小的固体颗粒也有问题，颗粒本身很小，喷撒时造成很大飘移，危害人畜。这种喷施法的优点在于作业效率比较高；不用载体物质，不需要水，因而节省劳力。在有些干旱缺水的国家还是适用的。

固体颗粒也有混同其他物质一道喷撒的，如以玉米芯磨成的粉作为载体物质或与化肥混在一起喷撒。在联邦德国考虑喷撒固体颗粒农药所具有的缺点，已不单独使用这种喷施方法，只是与化肥结合在一起喷施用于消灭杂草。飘移性大的小颗粒固体可用在林业上，因为在那里飘移不是一个重要的问题。

第 3 种喷施方法在发达国家用在有地下管道的喷灌区。把农药混在水里，喷灌同时喷药。这种喷施法的优点是不需另用喷施的机具，缺点是有效物质仅停止在植物表面，很少进入枝叶内部。叶子的正面有药，反面几乎一点也没有，所以这种方法联邦德国已几乎不使用了。

第 4 种方法是喷施直径为 200～500 μm 的雾滴，它是常用的方法。喷施的工作压力为 500～600 kPa。药液中有效物质含量为 0.01%～0.03%，用于大田植保。这种喷施方法的优点为雾滴的附着能力强，植保机具的结构简单，但由于雾滴直径较大，对操作人员的危害小。缺点是用水量大；相对来说工作效率低、成本高。但由于其优点多于缺点，使用较多。

第 5 种方法是喷施直径为 50～150 μm 的小雾滴。这种喷施方法的优点为雾滴的附着性能好，比上一种方法用水量少。由于使用这种喷施方法必然需要运载气流，所以喷幅大，相对来说用的劳力较少。缺点是由于要有运载气流，能量消耗大、又因用水量少，意味着药液浓度大，因而对植保人员危险性大。这种方法在德国大多用于园林，这是由于树的计算面积比低矮的大田作物大得多，使用大雾滴喷施法要消耗大量的水，用这种方法则可减少用水。

小直径雾滴的另一个不足之处是相对表面积大，蒸发快，因此需加运载气流，使小雾滴能尽快达到目标物，减少蒸发。另外小直径雾滴受风的影响大，运载气流可控制其喷施的方向，小直径雾滴从喷口喷出时初速度很高，但减速很快，使用运载气流可维持其飞行速度，并可改善小直径雾滴的穿透能力。

使用运载气流后，风机本身消耗的能量占植保机具总能量的 70%，所以在联邦德国进行果园植保作业的拖拉机都是大马力的。

喷施小直径雾滴的喷雾机工作压力在 3 000 kPa 左右，气流量为 300～

120 000 m^3/h。

第 6 种喷施法是形成气雾，因雾滴小于 50 μm，飘移性大，在欧美国家用于温室和塑料大棚内。气雾形成分冷、热两种方法。热雾是将小颗粒固体农药加热后喷出，颗粒吸收空气中的水分，使之在颗粒外包上一层水膜。冷雾则是直接喷施小直径雾滴，是液体而不是固体颗粒。

第 7 种方法是喷施气体，只能用在密闭的室内。方法是将气态有效物质压缩密闭在一个容器内，容器开关打开后即释放出毒气。

9.2 喷雾方法

化学农药有多种多样的喷施方法，由农药的结构——是液体还是固体来决定喷施方法以及按喷施的对象——杀虫还是防病决定喷施量。

国际标准的喷施方法见表 9-2。

表 9-2 不同农药及施药量下的喷雾方法

喷施方法	形态			用量/(kg/hm^2)或(L/hm^2)		
			直径/μm	大田	果树	葡萄园
撒施	颗粒	固体	60～5 000	15～150		
喷施	粉剂		3～50	5～10	—	最大 15
喷灌的大雾滴	大雾滴	液体	200～500	最大 10 000		
喷雾	较大雾滴		200	300～1 000	1 000～2 000	600～1 000
弥雾	小雾滴		50～150	50～200	50～600	20～600
气雾	气溶胶		＜50	2～10		
气体		气体	＜30	100～600 $cm^3/100\ m^3$		

国际上还有一种喷雾分类方法是按喷施的药液量的大小分，如表 9-3 所示。

表 9-3 按喷施药液量的大小的喷雾分类方法

大容量	(HV)	＞150 L/hm^2
中等容量	(MV)	50～150 L/hm^2
低容量	(LV)	5～50 L/hm^2
超低容量	(ULV)	0.5～5 L/hm^2
超超低容量	(UULV)	＜0.5 L/hm^2

植保工作时,如何考虑喷施大雾滴或小雾滴,大容量或小容量?一般来说大雾滴用水量大而小雾滴用水量小。例如,要消灭某一种害虫时,先要确定在某块面积上有效农药覆盖率应达到的百分数。如防治霉菌,要达到生物防治效果,农药的覆盖率要达到40%,而防虫只需5%即可,因为害虫是活动的。无论使用哪种方法,覆盖面积都应达33.3%。如果雾滴直径为270 μm,喷施量为600 L/hm^2,要求雾滴分布均匀,不重叠,确定覆盖面积为33.3%,计算出的覆盖密度为580个雾滴/cm^2。如果使用雾滴直径为45 μm,要求覆盖面积为33.3%,喷施量只需100 L/hm^2,因为雾滴小,需要喷施量小,但这时的覆盖密度达到20 700个雾滴/cm^2。以上是从理论上分析雾滴直径小、喷施量小的原因(表9-4),不论用哪种方法,覆盖率都要达到33.3%。但实际上覆盖是有差别的,如图9-6(a)、(b)、(c)中覆盖率相同、覆盖面积相同,由于雾滴大小有差别,所以生物防治效果也有差别。要防霉菌时,要求直接杀死霉菌,大雾滴的防治效果就差,所以,覆盖率是个重要的数值,但同时也不能忽视覆盖的结构。

表9-4　不同喷量下雾滴粒径与覆盖情况

序号	喷施量/(L/hm^2)	雾滴直径/μm	覆盖密度/(雾滴个数/cm^2)	覆盖率/%
1	600	270	580	33.3
2	400	180	1 300	33.3
3	200	90	5 250	33.3
4	150	68	9 100	33.3
5	100	45	20 700	33.3
6	25	11	322 300	33.3

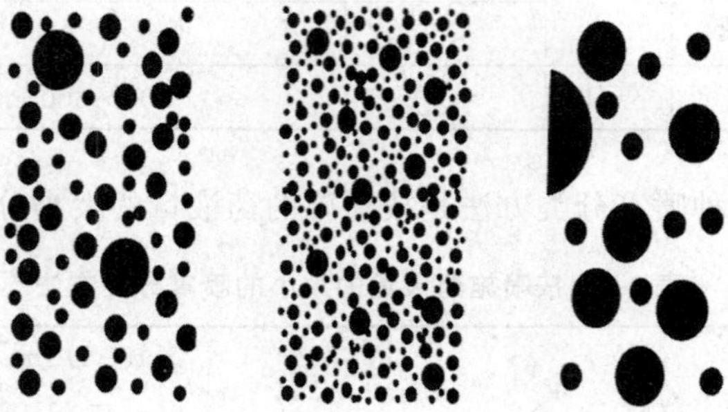

(a)　(b)　(c)

图9-6　相同喷量下不同大小雾滴的覆盖结构

9.2.1 大容量喷雾法

大容量喷雾法是指每公顷面积上喷施药液量(制剂与农药有效成分总和)在600 L以上的喷雾方法。在我国,这种方法是长期以来使用最普遍的喷雾法,因此也称为"常规喷雾法"或"传统喷雾法"。国际上的发展趋势是用低容量和超低容量喷雾法逐步取代常规喷雾法。

常规喷雾法是采取液力式雾化原理,使用液力式雾化喷头。喷头是药液成雾的核心部件,为了获得不同的雾化效果以及雾头形状,以适应不同作物和病虫草害防治的特殊需要,国际标准委员会ISO/TC/SC工作组将现有喷头分为标准的系列及其零配件,并规定以颜色代表型号,供广大用户选用。

液力雾化的质量受多种技术因素的影响,喷头设计成型后,喷雾压力是最为主要的影响因数。

1. 喷雾压力对雾滴直径的影响

通过4种标准ST110系列喷头1～6号喷头的测试,可以看到喷雾压力对雾化细度的明显影响。4种喷头的喷孔从ST11001号至ST11006号依次增大,喷孔大的,压力对雾化细度的影响尤为明显。

在机动喷雾机上压力可以用机械或电子系统控制的调压阀而得到保证;但手动喷雾器则只能用人工手动来控制,如果不能按操作技术标准进行作业,就无法保证正确的喷雾压力,从而影响雾化质量和防治效果。

2. 喷雾压力对喷头流量的影响

喷头所喷出的流量(每分钟排出多少升,L/min)随喷雾压力的增大而增加。也与喷孔大小密切相关,对大喷孔喷头影响更大。手动喷雾器使用过程中经常发生用户任意加大喷孔的现象,其结果不仅损坏了喷头的雾化性能,而且改变了喷头流量。

3. 喷雾压力对喷头雾锥角的影响

喷孔所喷出的雾头其纵截面都呈有一定夹角的锥形,称为雾锥角或简称喷雾角。雾锥角大则雾头的覆盖面宽。所用的是扇形雾喷头,喷出的雾体呈扁扇形,其标准雾锥角为110°。当喷雾压力增高到0.4 MPa以上时,喷雾角有所增大,但不会增加太大,总体变化比较平缓。

9.2.2 低容量喷雾法

施药液量在每公顷(大田作物)50～200 L的喷洒法属于低容量喷雾法(目前,发达国家称之为常量喷雾法),雾滴体积中值中经值在100～200 μm。每公顷施药液量为 5～50 L 的称为低容量喷雾法(LV)。每公顷施药液量<5 L 的称为超低容量喷雾法(ULV)。这些方法的区分主要是为了适应不同农药、不同作物、作物的不同生长期及不同病虫草鼠害防治的需要。因为作物的冠层体积、植株形态、叶形等差别很大,而且随着植株不断长大而发生变化,所需药液量也必然发生很大变化,在制定使用技术标准时可作为参考。低容量和超低容量之间并不存在绝对的界线,其雾化细度也是相对于施药液量而提出的要求。

9.2.3 超低容量喷雾法

每公顷施药液量(大田作物)少于 5 L 的喷雾法称为超低容量喷雾法(ULV),其雾滴 VMD 小于 100 μm。还有把施药液量小于每公顷 0.5 L 的称为超超低容量喷雾法(UULV)。

这种超低容量喷雾方法不是简单通过控制药液喷量或改变喷雾压力所能做到的,必须从雾化原理上采取新的雾化技术,通过离心雾化法或称转盘雾化可以实现。利用由微型电机驱动带有锯齿边缘的圆盘,把药液在一定的速度下加到以 8 000～10 000 r/min 转速旋转的圆盘上,药液即均匀分布到转盘边缘的齿尖上,并在离心力的作用下飞离齿尖,然后断裂成为均匀的细小雾滴。图 9-7 就是高速离心雾化的工作原理,图中黑色带齿部分是转盘的一部分。所产生的雾滴尺寸决定于转盘的转速和药液的加速度,转速越快雾滴越细。超低容量喷雾法的施药液量极少,不可能实现常规喷雾条件下直接沉积使得整株湿润,必须采取飘移沉积,利用辅助气流的吹送作用把雾滴分布在防治作物上,以一定的合适的间隔距离由上风向至下风向间隔喷施的喷雾,称之为“雾滴漂移沉积”,其喷施质量可根据单位面积上沉积的雾滴数量来决定。

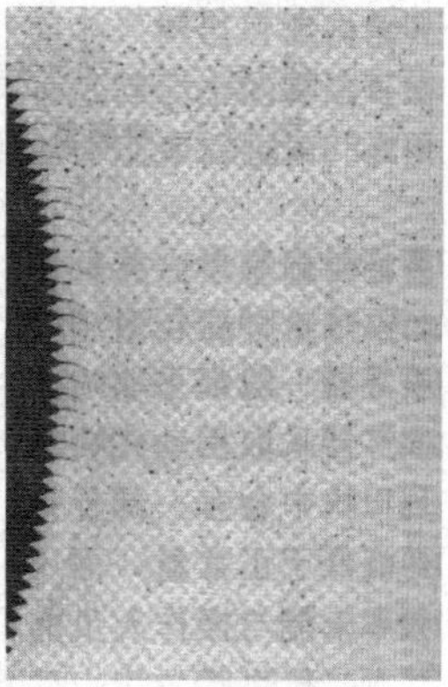

图 9-7　高速离心雾化

常把每平方厘米叶面内所能获得的雾滴数,称之为覆盖密度,研究表明,雾滴尺寸在 50～100 μm 范围内的雾滴沉积覆盖密度已相当好。一般来说,喷雾过程中,田间作物上的沉积雾滴数目一般能达到每平方厘米有 10～20 个雾滴,即有非常好的防效。由于飘移喷洒法的雾滴运动受气流的影响,因此施药地块的布置、喷洒作业者的行走路线、喷头的喷洒高度和喷幅的重叠都必须加以严格的设计。操作过程中还必须注意气流方向,风向变动的夹角在小于 45°的情况下才允许进行作业。

9.3 雾化的基本原理

液体雾化过程很复杂，如图 9-8 所示，采用以下方法可实现液体的雾化。

第一种是在液体上不加压力，让液体一滴滴地掉下，通过改变喷头孔径就可以改变雾滴的大小。第二种是在液面上加压，就得到不同大小的雾滴，再用气流将小的雾滴吹去，剩下大雾滴，这是在实验室内使用的另一种雾化方法—均匀雾滴发生器。第三种是再加大对液体的作用压力，直接得到小雾滴。

在植保机械上，如前文所述，使用喷头形成雾滴的裂变过程都是先形成膜，然后得到长线，最后线再裂化形成雾滴，如图 9-8(b)所示。

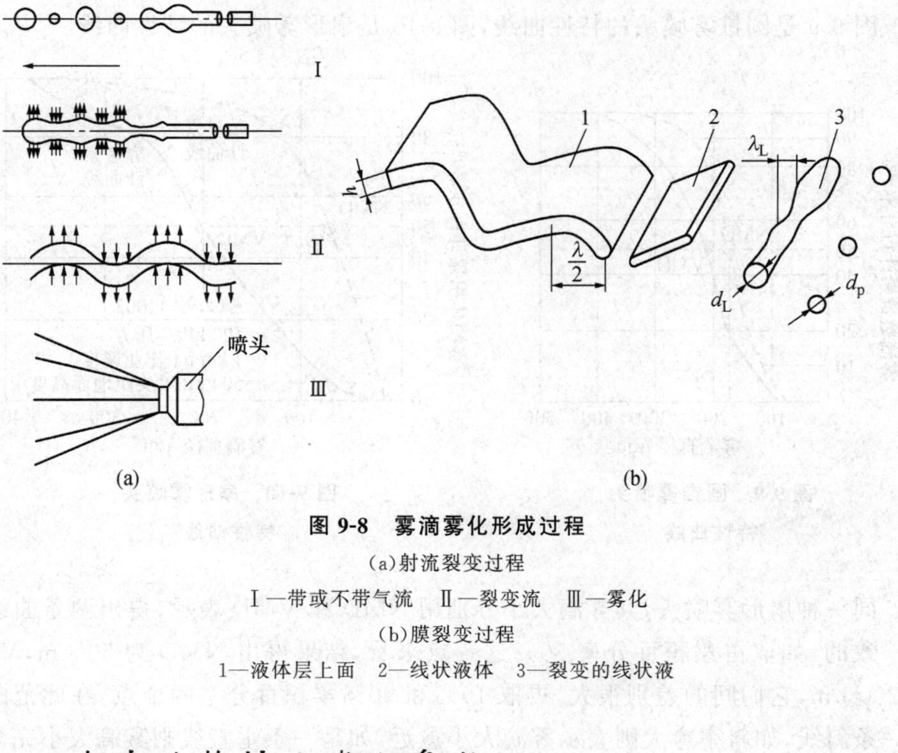

图 9-8 雾滴雾化形成过程

(a)射流裂变过程

Ⅰ—带或不带气流 Ⅱ—裂变流 Ⅲ—雾化

(b)膜裂变过程

1—液体层上面 2—线状液体 3—裂变的线状液

9.4 喷头的特性曲线和参数

雾化特性主要是指大雾滴和小雾滴数量的比例。因为不同大小的雾滴其效率不一样，此外还有横向分布、喷药量、压力对喷雾的影响，喷头结构本身的影响以及不同性质液体的影响等等。

在喷雾作业过程中，喷头在一定的压力下将药液雾化可以得到大小不同的雾滴，不同大小雾滴的百分率称为频率。

图 9-6 是涡流式喷头（圆锥雾喷头）的特性曲线，图中横坐标为雾滴大小，纵坐标为不同大小雾滴占总容积的百分数即雾滴大小与容积的关系。过去单独使用数量中值中径(NMD)来表示，即按大小顺序将雾滴数累积达到总雾滴数量一半时的那个雾滴直径大小。但光用这种表示方法不好，因为必须知道所产生的雾滴到底有多少容量，人们所关心的不只是某一尺寸雾滴的数目，而首先是对这一尺寸雾滴的容量占总容积的比例感兴趣。因此，目前广泛采用体积中值中径（VMD）来计量雾化雾滴的大小，即按大小顺序将雾滴体积累积达到总雾滴体积一半时的那个雾滴直径大小。

圆锥雾喷头，喷雾压力：$p=200$ kPa。

图 9-9 是圆锥雾喷头的特性曲线，图 9-10 是扇形雾喷头的特性曲线。

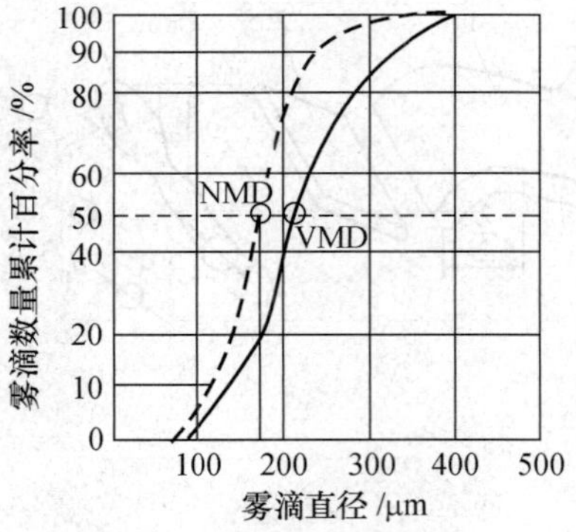

图 9-9　圆锥雾喷头特性曲线

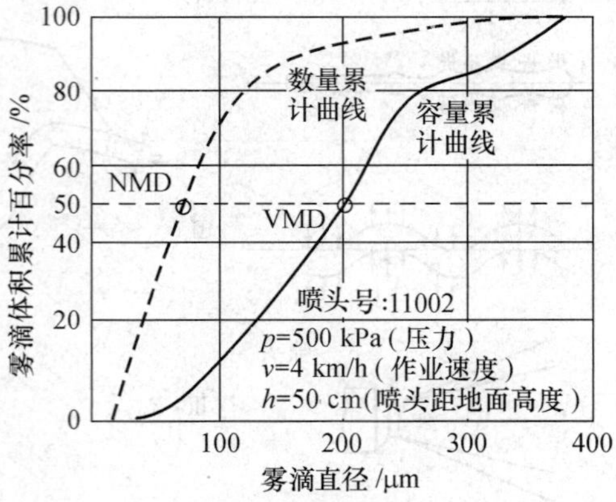

图 9-10　扇形雾喷头特性曲线

同一种扇形雾喷头，其雾滴大小分别用 NMD 和 VMD 表示，得出两条曲线是不一致的，如取占累积百分率 50％这一点来看，结果得出 NMD 为 50 μm，VMD 为 200 μm，它们间的差别很大，再取 10％和 90％累积百分率两个点，在此范围内划一条斜线，如斜率愈大则表示雾滴大小愈近，如是一条垂直线则雾滴大小完全一致，如曲线与横坐标平行，说明雾滴大小差别很大，喷头雾化的程度极差。在防虫或防病时，事先应知道符合要求的覆盖率是多少，如雾滴大小一致，就可用理论进行计算，如果雾滴有大有小，则小雾滴被蒸发或飘移走，大雾滴则流落在地面上，只有中间大小的那部分雾滴才沉降在植物的枝叶上。因此曲线愈陡，说明喷头的工作效果愈好。但不同的喷头结构所产生的效果也是不一致的，如圆锥雾喷头，曲线的斜率比较大，即产生的雾滴尺寸比较一致。从图 9-9 可见，50％的总容积雾滴直径约 150 μm，10％总容积约为 100 μm。90％总容积为 230 μm，只有 10％的雾滴直径大于 230 μm。发达欧美国家要求植保机械公司生产的喷头必须给出 50％总容积处雾滴尺寸数据，还要给出 10％和 90％总容积处雾滴尺寸数据。这样可了解其斜率大小，即产生雾滴的均匀程度。

9.5　喷头雾化雾滴的横向分布

喷头喷雾的横向分布指喷头向下喷雾、雾滴在靶标上的沉积分布情况，一般扇形喷头距离地面喷雾的标准高度为 50 cm。

9.5.1　单个喷头喷雾的横向分布

图 9-11 的 4 个图分别为(a)扇形雾喷头；(b)旋转离心雾化装置；(c)空心圆锥

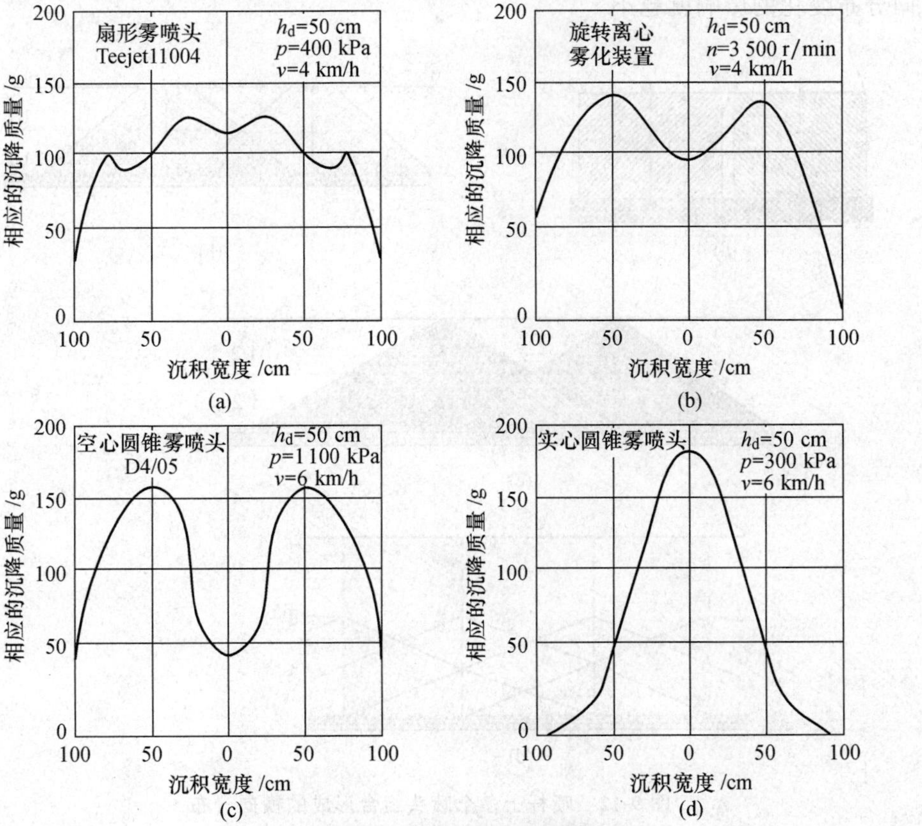

图 9-11　不同单个喷头喷雾雾滴横向分布

雾喷头;(d)实心圆锥雾喷头的单个喷头喷雾横向分布情况。

转离心雾化装置雾面分布的比较宽,同时旋转的方向对雾形的分布也有影响,如圆盘逆时针旋转,这时左边的喷雾量比右边大。

空心圆锥雾是中心雾量小,而两边多。

实心圆锥雾则是中心雾量大,而两边少。

9.5.2 多个喷头排列喷雾的横向分布

如在喷杆上装有多个喷头联合喷雾(正常条件下,扇形雾喷头在喷杆上的安装间距为 50 cm,喷头离靶标的喷雾高度为 40～60 cm),则横向分布的情况就改变了,下面是多个喷头联合喷雾下组合形成的横向分布叠加情况,有菱形分布,梯形分布以及两种三角形分布。

图 9-12 中可以看出,双菱形有两次重叠,喷雾面重复越多,则喷杆晃动时对横向分布变化的影响就越小。

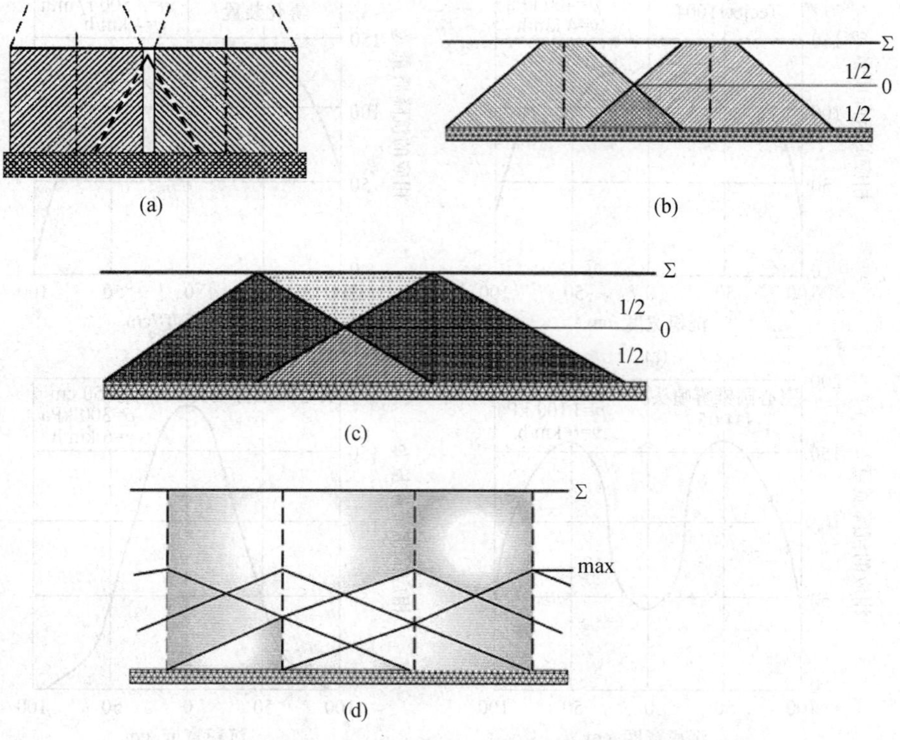

图 9-12 喷杆上多个喷头组合形成的横向分布

(a)菱形分布 (b)梯形分布 (c)、(d)三角形分布

图 9-13 是在总长为 2.5 m 的喷杆上相邻安装喷雾角各为 110°和 80°的两种扇形雾喷头，喷头安装间距为 50 cm，喷雾机行驶中晃动时实际出现的喷杆倾斜情况。110°喷雾角的喷头喷雾横向分布变化的曲线用实线表示，80°喷头用虚线表示，0 表示平均值，由水平线向上表示承受药量大，向下表示受药量小，由图可见当喷杆上、下晃动时，对 110°喷雾角的喷头喷雾横向分布的均匀性影响较小，而对 80°喷雾角的喷头影响较大。国际 ISO 标准要求，喷杆喷雾机作业时，横向分布的误差不能超 10%，欧洲的德国要求更加严格，将这一标准定义为不超过 7%。

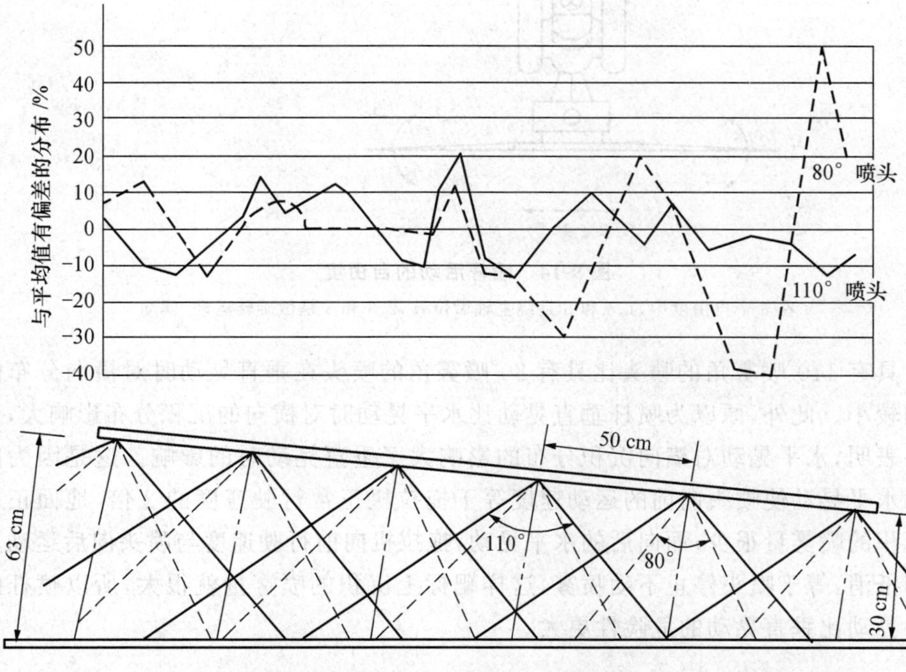

图 9-13　喷杆倾斜和两组不同喷雾角的扇形雾喷头在总分布面上沉积的偏差

9.5.3　大面积植保作业时横向分布沉积的误差

拖拉机行驶中晃动，喷杆越长，影响其横向分布沉积不均匀的问题就越严重，但为了提高单位面积作业效率，采用长的喷杆喷雾是主要方法，目前世界上生产的大型喷杆式喷雾机的喷杆最长已达到 62 m。

拖拉机在不平地面上行驶时，喷杆上、下(垂直)晃动和左、右(水平)晃动，它受行驶速度、地面状况及喷杆本身刚度的影响，其中对喷雾横向分布沉积有影响的主要是喷杆的垂直和水平晃动，其他因素影响则不太大，如图 9-14 所示。

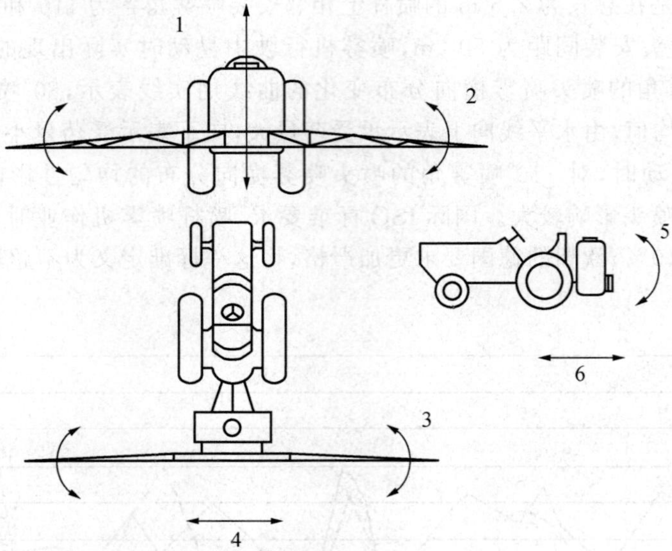

图 9-14　喷杆活动的自由度

在 6 个自由度中，1、4 和 6 是绕主轴做位移，2、3 和 5 是做旋转运动/摆动

具有 110°喷雾角的喷头比具有 80°喷雾角的喷头在垂直晃动时对横向分布的影响较小。此外，原以为喷杆垂直晃动比水平晃动时对横向的沉积分布影响大，但结果表明，水平晃动对横向沉积分布的影响大于垂直晃动时的影响。这是因为向前的水平晃动使喷头向前的运动速度等于拖拉机正常行驶速度的 2 倍，地面正下方沉积的喷雾量很少；而向后的水平晃动，拖拉机向前行驶速度与喷头向后运动速度相抵消，等于喷头停止不动喷雾，这样靶标上沉积的喷雾量就很大，所以喷杆的水平晃动比垂直晃动的危险性更大。

10 农药雾滴的沉积与飘失

在农药的施用过程中，农药雾滴或微粒的沉积与飘移特性始终是影响农药施药效果、造成药害和环境污染的重要因素。本章主要介绍雾滴运行、穿透目标以及到达靶标的沉降与雾失过程。

10.1 雾滴的运行

雾滴由喷头到防治靶标表面之间的运移称之为雾滴的运行。不同的植保对象，喷头离它的距离有十几厘米到几米，主要根据雾滴本身具有的能量和速度不同，在空间运行时间也不同。雾滴在空间运行受各种因素如风速，空气的湿度、温度等的影响。

雾滴从喷头喷出的速度一般为 20 m/s 左右，根据雾滴大小不同，大约运行 20～60 cm 速度就衰减到零，但一般到目标的距离都超过这个数值。所以有时要加气流输送。雾滴在运行中质量是要改变的，因为有蒸发，且雾滴有大有小运行速度不一样，有时雾滴相撞交合成大雾滴，所以不但改变了形状，也改变了运行的轨迹。雾滴在空间运行轨迹只能通过高速摄影来观察，计算是困难的，只能计算通常称为体积中径(或数量中径)的那个雾滴。

10.1.1 雾滴运行分析

雾滴从喷头喷出后，既有向下速度，又有拖拉机向前行驶速度。单个雾滴受力如图 10-1 所示。

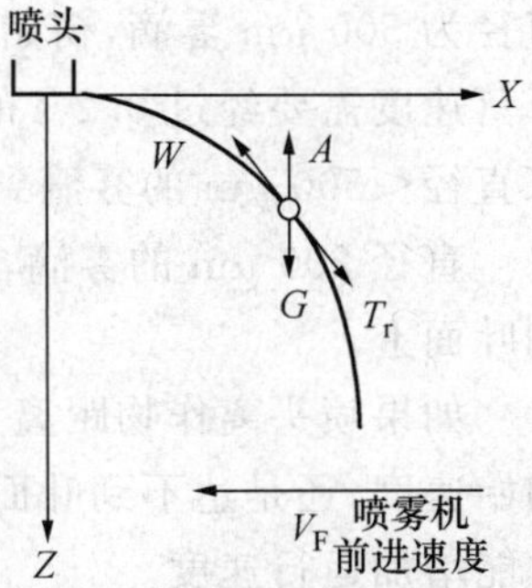

图 10-1 单个雾滴的受力

1. 惯性力 T_r

$$T_r = m_D \cdot \frac{dv_D}{dt} = 质量 \times 加速度$$

式中：m_D 为雾滴质量，kg；$\frac{dv_D}{dt}$为雾滴的加速度即速度变化率，m/s^2。

2. 阻力 W

$Re = \frac{v_D \cdot d_D}{r_g} > 1$ 时，用牛顿公式计算(雾滴距喷

头近，v_D，d_D 大时）。

$$W = C_W \cdot \frac{\rho_g}{2} \cdot F \cdot v_D^2$$

式中：Re 为雷诺数；v_D 为雾滴速度，m/s；d_D 为雾滴直径，m；r_g 为黏度（空气）；C_W 为空气阻力系数；ρ_g 为空气密度，kg/m^3；F 为雾滴的表面积，m^2。

当 $Re<1$ 时，阻力 W 不能采用牛顿力计算，应用采用 Stoke 公式计算（雾滴距离喷头远，v_D，d_D 小时），此时的阻力为 W_{st}。

$$W_{st} = 3\pi \cdot r_g \cdot d_D \cdot v_D$$

3. 雾滴的重力 G

$$G = m_D \cdot g$$

4. 雾滴在空气中所受的空气浮力 A

$$A = \rho_g \cdot g \cdot \pi \cdot \frac{d_D^3}{6}$$

每一个雾滴在上述力的作用下，在整个流场内实现动态平衡，以牛顿力方程表示：$\sum \vec{F} = 0$。

10.1.2 雾滴运行速度

雾滴速度衰减受雾滴大小、初始速度的影响。人们原来认为雾滴速度不会衰减得这样快，到达目标还会有一定的速度，但实际上完全不是这样（图 10-2）。

从图 10-2 可以看到，小雾滴运行速度衰减快，大雾滴衰减慢。如直径为 100 μm 的雾滴，初始速度为 20 m/s，经过 0.02 s 后速度只有 2.10 m/s，经过 0.06 s，雾滴速度几乎等于 0，只是空气托着它开始进行自由落体运动或布朗运动。直径为 500 μm 雾滴，初始速度同样是 20 m/s，经 0.02 s 后速度为 14 m/s，到自由降落速度需要经过 0.2 s 的时间，因此雾滴越大，速度衰减越慢，可以得到 100 μm ＜直径＜500 μm 的雾滴到达植物叶片表面上时，速度已接近于 0。

直径 200 μm 的雾滴，运行距离为 0.6 m，并不像人们想象的那样雾滴能沉积到叶面上。

如果喷头离作物距离为 50 cm，喷出直径为 100～200 μm 雾滴，无论怎样加大初始速度，还是达不到叶面，雾滴速度等于零就自由降落了。只有加上辅助气流，才能增加运行速度。

拖拉机行驶速度对雾滴速度的影响从图 10-3 可以看出。当拖拉机行驶速度为

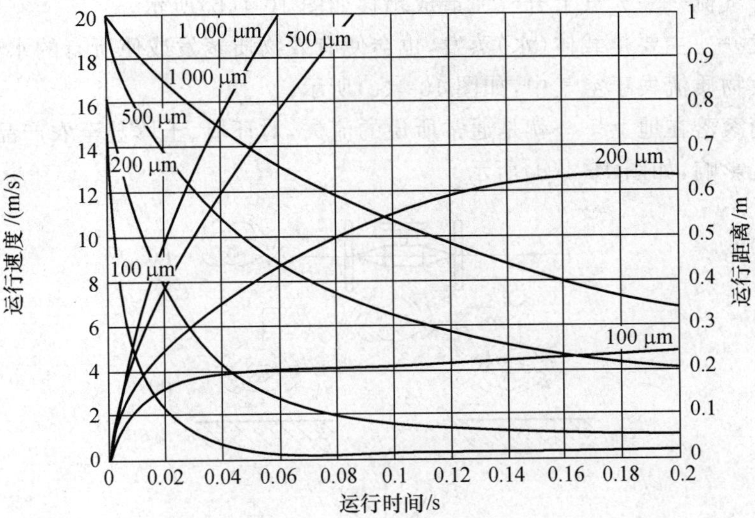

图 10-2　雾滴沉积特性曲线

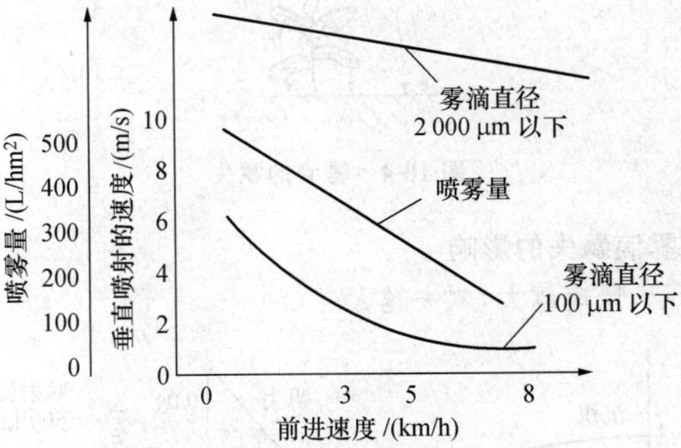

图 10-3　喷雾机喷雾前进速度对雾滴沉积的影响

0.5 km/h 时，100 μm 雾滴从喷头喷出的速度为 4 m/s，当拖拉机速度为 5 km/h 时，同样情况下雾滴速度就下降到 1.5 m/s。

拖拉机行驶速度对小雾滴影响较大，但对大雾滴影响不大。

10.1.3　雾滴的飘失

风速——大气中自然风速的大小对雾滴飘失的影响，即侧面风的影响如图 10-4(a)所示。

上升气流——大气上升气流造成飘移如图 10-4(b)所示。

蒸发——主要是载体(水)蒸发,也会使有效物质蒸发或使所有的水都蒸发,将造成有效物质流失于空气中,如图 10-4(c)所示。

雾滴滚落在地上——就是通常所说的流失,对环境、土壤甚至农产品品质都会造成不良影响,如图 10-4(d)所示。

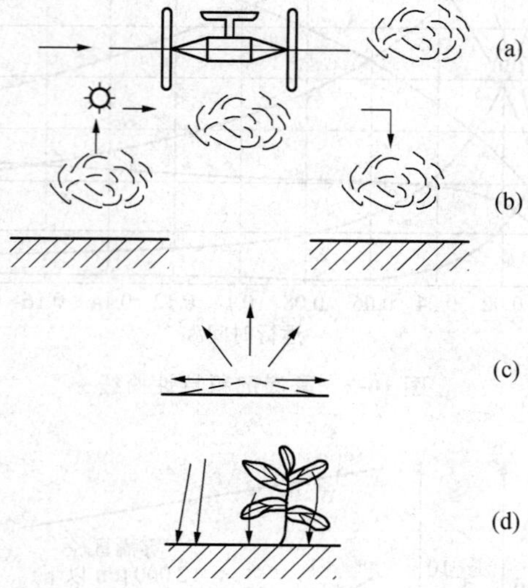

图 10-4 雾滴的飘失

1. 自然风对雾滴飘失的影响

如图 10-5 所示,风速越大,飘失越大。

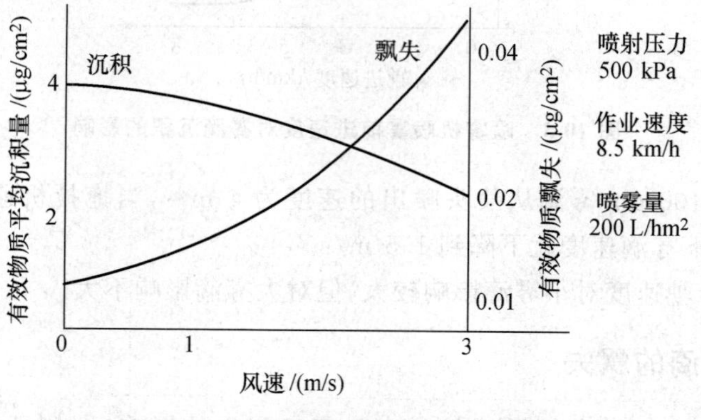

图 10-5 雾滴沉积与飘失特性曲线

2. 蒸发对雾滴的影响

环境条件对雾滴蒸发的影响如表 10-1 所示。

表 10-1　环境条件对雾滴蒸发的影响(载体:水)

雾滴尺寸 /μm	温度/℃	相对湿度/%	寿命/s
100	20	70	20
100	20	40	9
100	30	70	17～18
100	30	40	6
100	40	70	16.8
100	40	40	7.8
50	20	70	5
50	20	40	2
50	30	40	1.9

从表 10-1 中看出相对湿度的影响比温度影响大。

一般植保作业,温度 20℃,相对湿度小于 40%时,需要加防蒸发助剂,否则雾滴会很快蒸发掉。

3. 上升气流对雾滴飘移的影响

如图 10-6 所示,上升气流对园林和航空植保影响大,式中 SR 是 Stability

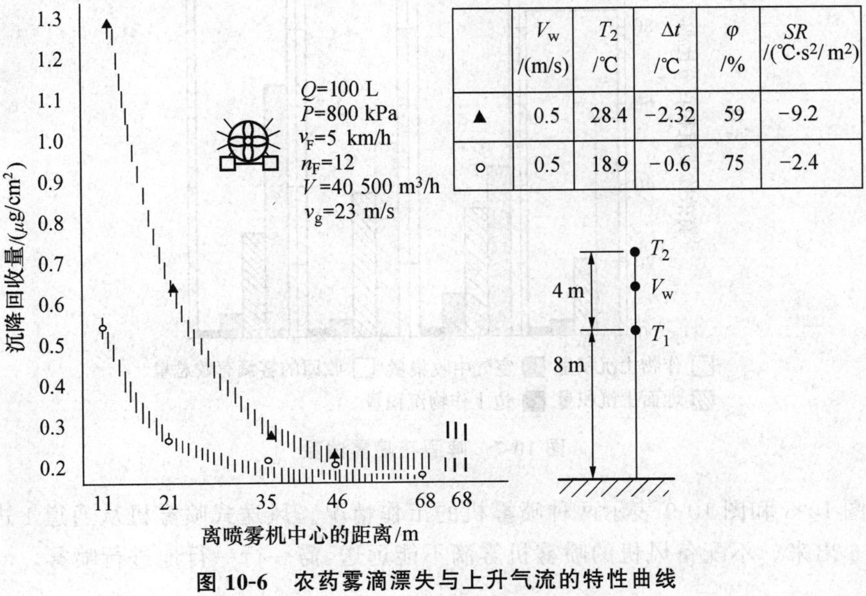

图 10-6　农药雾滴漂失与上升气流的特性曲线

Rate(稳定率)的缩写，通常采用下式计算：

$$SR=\frac{T_2-T_1}{V_W^2}$$

式中：T_2 为离地 12 m 处的气温；T_1 为离地 8 m 处的气温；V_W 为离地 10 m 处的气流速度。

如果 $T_1>T_2$，有上升气流，差值越大，上升气流越大；差值越小，上升气流越小。$T_2>T_1$，无上升气流，此情况下施药时极有利于农药雾滴在防治靶标上的沉积。

4. 啤酒花上农药雾滴沉积与飘失

选用六行啤酒花，使用 4 种不同的植保机具，在啤酒花行间行驶并喷雾，统计雾滴沉积情况，从图 10-7 中可看出第 4 种机具的作业效果最好。

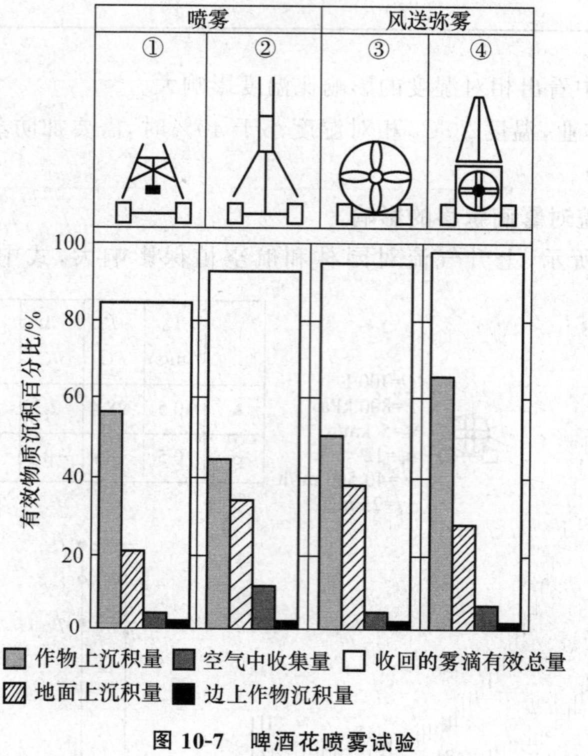

图 10-7　啤酒花喷雾试验

图 10-8 和图 10-9 表示两种喷雾机的工作情况。风送式喷雾机从通道 1 进入，通道 6 出来。不配备风机的喷雾机雾滴不能远送，需一行一行地进行喷雾。

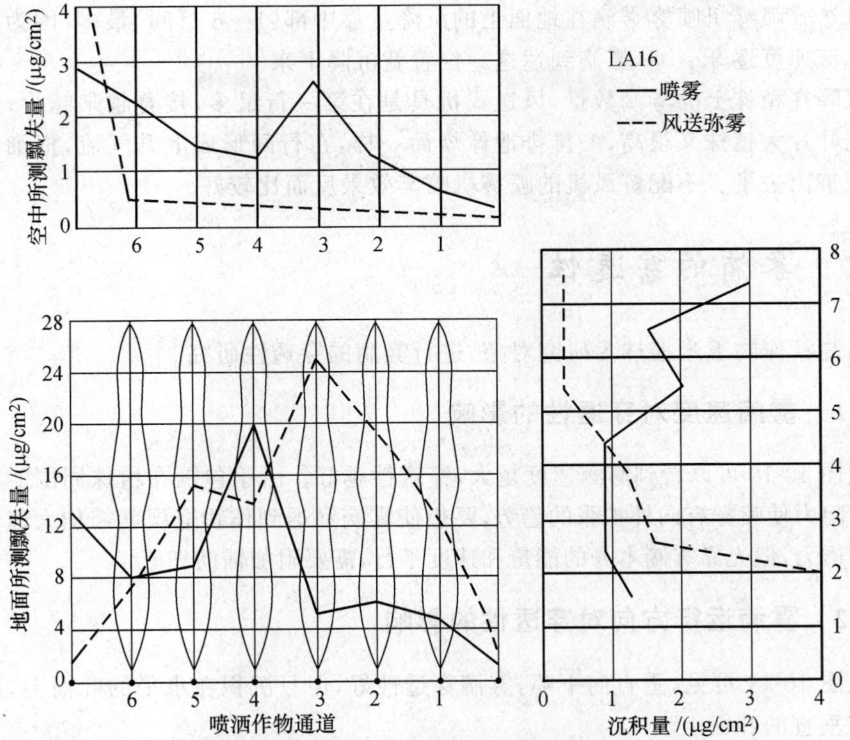

图 10-8　两种喷雾条件下对啤酒花进行喷雾作业的雾滴漂失比较

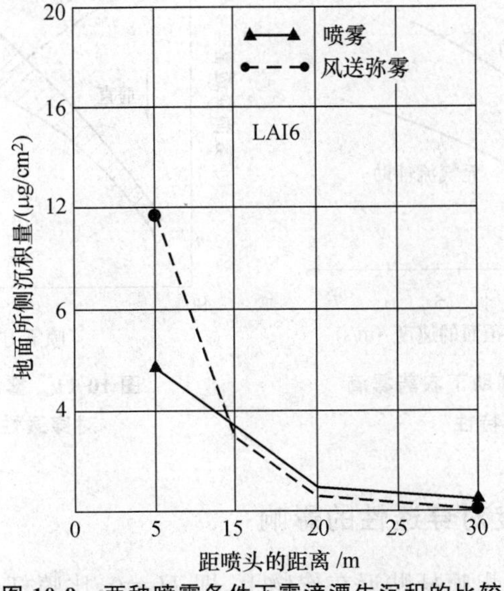

图 10-9　两种喷雾条件下雾滴漂失沉积的比较

风送式喷雾机喷雾雾滴在地面上的沉降量靠中部(1～6 行间)最多,因为辅助运载气流速度逐渐衰减,雾滴到达这一位置就沉降下来。

沉降在植株上的雾滴数量,风送式机具是在第一行最多,接着越来越少,因为啤酒花叶片大植株又很高,一排排地像烟筒一样,在行间形成上升气流,把细小雾滴都携带出去了。不配备风机的喷雾机喷雾效果反而比较好。

10.2　雾滴的穿透性

以高秆作物玉米植株为研究对象,进行雾滴的穿透性研究。

10.2.1　雾滴速度对穿透性的影响

从图 10-10 可以看到雾滴速度越大,穿透性越好。由于包围在植株周围的静止空气的阻力使喷雾有向外扩张的趋势,要想使雾滴穿透到作物冠层就需加大速度以加大穿透力,但光靠雾滴本身的能量和速度不行,需要附加辅助气流。

10.2.2　雾滴运行方向对穿透性的影响

从图 10-11 可见,垂直向下喷,雾滴穿透性好,但只沉积在水平的叶面上,而不沉积在垂直的叶面上。

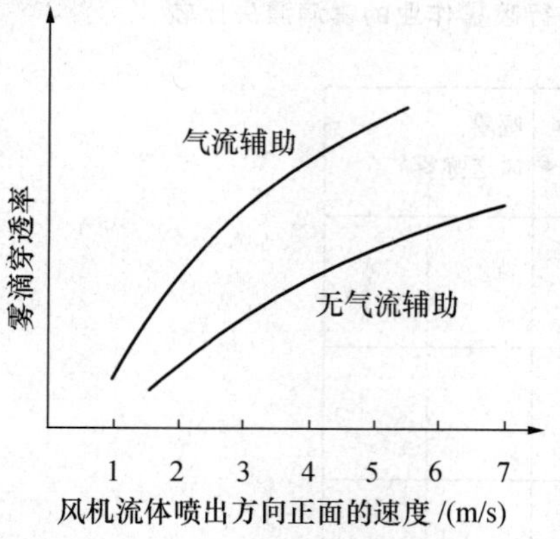

图 10-10　气流辅助下农药雾滴的穿透特性

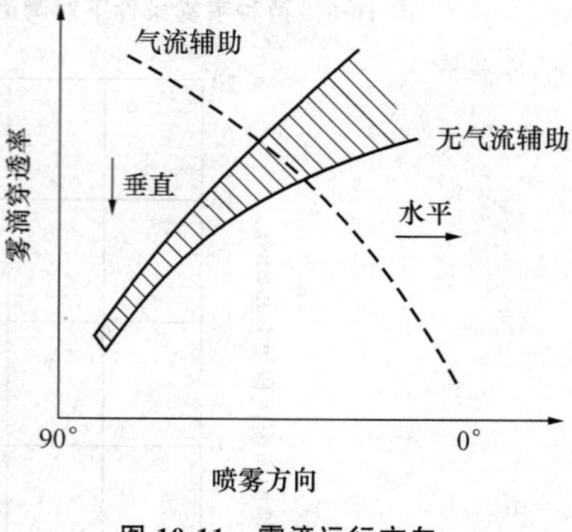

图 10-11　雾滴运行方向对穿透性的影响

10.2.3　喷杆高度对穿透性的影响

从图 10-12 可看出喷杆贴近在作物上,即 $H=0$,比喷杆离作物 100 cm($H=$

100 cm)沉积量要多。

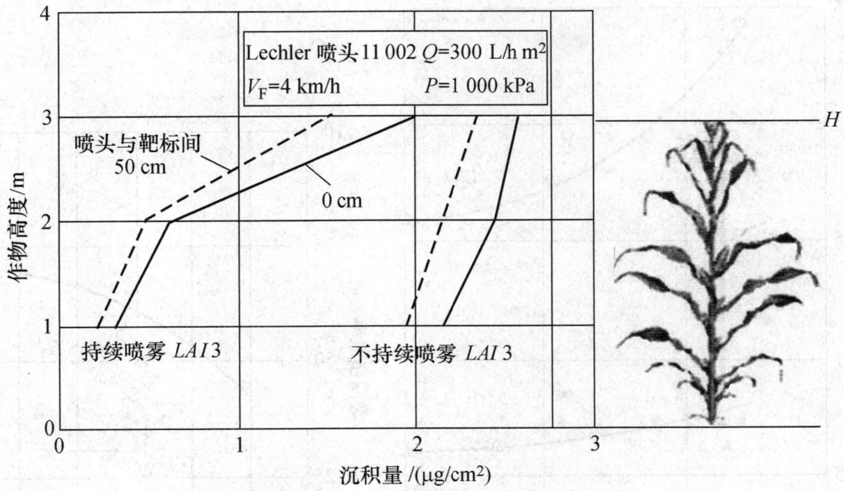

图 10-12　喷雾机行驶速度对穿透性的影响

10.2.4　喷雾机行驶速度对穿透性的影响

从图 10-13 可看出,行驶速度越高,作物上部沉积量越少,对作物中部沉积量影响不大,对下部则没有影响。速度增高后,地面上沉积量减少了。综合起来,从植保技术上看还是作业行驶速度慢一些好。

10.2.5　植株密度对穿透性的影响(以玉米为研究对象)

植株密度对穿透性的影响如图 10-14 所示,其穿透率可以通过试验研究与测定作物叶面指数等来分析计算。作物叶面指数,也称为作物叶面密度指数,用 LAI 表示,可计算如下:

$$LAI = \frac{\text{作物全部叶片面积之和}(\mathrm{m}^2)}{\text{作物平均占地面积}(\mathrm{m}^2)}$$

如 LAI 为 1,植株必然很矮,如为高大作物,株间距一定很大,则穿透率 η 可定义为:

$$\eta = \left(1 - \frac{\text{高度 1 处药液回收率}}{\text{高度 3 处药液回收率}}\right) \times 100\%$$

η 值越大,说明作物高度 3 到 1 之间的叶片对雾滴的“过滤”作用越强,或者说穿过叶片到达作物下部的雾滴少。由图 10-14 可看出,随着作物叶面密度指数 LAI 的增大,对雾滴的“过滤”作用也越强,也就是说雾滴穿透到枝叶丛下部的量越少。

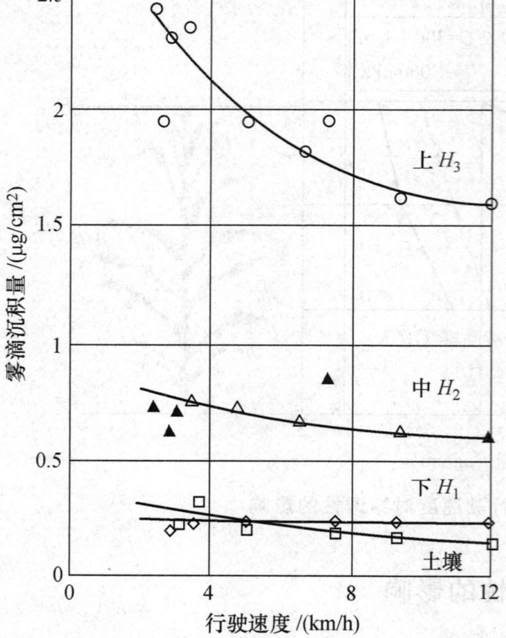

图 10-13 作业速度与雾滴在作物冠层中的沉积关系

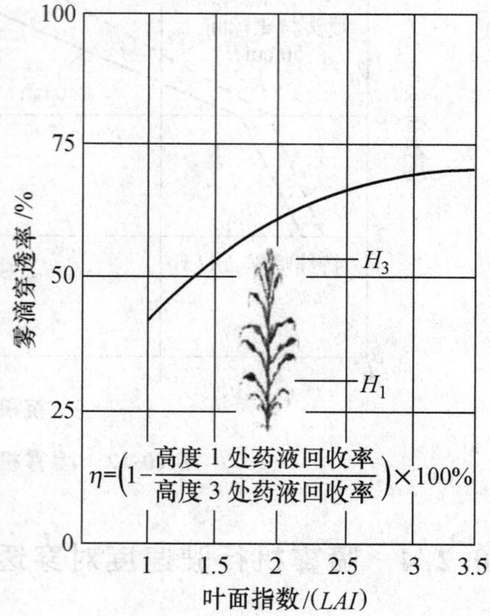

图 10-14 植株密度对穿透性的影响

10.2.6 雾滴大小对沉降穿透性的影响

从图 10-15 可看出,当叶面密度指数 LAI 一定时,随着雾滴直径加大,叶片对雾滴的“过滤”作用也越强。或者说大雾滴比小雾滴更容易沉降在作物上部,而小雾滴比大雾滴容易穿透到作物下部。如果加上运载气流,则小雾滴沉降到作物下部较多,大雾滴则变化不大。

10.2.7 喷头喷射方向对雾滴沉积的影响

使喷头垂直向下喷射,也可向前或向后转动 0°～40°喷雾。并且规定,向前喷射时,喷射角 α 为正值,向后喷射时,喷射角 α 为负值,垂直向下喷射时 $\alpha=0°$。作业前进方向为 V_F,V_F 与 $+\alpha$ 同向。还规定作物叶片上的药物回收率以 $\alpha=0°$时为基准,在其他喷射角时,超过或低于基准回收率部分以百分数表示,超过者为正值,低于者为负值。H_1、H_2、H_3 别表示作物下部、中部、上部 3 个高度位置。

从图 10-16 可以看出作物枝叶水平面上的沉积情况。当向后喷射($-\alpha$)时,

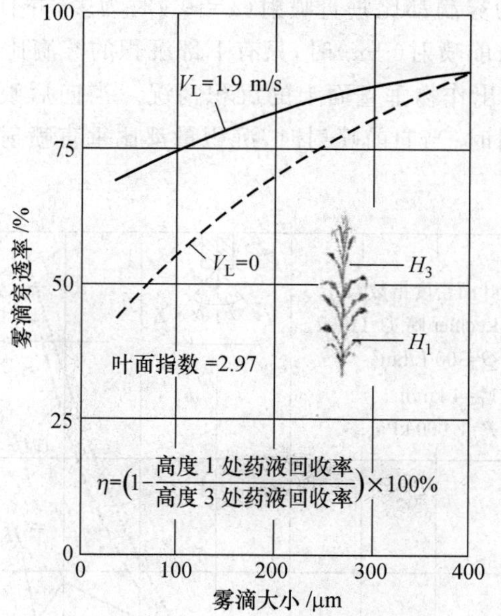

图 10-15　雾滴大小与穿透特性

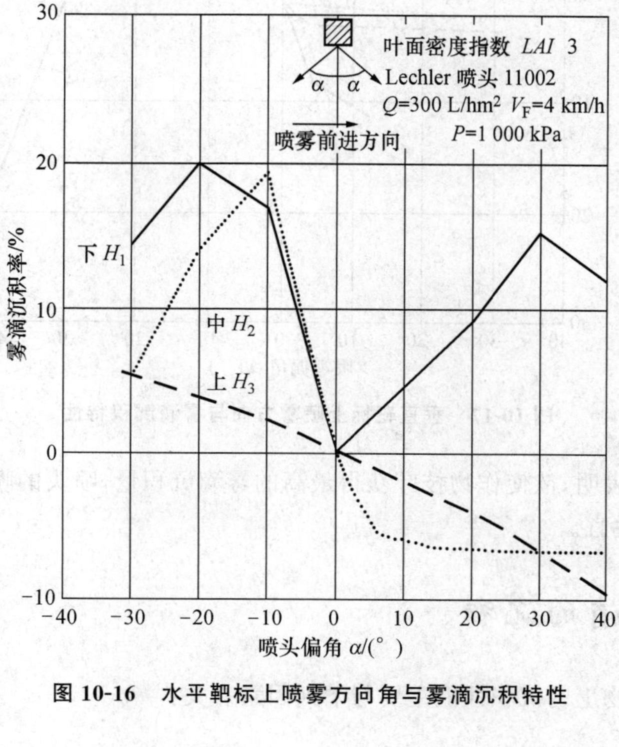

图 10-16　水平靶标上喷雾方向角与雾滴沉积特性

上、中、下部位沉积的雾滴都比垂直喷射($\alpha=0°$)时为多，并且中、下部比上部沉积的雾滴多得多。当向前喷射($+\alpha$)时，只有下部沉积的雾滴比垂直喷射时多。

从图 10-17 可看出作物垂直面上的沉积情况。当向后喷射时，上、中、下部沉积量都少于垂直喷射时；当向前喷射时，沉积量都比垂直喷射时高，且$\alpha=20°\sim30°$时具有最大值。

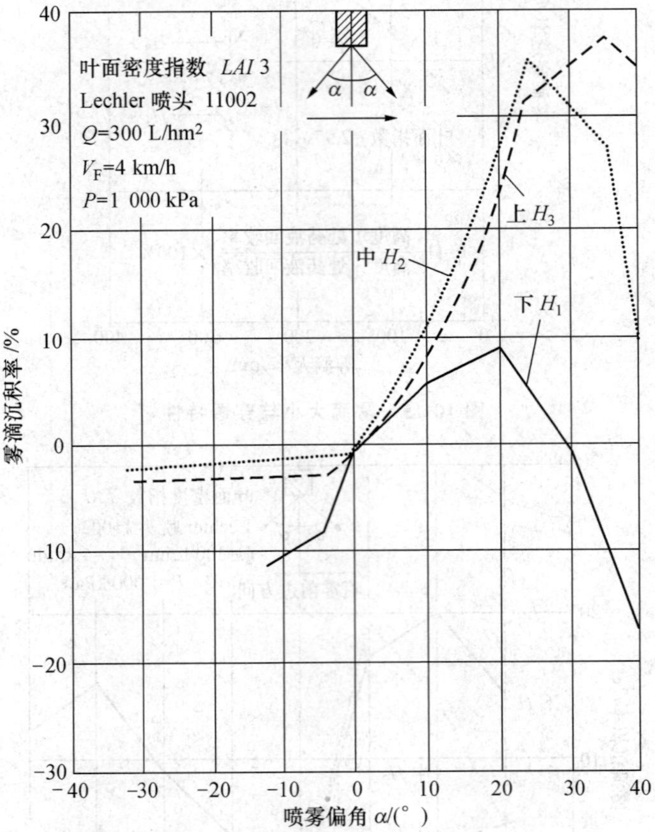

图 10-17　垂直靶标上喷雾方向与雾滴沉积特性

综合研究表明，欲使作物枝叶获得最高的雾滴沉积量，喷头的喷射角可取向前$20°\sim30°$较为适宜。

10.3　雾滴的沉积

雾滴在植物上的沉积性能主要与下列因素有关：

①雾滴的物理化学特性；

②植物的自然物理特性与冠层特性；

③雾滴的几何尺寸以及动力因素；

④靶标的形状和所处的位置等。

一般来说，雾滴沉积在植物表面上，有图 10-18 所示的几种方式。图中表示一片叶子和茎秆以及不同大小雾滴的 5 种沉积方式。过大的雾滴降落在叶面上后，会冲击碰撞破裂成更小的雾滴或者滚落流失至地面上；只有合适大小的雾滴才能稳定地沉积在叶面上；而过小的雾滴有可能或飘失至空中、或沉积在叶面上，也有可能绕过叶面正面沉积在叶背面或者飘移到其他地方去。

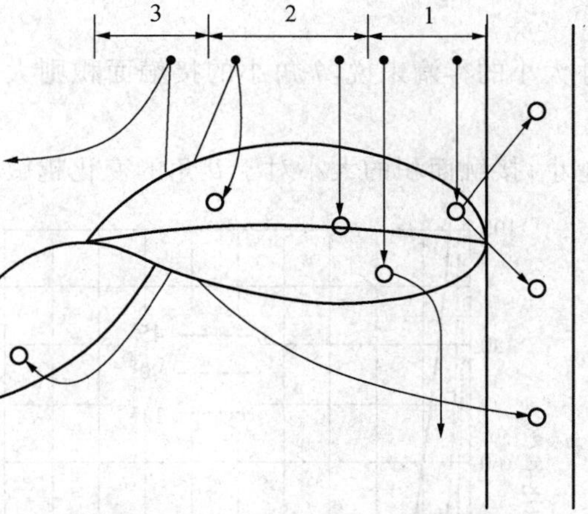

图 10-18　不同大小雾滴在靶标上的沉积方式

1—雾滴流失（大与特大细雾滴）　2—雾滴沉积（最佳喷雾粒径）

3—雾滴流失（细与极细雾滴）

雾滴能否稳定地沉积并附着在植物表面上主要取决于雾滴的物理特性以及植物表面的自然物理、结构特性，通常用雾滴在目标物上的接触角 θ 来间接地表达两者的关系。如图 10-19 所示：θ 角小，表明雾滴与目标表面的接触面积大，或者说容易湿润目标表面；θ 角大，则表明接触面积小或者不容易湿润。研究表明，$\theta<90°$时，如图 10-19(a)的表示为容易湿润表面；$\theta>90°$时，如图 10-19(b)的表示为不容易湿润表面。

不同的接触角 θ 以及雾滴大小与接触面积（湿润程度）之间的关系，从图 10-20 可以看出：

①在 θ 角相同时，雾滴直径小则可以获得较大的接触面积。雾滴直径大则接

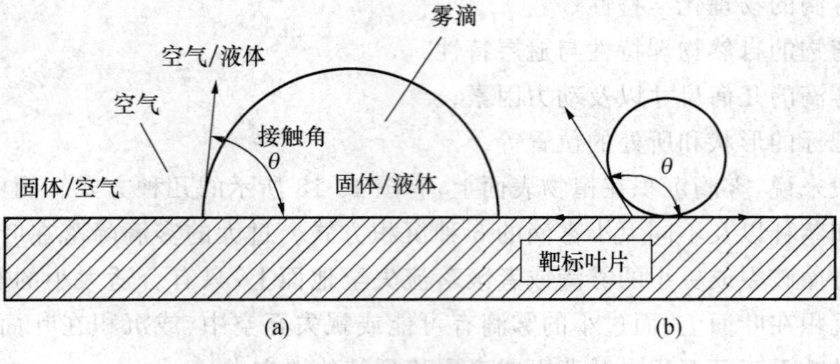

图 10-19　雾滴在靶标叶片上的接触角

触面积减小。

②对相同尺寸大小的雾滴来说，θ 角小的接触面积则大；θ 角大的接触面积则减小。

③雾滴尺寸越小，接触面积的大小对于 θ 角的变化越敏感。

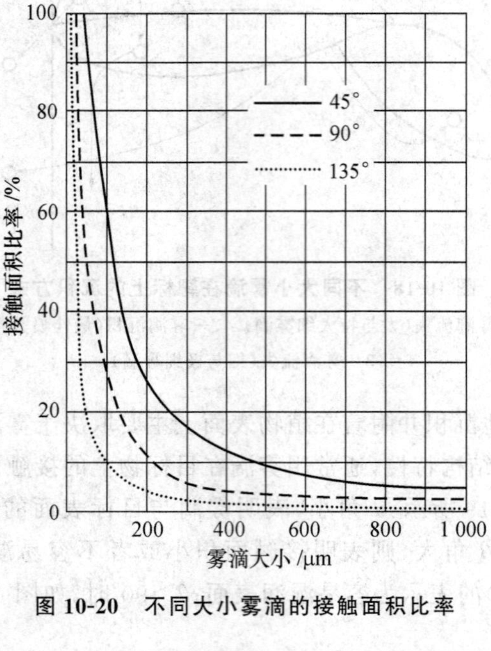

图 10-20　不同大小雾滴的接触面积比率

由此可见，采用雾滴直径较小的低容量或超低容量喷雾可以获得较高的雾滴接触面积，但这时应注意调整接触角 θ，使 θ 角较小，否则接触面积将急剧下降。

在喷雾液体中加入适当的喷雾助剂能够改变其表面张力大小。图 10-21 表明液体表面张力减小，则雾滴接触面积提高。

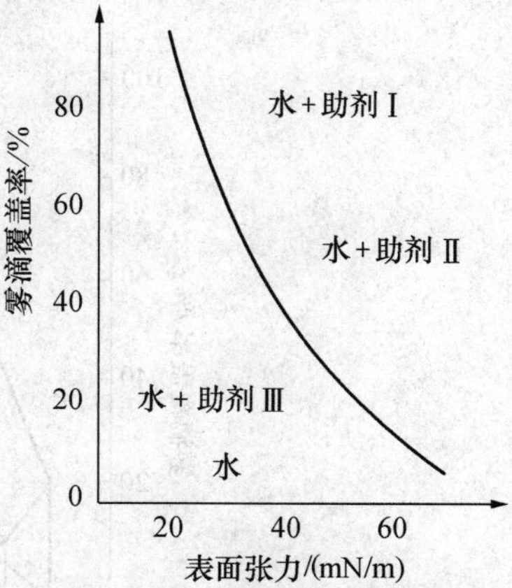

图 10-21　表面张力与雾滴覆盖率特性曲线

图 10-22 表明改变液体黏度对雾滴接触面积的影响。可以看出：

①增加液体黏度可提高雾滴接触面积。但当黏度增加到一定程度后，对接触面积的影响就不那么明显了。

②液体黏度对大雾滴的接触面积影响较小。

由此可见，对于黏度较低的液体或者雾滴较大时，可以通过调整其黏度的方法获得较大的雾滴接触面积。

图 10-23 是三坐标图线，表示了雾滴直径大小以及液体表面张力与雾滴接触面积之间的关系。可以看出：较小的雾滴直径或者较小的液体表面张力或者两者都比较小的情况下，都能够获得比较大的接触面积。

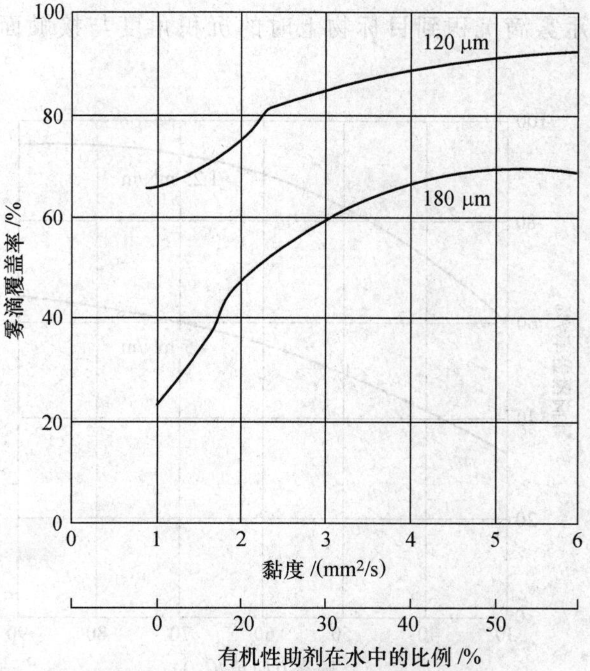

图 10-22　黏度对雾滴接触面积的影响

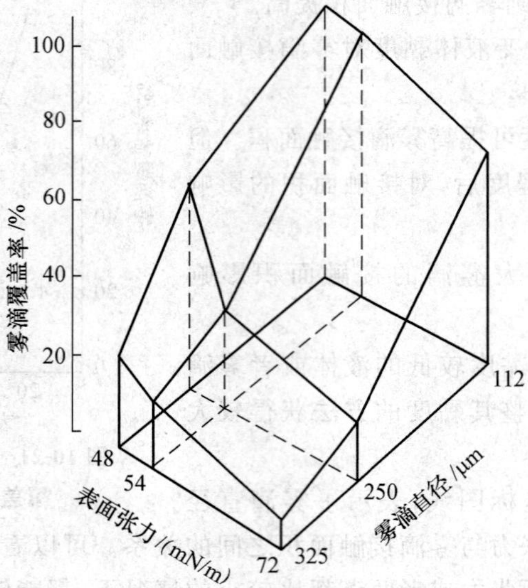

图 10-23　表面张力对雾滴接触面积的影响

图 10-24 表示雾滴沉积到目标物上时的沉积角度与接触面积的关系，可以看出：

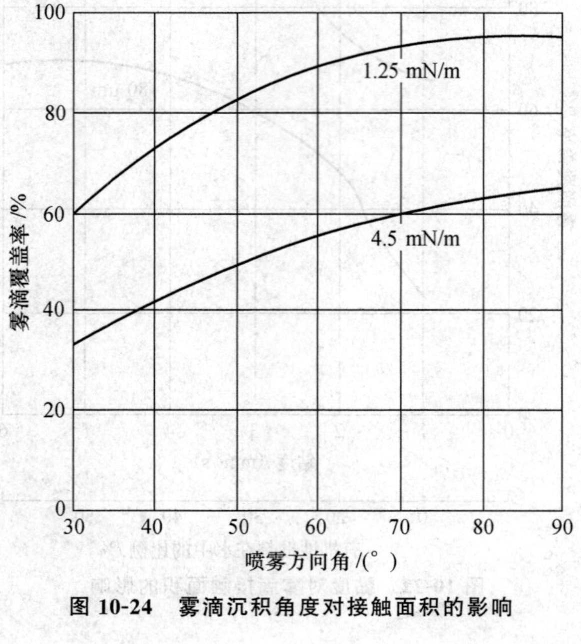

图 10-24　雾滴沉积角度对接触面积的影响

①对表面张力一定的同一种液体来说，沉积角越接近 90°，其接触面积也越大，当沉积角大于 60°～70°时，影响已不太明显。

②对于表面张力不同的两种液体来说，表面张力较小的雾滴，具有较大的接触面积，其差别是十分明显的。

图 10-25 表明运载气流对雾滴接触面积的影响，图中横坐标为雾滴直径。无运载气流时雾滴沉降速度为 0.5 m/s，有运载气流时沉降速度为 3 m/s。虚线表示沉降靶标为半径 1 mm 的丝线，实线是沉降靶标为半径 10 mm 的塑料吸管，可以看出：

①雾滴在运载气流输送下，具有较高的冲击速度，能够获得比没有运载气流高得多的接触面积。

②在相同的雾滴运行速度下，沉积目标直径较小时，能获得较大的雾滴接触面积。这是由于目标直径大时，有一小部分小雾滴发生绕流现象，降低了沉积率的结果。从图 10-25 可看出，雾滴越小，这个趋势越明显。

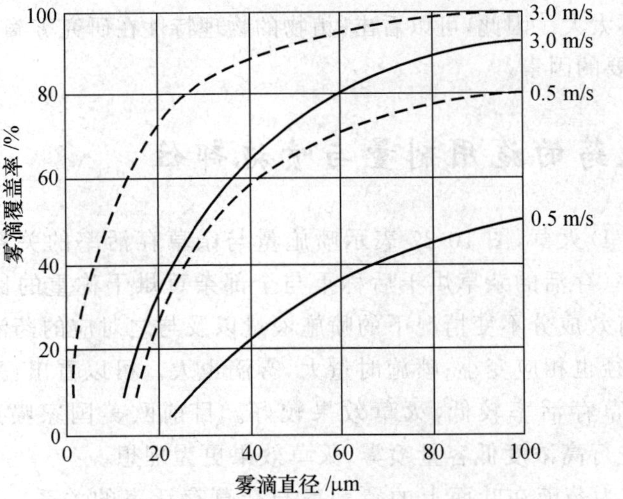

图 10-25　胁迫气流对雾滴接触面积的影响

图 10-26 表示雾滴特性与植物表面特性的综合影响。图中纵坐标为接触角 θ，横坐标为液体表面张力，图中 3 条曲线代表具有不同表面特性的 3 种植物。可以看出：

①对表面张力一定的同一种液体来说，其雾滴对于 3 种植物具有不同的接触角 θ。表面张力越小，接触角 θ 的差异越明显。

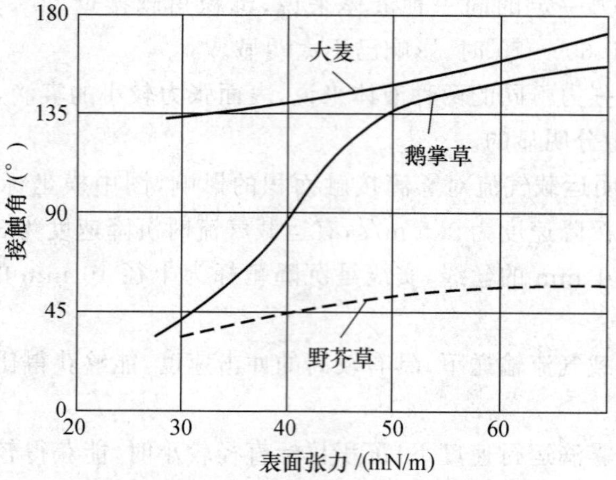

图 10-26 雾滴特性、靶标表面特性对雾滴沉积的影响

②对同一种植物来说，有的随着液体表面张力的变化对接触角 θ 的影响很大，有的则影响不太大。因此，可以看出，植物的物理特性在研究雾滴沉积与覆盖问题时，是一个重要的因素。

10.4 农药的施用剂量与喷施部位

喷施 2,4-D 灭草，图 10-27 表示喷施量与杂草存活率的关系。图中纵坐标为杂草存活率(存活的杂草烘干后称重与全部杂草烘干称重的比例)，横坐标为单位面积上有效成分不变情况下的喷施液量以及与之对应的药液浓度。喷施量小时，雾滴直径也相应变小；喷施时量大，雾滴也大。可以看出：采用小的喷雾量和小雾滴，杂草存活率较低，灭草效果较好。目前欧美国家喷施除草剂时，以 100 L/hm^2 进行高浓度低容量喷雾，灭草效果更为理想。

图 10-28 为药液在叶面上的覆盖率与杂草存活率的关系。可以看出：覆盖率在 50%以下时即可得到较好的灭草效果。过高的覆盖率，势必要求加大施药量方可达到，这样将引起药液从叶面上大量流失，反而降低了灭草效果。这说明只有采用适当的施药量与相应的雾滴大小，达到适当的覆盖率，才能获得好的灭草效果。

图 10-29 为农药施用剂量与杂草存活率的关系。采用 4 种不同的农药灭除燕麦草，横坐标为农药施用剂量。可以看出：有的农药采用小剂量喷施，即可达到较好的灭草效果，有的农药则必须采用大剂量喷施才能达到同样的灭草效果。

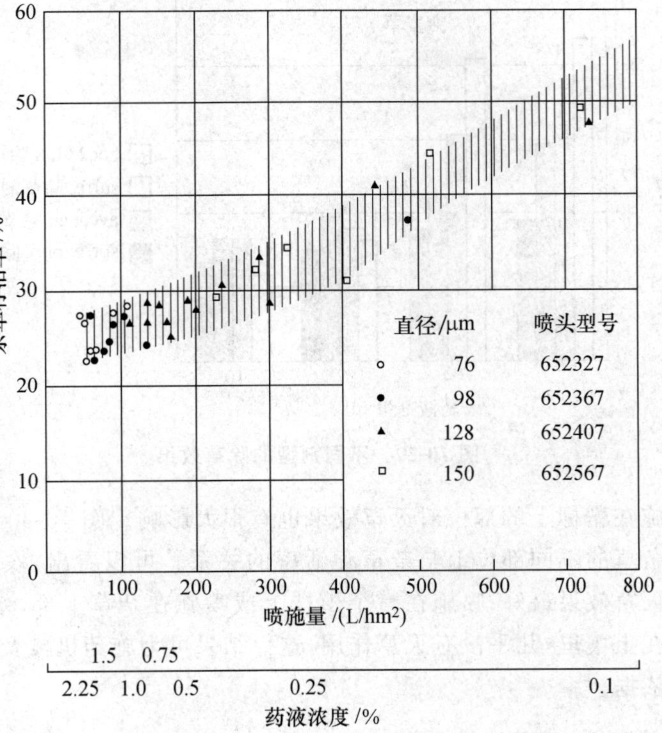

图 10-27　不同喷施量的除草效果

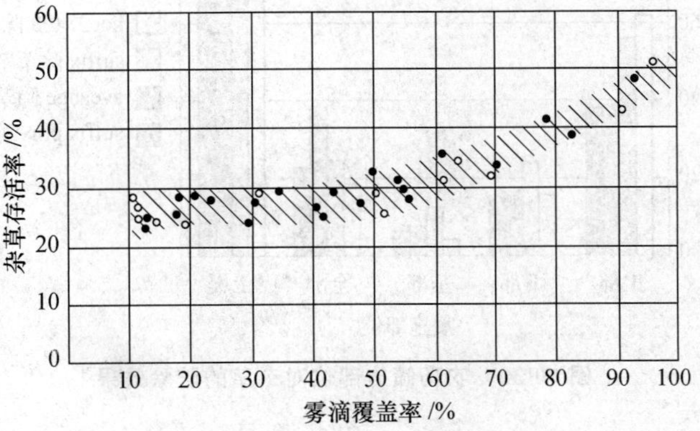

图 10-28　雾滴覆盖率对杂草的防效影响

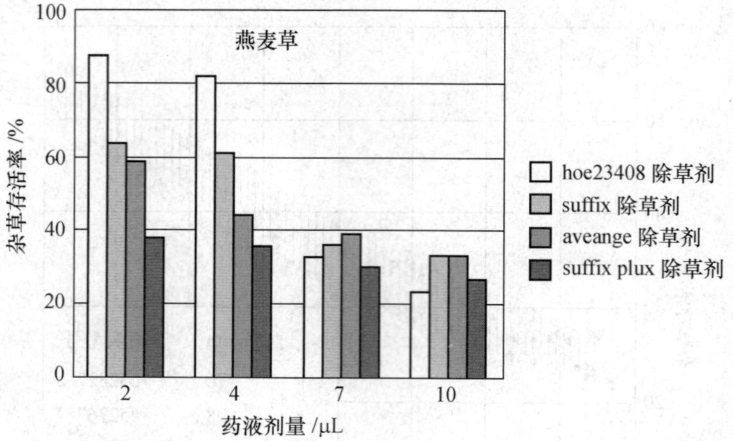

图 10-29　不同剂型的除草效果

农药喷施在靶标上的部位对灭草效果也有很大影响。图 10-30 表明 4 种农药分别喷施在杂草的不同部位上与杂草存活率的关系。可以看出:农药喷施在杂草下部或基部灭草效果最好;喷施在整个植株上或喷施在杂草上部,效果都不理想。把农药喷施在土壤里,几乎没有灭草作用,这一结果可为施药机械及施药技术的设计提供直接依据。

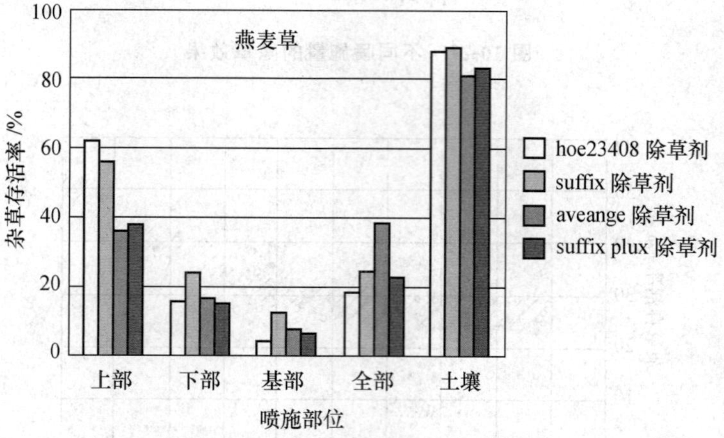

图 10-30　农药喷施部位对杂草的防除效果

11 喷杆喷雾机

喷杆喷雾机是一种将喷头安装在横向喷杆或竖喷杆上的液力机动喷雾机。它作为大田作物高效、高质量的喷洒农药的机具,得到推广应用。该类机具的特点是生产率高、农药喷施分布均匀,是一种理想的大田作物用植保机具,可广泛用于大豆、小麦、玉米和棉花等农作物的播前、苗前土壤处理、作物生长前期灭草及病虫害防治。装有吊杆的喷杆喷雾机与高地隙拖拉机配套使用可进行诸如棉花、玉米等作物生长中后期病虫害防治。

11.1 喷杆喷雾机的种类

喷杆喷雾机的种类很多,可分为下列几种。

1. 按喷杆的形式分三类

①横喷杆式喷杆水平配置,喷头直接装在喷杆下面,是常用机型。

②吊杆式是在横喷杆下面平行地垂吊着若干根竖喷杆,作业时,横喷杆和竖喷杆上的喷头对作物形成门字形喷洒,使作物的叶面、叶背等处能较均匀地被雾滴覆盖。主要用在棉花等阔叶作物的生长中后期喷洒杀虫剂、杀菌剂等。

③风幕式是在喷杆上方装有一条气囊,风机向气囊供气,气囊上正对每个喷头的位置都开有出气孔。作业时,喷头喷出的雾滴与从气囊出气孔排出的气流相撞击,形成二次雾化,并在气流的作用下,吹向作物。同时,气流对作物枝叶有翻动作用,有利于雾滴在叶丛中穿透及在叶背、叶面上均匀附着。主要用于对棉花等阔叶作物喷施杀虫剂。

2. 按动力配套方式分三类

①自走式喷雾机自身带有动力行走系统。

②悬挂式喷雾机通过拖拉机三点液压悬挂装置与拖拉机相连接。

③牵引式喷雾机自身带有底盘和行走轮,通过牵引杆与拖拉机相连接。

3. 按机具作业幅宽分三类

①大型喷幅在 18 m 以上,主要与 36.75 kW(50 hp)以上的拖拉机配套作业。大型喷杆喷雾机大多为牵引式与自走式。

②中型喷幅为 10~18 m,主要与功率在 14.7~36.75 kW(20~50 hp)拖拉机

配套作业。

③小型喷幅在 10 m 以下，配套动力多为小四轮拖拉机和手扶拖拉机。

11.2 喷杆喷雾机的结构和工作原理

喷杆喷雾机的主要工作部件包括：液泵、药液箱、喷头、防滴装置、搅拌器、喷杆、桁架机构和管路控制部件等（图 11-1，彩图-2）。

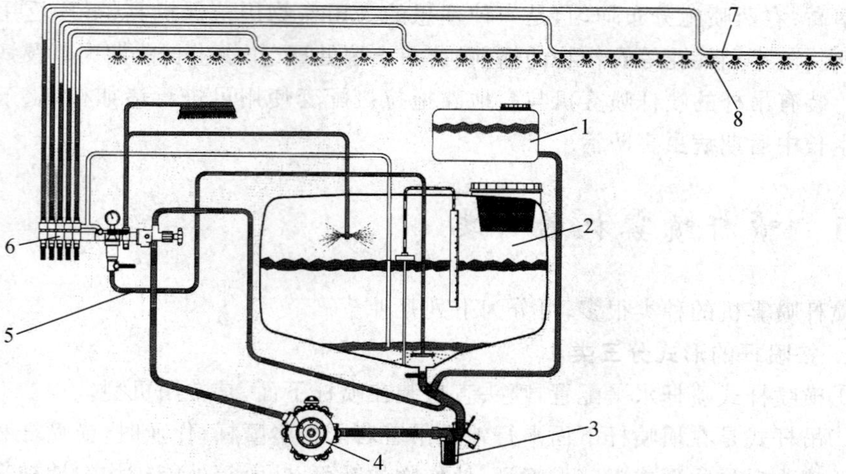

图 11-1 喷杆喷雾机工作原理

1—清水箱 2—药液箱 3—过滤器 4—液泵 5—回流搅拌 6—管路控制部件 7—喷杆桁架 8—喷头

1. 液泵

喷杆喷雾机的液泵主要使用隔膜泵。隔膜泵的结构和工作原理在前面有关章节已介绍过，这里不再重复。

2. 药液箱

药液箱用于盛装药液，其容积 200～50 000 L。药液箱上方开有加液口，并设有加液口滤网，箱体下方设有出液口，箱内装有搅拌器。药液箱通常使用耐农药腐蚀的玻璃钢或聚乙烯塑料制作。

3. 喷头

适用于喷杆喷雾机的喷头有扇形雾喷头和空心圆锥雾喷头。标准型扇形雾喷头喷出的雾流为扇形扁平雾流，在喷头中心部位处雾量多，往两边雾量递减，呈正态分布；装在喷杆上相邻喷头的雾流交错重叠，使整机喷幅内雾量分布趋于均匀。

4. 防滴装置

喷杆喷雾机在喷除草剂时，为了消除停喷时药液在残压作用下沿喷头滴漏而造成药害，多配有防滴装置。防滴装置有膜片式防滴阀、球式防滴阀、真空回吸三通阀 3 种。

5. 搅拌器

喷雾机作业时，为使药液箱中的药剂与水充分混合，防止药剂（如可湿性粉剂）沉淀，保证喷出的药液具有均匀一致的浓度，喷杆喷雾机上均配有搅拌器。

搅拌器有机械式、气力式和液力式 3 种形式。喷杆喷雾机上常用的是液力搅拌器，它是将一部分液流引入药液箱通过搅拌喷头喷出或流经加水用的射流泵的喷嘴喷射液流进行搅拌。

6. 喷杆桁架机构

喷杆桁架的作用是安装喷头，展开后实现宽幅均匀喷洒。按喷杆长度的不同，喷杆桁架可以是 3 节、5 节或 7 节，除中央喷杆外，其余的各节可以向后、向上或向两侧折叠，以便于运输和停放。

宽幅喷杆的两端均装有仿形环或仿形板以免作业时由于喷杆倾斜而使最外端的喷头着地。中喷杆与外喷杆的铰接处还装有垂直方向的弹性活节，当地面不平、拖拉机倾斜而使外喷杆着地时，外喷杆可以自动地向上避让，中央喷杆与邻接的中喷杆之间也需要装有安全避让装置，如在两节喷杆之间倾斜地装有凸轮弹簧自动回位机构，作业中，当遇到障碍物时，在外力作用下，凸轮轴面克服弹簧力开始滑动，它一边把中喷杆和外喷杆抬起，一边使它们绕着倾斜的凸轮轴向后、向上回转，绕过障碍物后，在喷杆自重及弹簧力的作用下，又迅速复位，从而起到保护喷杆的作用（图 11-2）。

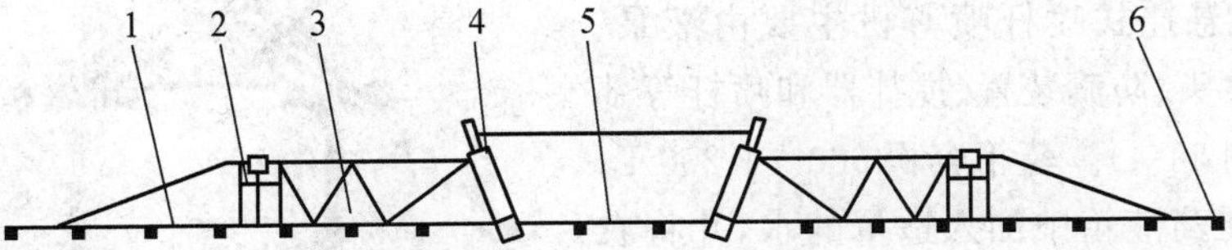

图 11-2　喷杆的仿形和避让装置

1—外喷杆　2—弹簧　3—中喷杆　4—凸轮机构　5—中央喷杆　6—仿形环

此外，喷杆喷雾机在田间作业时往往是行走在凹凸不平的地面上，这使得拖拉机不可避免地会出现不规则的左右摆动，由于喷杆的幅宽较大，即使拖拉机轻微的晃动，也会引起喷杆端部大幅度摆动，从而影响喷洒质量，为了克服这个弊病，有些产品安装了等腰梯形四连杆吊挂机构（图 11-3）。喷杆桁架的 A、D 两点装在机架上，喷杆同四杆机构上的 B、C 两点相连接。拖拉机倾斜 θ 角时喷杆倾斜角 α，α 角远小于θ角,同时由于喷杆桁架本身的惯性作用,所以拖拉机不规则的晃动几乎不对喷杆产生影响。

7. 管路控制部件

喷杆喷雾机的管路控制部件一般由调压阀、安全阀、截流阀、分配阀和压力表等组成。上述零件除了分配阀外,前面已做了介绍,这里不再重复。

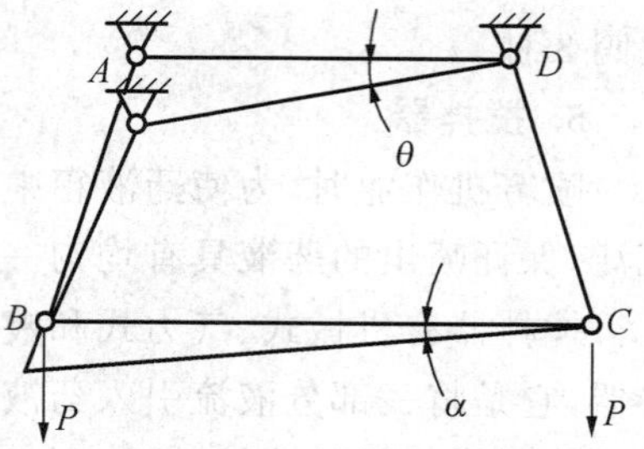

图 11-3　四杆等腰梯形杆件的位移

分配阀的主要作用是把从泵流出的药液均匀地分配到各节喷杆中去,它可以让所有喷杆全部喷雾,也可以让其中一节或几节喷杆喷雾。喷杆喷雾机的管路控制部件往往设计成一体形成一个组合阀,安装在驾驶员随手可以触到的位置,便于操作。

11.3　常用喷杆喷雾机类型

11.3.1　悬挂式喷杆喷雾机

悬挂式喷雾机是目前我国喷杆喷雾机中市场占有量最大的一种,其特点是结构紧凑,喷幅适中,较适合目前我国大田作物的种植规模。它既可进行土壤处理,又可进行苗带喷雾,由于该机是通过三点悬挂与拖拉机连接,所以停放时占地面积小。

图 11-4　3860 悬挂式喷杆喷雾机

3860 悬挂式喷杆喷雾机主要由液泵、药液箱、喷头、防滴装置、搅拌器和喷杆等部件组成(图 11-4)。药箱容积 600～1 200 L,工作时,在药液箱中加入适量的水,并将农药按一定比例从药液箱加液口倒入药液箱,利用加水过程进行充分混合。喷雾时,将操纵手柄放在喷药位置,药液箱内的药液流经出液软管、泵及操纵阀增压后,一部分药液通过过滤器进入喷杆,进行喷雾作业,另一部分经过调压阀及射流泵进入药液箱对药液进行搅拌。停喷回吸将操纵手柄放在回吸位置,这时,喷雾及加水的通路被关闭,喷杆内的残液在泵的抽吸作用下经过过滤器、泵及操纵阀、射流泵,回流到药液箱,以防喷头漏滴。配备四连杆平衡系统,稳定可靠,四级过滤,不堵塞喷头,自洁过滤器,清洗方便,使用PVC高强度软管,耐腐蚀、耐高压,无崩裂现象产生,喷杆瞬间着地,或者遇障碍物,喷杆偏离角在30°内可自动复位。

11.3.2 风幕式喷杆喷雾机

风幕式喷杆喷雾机是在喷杆喷雾机上采用风幕式气流辅助喷雾技术,即在喷杆喷雾机上加设风机与风囊,作业时风囊出口形成的风幕可防止细小雾滴飘失,胁迫雾滴向作物冠层沉积,同时风幕使作物叶片发生翻动,改善作物叶片背面及作物中下部的雾滴的沉积状况,而且在有风的天气(4级风下)也能正常工作,另外风幕的风力可使雾滴进行二次雾化,进一步提高雾化效果。

FALCON VORTEX HORTI风幕式喷杆喷雾机主要由底盘、药箱、液泵、风幕式气流辅助喷雾系统、喷杆及平衡升降机构、喷雾液流系统、喷幅标识系统、液压控制及驱动系统、作业参数自动显示系统等部件组成(图11-5,彩图-3),可与58.8 kW(80 hp)以上轮式拖拉机配套,药箱容积600 L,清水箱容积12 L,喷幅14 m,作业速度6~10 km/h,液泵流量为75 L/min,风机风量32 000 m^3/h,采用文丘里式液力搅拌,该机适用于作物生长中后期的病虫害防治,生物调节剂的喷洒等。

图11-5 FALCON VORTEX HORTI风幕式喷杆喷雾机

11.3.3 高地隙自走式喷杆喷雾机

多年来,我国优势经济作物如玉米、棉花、大豆等中后期病虫害防治一直是难题,主要原因是现有拖拉机地隙低,无法进入目标地进行喷药作业。高地隙喷杆喷雾机,主要用于对农作物进行药液喷洒,尤其是玉米、高粱等高秆作物的害虫防治,离地间隙达到2 000 mm,解决了现有技术中喷杆喷雾机离地间隙小的缺陷。其主要结构包括车架，车架上设有驾驶室、动力系统、喷雾系统、喷雾系统悬挂支架、油箱、药箱、前灯和尾灯；动力系统包括发动机、双联齿轮泵、液压驱动装置和车轮；喷雾系统包括喷洒泵和喷杆，喷杆上设有喷头；喷雾系统安装在喷雾系统悬挂支架上；车架包括前车架和后车架，前车架和后车架通过转向铰接装置连接（图 11-6，彩图-4）。

图 11-6　高地隙自走式喷杆喷雾机

11.3.4　吊杆喷雾机

吊杆喷雾机主要用于大面积棉田的病虫害防治，其结构主要由药液箱、液泵、喷头、搅拌器、喷杆桁架、吊杆和机架等部件组成（图 11-7），其中大部分部件与前面所述相似。

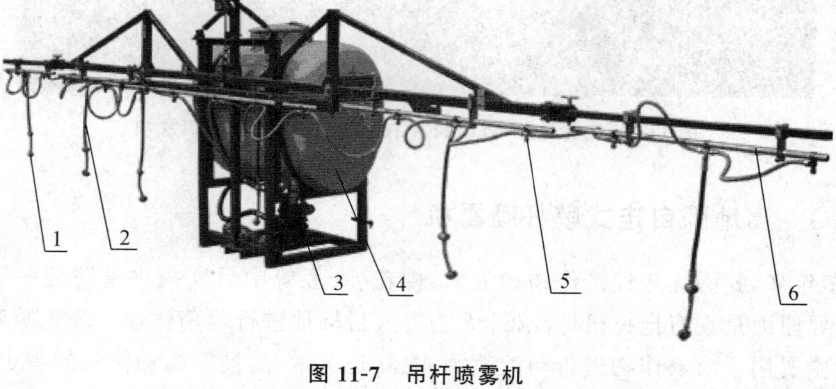

图 11-7　吊杆喷雾机

1—吊杆喷头　2—吊挂喷杆　3—液泵　4—药液箱　5—顶喷头　6—横喷杆

吊杆通过软管连接在横喷杆下方，工作时，吊杆由于自重而下垂，当行间有枝叶阻挡可自动后倾，以免损伤作物。吊杆的间距可根据作物的行距任意调整。在每个吊杆上左、右向各装有两只喷头向作物两侧喷雾，喷头的方向可调整。横喷杆上，在每两吊杆之间装有一只喷头，自上向下喷雾，从而对棉株形成了门字形立体喷雾，使植株的上、下部和叶面、叶背都能均匀附着药液。

11.4 喷杆喷雾机的使用

11.4.1 机具准备

(1)作业前对机具进行检修保养　使机具各部分处于良好的技术状态，做到各连接部分畅通不漏，开关灵活，雾化良好，并按说明书要求进行必要的润滑。

(2)喷量测定　按正常工作时的喷雾压力和确定的喷孔喷量，测量单个喷头的喷量(L/min)，喷杆总喷量等于各喷头喷量的总和。

(3)进行试喷　检查压力指示装置，安全阀工作是否正常，喷雾压力、雾化质量及各部分连接处是否漏滴等。

11.4.2 喷雾作业

(1)施药量的调整　单位面积有效药剂施用量由农业技术要求确定，喷雾作业时，可以通过调整喷药量、药液浓度和作业行驶速度来实现。如果浓度大，喷药量可以少一些，反之可以大一些。喷药量的多少还应考虑地块的长度，药箱的容积和不同浓度对药效的影响。喷药量的多少与喷雾压力有关，少量改变可调喷雾压力，但喷雾压力直接影响雾化质量，故一般在作业前确定，作业过程中不得随意改变。

由此可以确定机组作业时的前进速度 V：

$$V=\frac{40}{B\times Q}\times g$$

式中：V 为机组前进速度，km/h；g 为喷雾机的喷药量，L/min；Q 为单位面积施药量，L/亩；B 为喷雾机的喷幅，m。

前进速度不宜过高，否则机具颠簸会影响喷洒均匀度。行驶速度确定后，作业过程中不得任意改变。

(2)喷杆高度的调整　向地面全面喷施除草剂时，喷杆高度对地面受药量的均匀度影响很大。喷施除草剂应选用扇形雾喷头，喷杆高度应使相邻喷雾面交叉重叠，使地面受药均匀。当扇形雾喷雾角为 110°，喷头在喷杆上间距为 50 cm 时，喷杆高度为 50 cm。如图 11-8 所示，当喷杆高度过低时(位置图 11-8(a))，相邻喷雾面因接不上而漏喷，在位置图 11-8(b)时重叠不够，地面不平将造成漏喷，处在图 11-8(c)的位置为正确高度，地面受药最为均匀。此外，喷杆应与地面始终保持平行。

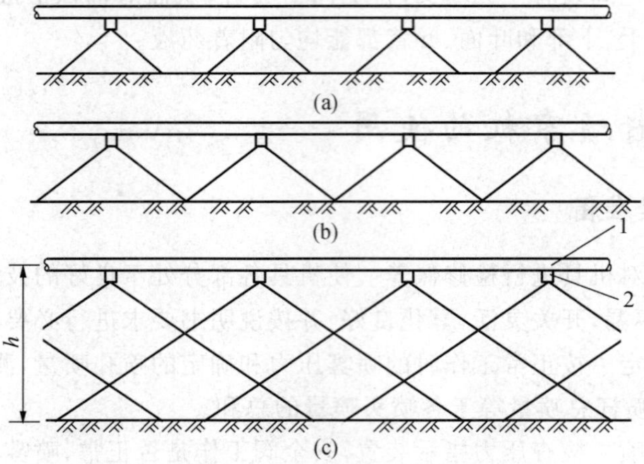

图 11-8 喷杆高度对喷洒质量的影响

(a)位置太低 (b)临界位置 (c)合适位置

1—喷杆 2—喷头

吊杆式喷雾机主要是对棉花等作物喷洒杀虫剂，因此，通常在横喷杆上棉株的顶部位置，安装一只空心圆锥雾喷头自上向下喷雾，在吊杆上根据棉株情况安装若干个相同的喷头，还可根据需要任意调节喷雾角度，使整个棉株的正反面都能喷到雾滴。这样，就形成立体喷雾，达到治虫的最佳效果。

(3)*行走方法* 一般采用梭形走法。在进行无作物全面喷雾时，应有明显标志指示行走路线，防止重喷或漏喷。若对大田作物行间喷雾时，应在播种时留出拖拉机喷药作业道，保证相邻喷雾工作幅的相接。操作驾驶员必须使前进速度和工作压力保持稳定，同时还应注意喷头堵塞和泄漏；药液箱用空，造成泵脱水运转；喷杆碰撞障碍物等。

(4)*作业中的安全技术* 应穿戴必要的安全保护用品；工作中禁止吃喝，手应彻底洗净后，才能饮食；作业中注意风向改变；田间排除故障时，应先卸压后再进行拆卸；加药时注意防止飞溅；药液容器要集中处理等。

(5)*清洗* 每喷洒一种农药之后、喷雾季节结束后或在修理喷雾机前，必须仔细清洗喷雾机。每次加药后，应立即清除溅落在喷雾机外表面上的农药。喷雾机外表要用肥皂水或中性洗涤剂彻底清洗，并用清水冲洗。坚实的药液沉积物可用硬毛刷刷去。

12 果园喷雾机

12.1 概述

果树相对于大田作物冠层高大，枝叶繁密，因此果园喷雾机大多在果树行间进行作业。根据果树植保作业要求，果园喷雾机应该满足如下条件：

1. 雾滴在冠层中具有良好的穿透性

果树是一个立体靶标，在不同的生长期，其冠层结构与冠层密度均不相同。而施药最理想效果是将农药雾滴均匀地喷洒到冠层的每个部分，但由于叶幕的阻挡，液力雾化的雾滴很难穿透冠层进入树膛内，造成农药的沉积均匀性差和病虫害的防治不彻底，因此雾滴穿透性直接影响药液在冠层中的沉积分布质量，从而影响最终的施药效果。

2. 工作适应性强，受环境影响小，田间通过性能好

我国幅员辽阔，各果树带自然地理环境、种植模式差异很大，果园种植模式的规范化进程尚需一定的时间，为适应各地区、各种果树的种植要求，需要多品种系列化、专业化的施药机械及基础部件，更需要根据我国农民购买力，开发集施药、运输等多功能于一体的果园管理机，实现一机多用，因此果园管理机需具有较强的田间适应性和通过性。

3. 工作参数能够灵活调整

对于不同生长期的不同果树冠形与冠层密度，所需的喷雾量、雾滴粒径、风送强度、雾流方向各不相同。对于特定生长期的果树冠层，雾滴过大过小、风力过强过弱等因素同样会引起雾滴的流失和飘失。因此，需寻求喷雾技术参数与果树生长期特征的最佳匹配，提高农药有效沉积和减少飘失的同时，为果园喷雾机工作参数的灵活调整提供技术支持。

4. 喷施精准，对环境友好

虽然化学农药能够有效控制果树病虫害，但是过量使用化学农药将会对食品安全、健康安全、环境安全等产生重大危害，因此需要在确保满足病虫害防治要求的基础上，尽可能少地使用化学农药，这就对果园喷雾机提出了精准喷雾的要求，以达到对环境友好的目的。

12.2 种类

果园喷雾机的种类很多，目前我国果园中使用的施药机械仍以手动药械为主，主要品种有手动喷雾器、踏板式喷雾器。在一些经济条件较好的地区，使用部分机动植保机械，主要品种有担架式喷雾机和背负式喷雾喷粉机，以担架式机动喷雾机配用可调式喷枪施药方式得到了迅速的发展。国外的果园喷雾机主要是采用风送喷雾系统的果园风送喷雾机。

1. 手动药械

我国生产推广的人力施药机械主要有手动压缩式喷雾器、手动背负式喷雾器、踏板式喷雾器及手摇喷粉器。喷粉器在果园很少使用，手动压缩式喷雾器与背负式喷雾器工作压力低(0.3～0.4 MPa)、射程短，主要用于矮生作物，在果园只能用于果苗、低矮果树、除草或零星喷药之用(图 12-1，彩图-5)。在果园使用较多的人力施药机械是踏板式喷雾器，工作压力 0.8～1 MPa，雾化较好。装有两根喷雾软管，可安装 2 个喷杆和单头或双头喷头，用于挑杆法喷药。也可配用小喷枪，喷雾射程可调。由于采用双缸双作用泵，压力具有一定的脉动性，喷雾压力不稳定，雾滴粗细变化很大，雾化不均匀，且作业中移动方便性较差。价格适中，较适合规模较小的果园使用。

图 12-1 手动背负式喷雾机果园作业

2. 机动药械

担架式园林喷雾机(图 12-2)是我国果园使用最多的机动药械，工作压力可达

2.5 MPa。担架式喷雾机体积较小,可由两人抬起转移,也可装在机动三轮车或拖拉机上在田间预留的作业道上运行(目前我国此类果园喷雾机大多采用此配置),其通行能力基本不受地形和果园条件的限制(彩图-6)。同时随机配备长 30 m 的喷雾软管,也可接长使用,以扩大喷药范围,末端接有可调喷枪(图 12-3)。由于可调喷枪射程可调,最远可达 10 m,在较高的喷雾压力下,雾滴穿透性较强,叶片背面药液附着性较好,操作方便,生产率较高。但同样因为调节射程时,雾滴粗细变化很大,很难保证均匀的雾化质量。

图 12-2 担架式园林喷雾机

1—喷枪 2—发动机 3—机架 4—液泵

图 12-3 可调喷枪果园作业

1—喷枪 2—药液管

背负式机动喷雾喷粉机(图 12-4)比常量喷洒省药、省水、省劳力,对果树作侧向喷洒时其气流向前推进并不断地翻动叶片,使叶正面、背面皆能较好地喷着药液。但由于现有喷雾喷粉机风压偏低，喷射高度受到一定限制。产品介绍垂直喷射可达 7 m，实际喷药时受外界干扰影响很大。对较高果树喷药时上部受药少于下部，使得总体均匀性较差，喷药时雾滴飘移及汽化损失较多，所以在果园使用不多。

图 12-4　背负式机动喷雾机果园作业

1—药箱　2—发动机　3—风机　4—雾化喷头

3. 果园风送式喷雾机

果园风送式喷雾机是一种兼有液泵和风机的喷雾机，以液体的压力使药液雾化成雾滴，再以风机的气流输送雾滴，是与拖拉机配套的大型机具，风机产生气流使雾滴进一步雾化的同时吹动叶子而使雾滴渗透至树冠内部，它还能将雾滴吹送到高树的顶部，叶片正反面均能很好地着药。但它要求果树栽培技术与之配合，例如株行距及田间作业道的规划、树高的控制、树型的修剪与改造等。目前在发达国家已普遍采用。我国自 20 世纪 80 年代以来也研制了数种，在全国不同地区得到了较好的推广。

12.3　果园风送喷雾机

手动喷雾机械与担架式喷雾机采用的施药方式均为大容量淋洗式，使得雾滴在冠层中的沉积不均匀，沉积到果树上的药液量不到 20%，其余的大量农药流失到土壤和周围的环境中使环境受到污染；而且工作效率低，不能适期防治；同时耗费工时多，操作人员的劳动强度大，条件差。

早在 20 世纪 40 年代，西方工业发达的国家就已使用果园风送式喷雾机来代替高压喷枪喷施。风送式喷雾机首先使用液力将药液雾化，再由风机风力进一步雾化并喷送到目标物上，在风力的搅动下，树叶翻转扭转，使树叶正、反面着药。有数据显示风送式喷雾机的沉积率可达 50%～70%，同时机具以稳定的作业速度喷施，全部作业机械化，排除了人为因素造成的喷药不均匀影响，大大减轻了劳动强度和对工人的伤害。

风送喷雾机高效，可使防治及时，病虫害如若要得到良好控制，喷雾机必须在 3 天或更短的时间覆盖全部果园，有些病虫害最好在 24 小时内就能及时控制。一个大型的风送式喷雾机可以代替 2～3 部喷枪喷雾机，降低了所需拖拉机数量和工人数量，为及时防治创造了条件。

欧美国家，风送式喷雾机用于果园已有四五十年的历史，认为风送式喷雾机的使用是果园喷药的一次“革命”，风送喷雾机可节省农药 20%，节省劳力 70%，节省时间 30%～50%。因此，他们在喷雾机具的选型、机械化果园管理以及风送式喷雾机的使用已具有比较成熟的经验。近年来，农药使用方法的趋势是向低量喷施方法发展，这将使节药、节能、提高功效更加显著。

根据果园喷雾机与拖拉机的配套方式主要可以分为：①悬挂式(图 12-5，彩图-7)，喷雾机一般与拖拉机三点挂接成一体，特点是重量轻，机组机动灵活，可在小田块上作业，但是药箱容量少，作业过程中加药时间多。②牵引式(图 12-6，彩图-8)，喷雾机

图 12-5 悬挂式果园喷雾机

1—药箱 2—过滤器 3—液泵 4—喷头 5—风机

依靠拖拉机牵引作业，特点是药箱容量大，可以长时间作业，作业效率高，但是机身总体长度大，转弯半径大。③自走式（图 12-7，彩图-9），喷雾机拥有自己的动力系统、行走系统等相关部件，不需要与拖拉机配套，自动化程度高，价格较高。

图 12-6　牵引式果园喷雾机

1—药箱　2—液泵　3—机架　4—喷头　5—风机

图 12-7　自走式果园喷雾机

1—喷雾控制器　2—自走底盘　3—风机　4—药箱　5—喷头

根据应用在果园风送喷雾机上的风送系统可以分为：①轴流风机风送；②离心风机风送；③横流风机风送。

12.4 果园风送喷雾机组成

果园风送喷雾机的主要工作部件包括药箱、液泵、过滤器、调压阀、压力表、管路控制部件、分配器、喷头、风机、搅拌器(图 12-8)。牵引式、悬挂式、自走式的结构基本相同,牵引式和自走式的药箱较大。

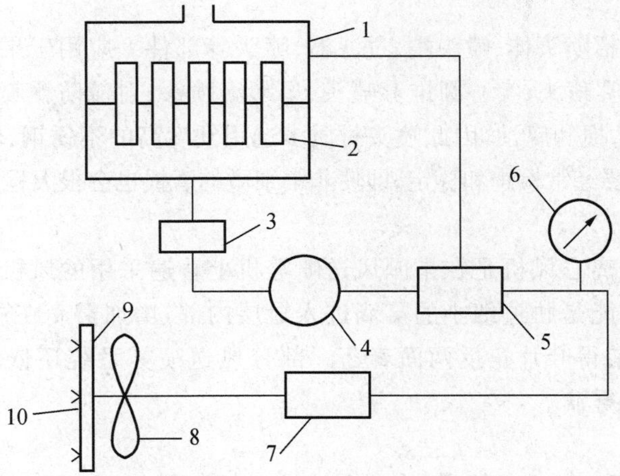

图 12-8 果园风送喷雾机

1—药箱 2—搅拌器 3—过滤器 4—液泵 5—调压阀 6—压力表
7—管路控制部件 8—风机 9—分配器 10—喷头

1. 药箱

药箱需要耐腐蚀、便于灌装农药、便于快速清洗,搅拌器需要能够保证农药尤其是可湿性粉剂的有效成分在药液中分布均匀。桨形机械式搅拌器和射流液力式搅拌器较为普遍。当喷头停止喷雾时,都要持续进行搅拌,否则沉淀的物质会对泵造成损害,并降低药效。

2. 液泵

常用液泵有隔膜泵、柱塞泵等,隔膜泵有耐腐蚀、工作稳定、便于维护等优点,应用比较普遍。

3. 调压阀

调压阀主要依靠调节从液泵输出的药液回到药箱中的回水量来达到调节管路中的药液压力。管路中的药液压力在某些时刻也通过改变液泵转速来调节,但是在作业过程中应该尽量确保液泵转速一致。

4. 管路控制部件

管路控制部件主要控制药液流通的关闭和开启，可以手动控制，部分控制部件可以电动控制，一般安装在便于操作人员控制的部位。

5. 分配阀

分配阀用于向喷头中分配药液，便于调整喷头的安装位置，以达到最优的喷雾效果。

6. 喷头

喷头总成包括喷头体、喷头帽、过滤器、喷头等部件。应用于果园喷雾机的喷头类型有空心圆锥雾喷头、实心圆锥雾喷头、扇形雾喷头、射流防飘喷头等。在使用过程中，喷头易被磨损和腐蚀，因此喷头材质多选用硬度高的不锈钢、硬质合金、陶瓷材料。喷头流量需要经常检查和标定，即使非常细微的磨损也会很大程度上增加喷雾量。

7. 风机

轴流风机和离心风机是在果园风送喷雾机上普遍采用的风机类型。风机产生的气流的主要功能是胁迫细小的雾滴进入冠层内部，增加雾滴在冠层中的穿透性，并且扭转叶片，使得叶片正反两面着药。部分风送喷雾系统还依靠风机产生的强气流进一步雾化雾滴。

12.5　果园风送喷雾机风机类型

果园喷雾机的风机是产生气流用的，其主要任务是：

①输送雾滴；

②加强雾滴向冠层中的穿透性；

③减少雾滴的飘移和蒸发，因为雾滴在气流的协助下可加速飞向目标；

④协助液体雾化；

⑤风机的气流吹动植物的叶子，使叶片扭转，使叶片正反两面都有药液沉积。

运载气流一般都用于小雾滴喷雾上，一方面使雾滴高速向目标运动，减少雾滴运动时间，以减少蒸发；另一方面提高雾滴的运动速度，可以改善沉积附着性能。在有效物质覆盖率相同的情况下，可大大地降低农药用量。

目前用于果园喷雾机上的风机主要有 3 种：

(1)轴流式风机　轴向进气，轴向排气，速度低，排量大。

轴流式风叶片的工作方式与飞机的机翼类似。轴流式风机的横截面一般为翼剖面。气体进入叶轮时，在翼背上产生一个升力，同时在翼腹上产生一个大小相等方向相反的作用力，该力使气体排出叶轮呈螺旋形沿轴向向前运动。同时，进风口处由于压差的作用,气体不断地被吸入(图 12-9)。

(2)离心式风机 轴向进气,径向排气,速度高,排量小。

离心风机是根据动能转换为势能的原理,利用高速旋转的叶轮将气体加速,然后减速、改变流向,使动能转换成势能(压力)。离心风机工作时,动力设备运转驱动叶轮旋转,将空气从进气口吸入。离心风机的叶片转动过程中对气体施加动力作用,提高气体的压力和速度,气体在离心力的作用下沿叶道从排气口排出(图 12-10)。

图 12-9 轴流风机

1—中心轴 2—叶轮 3—外壳

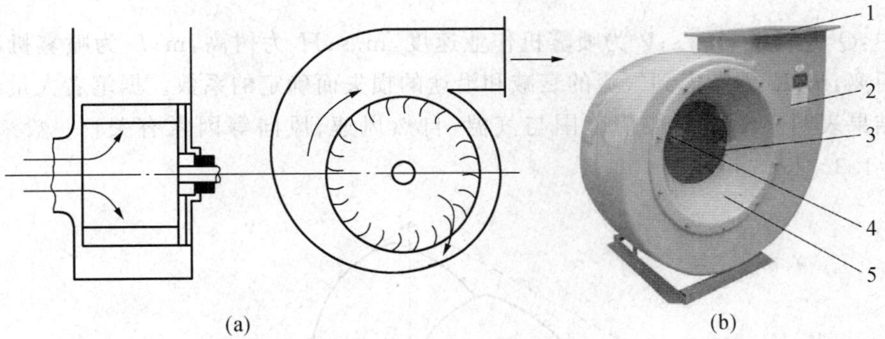

图 12-10 离心风机

(a)示意图 (b)实物图

1—出风口 2—蜗壳 3—叶轮 4—中心轴 5—进风口

(3)横流风机 又叫贯流风机。

叶轮为多叶式、长圆筒形,具有前向多翼形叶片。叶轮旋转时,气流从叶轮敞开处进入叶栅,穿过叶轮内部,从另一面叶栅处排入蜗壳,形成工作气流。特点是结构尺寸小,轴向长度不受限制,可以根据不同的使用需要任意选择叶轮的长度;气流贯穿叶轮流动,受叶片两次力的作用,因此气流能够到达很远的距离,无紊流,出风均匀,风量大(图 12-11)。

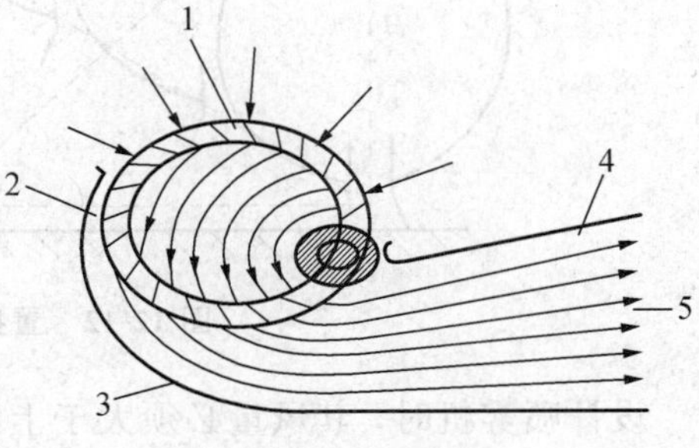

图 12-11 横流风机

1—进风口 2—叶轮 3—背板

4—蜗壳 5—出风口

12.6　果园风送喷雾机风量的选择与计算

12.6.1　置换原则

置换原则是目前果园风送喷雾机风量计算中普遍采用的一种方法。其原理为:喷雾机风机吹出的,带有雾滴的气流,应能驱除并完全置换风机前方直至果树的空间所包容的全部空气。

如图 12-12 所示,如果喷雾机作业时,其风机转速和行进速度不变,根据置换原则的原理,这时风机的风量应为图中虚线所示三角形立方体的体积,即

$$Q = \frac{V}{2}HLK$$

式中:Q 为风量,m^3/s;V 为喷雾机作业速度,m/s;H 为树高,m;L 为喷雾机离树的距离,m;K 为考虑到气流的衰减和沿途的损失而确定的系数。据笔者大量试验的结果表明。K 值的取值范围与气温、自然风速、风向等因素有关，一般来说，K=1.3～1.6。

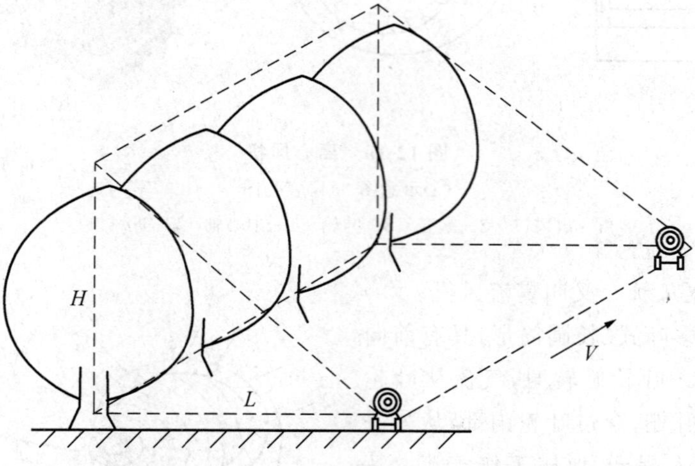

图 12-12　置换原则计算简图

设计喷雾机时，其风量必须大于上式计算得到的 Q。选购喷雾机时,如喷雾机标牌上标注的风量小于上式计算得到的 Q,则应采取相应的措施来提高风量(提高风机的转速等)，从而获得满意的防治效果。如喷雾机的结构不允许提高风机转速，则应选购风量大一号的机具。

12.6.2 末速度原则

果园风送喷雾机的风量不仅应满足“置换原则”，还应该满足“末速度原则”。所谓“末速度原则”，就是喷雾机的气流到达树体时，其速度不能低于某一数值。因为在作业过程中，气流不仅要携带雾滴，还要翻动枝叶，驱除和置换树体中原有的空气，这些功能的实现，都要求气流具有一定的动能，也就是说，气流到达树体表面时要有一定的速度，否则气流进不了树体，只能绕树而过。

因此，在计算风机风量时，还要计算气流到达树体时的末速度 V_2（图 12-13）。

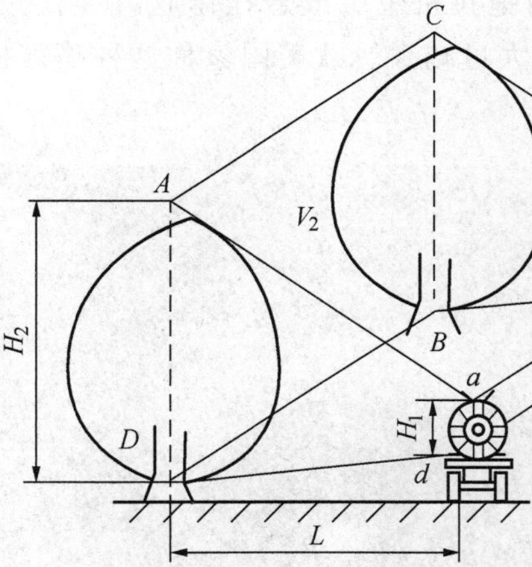

图 12-13 末速度原则计算简图

假设喷雾机在单位时间里行走距离为 F，风机出口风速为 V_1，则风机吹出的，经过 $ACBD$ 截面的风量应等于其经过 $acbd$ 截面的风量再乘上一个系数 K。即：

$$Q = H_2FV_2 = H_1FV_1K$$

$$V_2 = \frac{H_1V_1K}{H_2}$$

式中：Q 为风量，m^3/s；V_2 为气流到达树体的末速度，m/s；V_1 为风机出口速度，m/s；H_1 为风机出口垂直高度，m；H_2 为树高，m；K 为考虑到风量的沿程损失而设定的系数。K 值的取值范围与气象条件、作物品种、枝叶的茂密程度等因素有关，一般来说 $K=1.3 \sim 1.8$。

根据试验结果证明，末速度的取值范围不仅取决于靶标树体的大小，还取决于靶标的品种。比较梨树与苹果树，梨树叶柄软于苹果叶柄，在气流的作用下易于翻转，从而有利于带雾滴的气流进入树体，也有利于叶背的雾滴沉降，所以梨树的 V_2

小于苹果树的。葡萄是行栽作物，其树体虽小，但其叶片较大，欲翻动葡萄的叶片，气流需较大的动能，因此葡萄的 V_2 大于梨树的。

12.7 典型果园风送喷雾机类型

国外发达国家自 20 世纪 40 年代后期开始，采用轴流风机风送喷雾的果园风送喷雾机被广泛使用，目前仍然是果园植保作业的主力军。这种风送喷雾机雾化装置沿轴流风机出风口成圆形排列，可以产生半径 3.1～5 m 的放射状喷雾范围，喷雾高度可达 4 m 以上，一般由拖拉机牵引或悬挂作业，在风送条件下将细小的药液雾滴吹至靶标，使施药液量大量减少。欧美国家称这种喷雾机为传统果园喷雾机(图 12-14)。

图 12-14　传统轴流风送果园喷雾机

1—轴流风机　2—喷头

进入 20 世纪 70 年代，矮化果木种植面积迅速扩大，果树采用篱架式种植，原来普遍高达 4 m 的果树冠层降低到 2.5 m 以下，冠径也大大减小。传统果园风送喷雾机在这种果园作业时，喷雾高度高于冠层高度，气流夹带大量雾滴越过冠层，造成大量的农药飘失，因此传统果园喷雾机已经不再适合现代果园植保作业。为减少飘失，一种比较经济可行的方法就是对传统果园风送喷雾机进行改进，主要的改进方法是在风机出风口增加导流装置，将传统果园风送喷雾机气流沿风机出风口放射状吹出变为经过导流装置后水平吹出，之前沿出风口成圆形排列的喷头也改变为沿导流装置的出风口竖直排列，水平喷雾，此类喷雾机称为导流式果园风送喷雾机（图 12-15，彩图-10）。导流式果园风送喷雾机在传统果园风送喷雾机的基础上改进而成，所增加的成本不高，又能够适合现代矮化果树种植模式，因此发展很快，是目前矮化果园病虫害防治的主要机具之一。

图 12-15 导流式果园风送喷雾机

在对传统果园喷雾机改进的同时，许多应用不同风送方式以实现定向风送的新型喷雾机也陆续出现。随着环保要求的不断提高，需要喷雾机能够进一步减少农药损失，在这种要求下，一种采用多风管定向风送的喷雾机被开发出来，此类喷雾机采用离心风机作为风源，产生的气流通过多个蛇形管导出，每个蛇形风管对应一个或多个雾化装置，可以根据冠层形状和密度调整蛇形管出口位置，实现定向仿形喷雾，这种喷雾机被称为射流喷气果园风送喷雾机（图 12-16，彩图-11）。同传统果园风送喷雾机

图 12-16 射流喷气果园风送喷雾机

1—出风口 2—喷头 3—蛇形风管 4—离心风机

对比，射流喷气果园风送喷雾机能够增加雾滴在冠层内部的药液沉积量，提高农药沉积分布均匀性，减少农药损失，降低农药对空气、土壤等的污染。此类喷雾机还能够根据冠层结构改变出风口布置，实现仿形喷雾，以达到最优化喷雾效果，适应面积广。

由于横流风机结构尺寸小、风量大的特点，横流风机也被应用于果园风送喷雾机(图 12-17)。使用横流风机通常采用液压马达驱动风机，相对于轴流风机和离心风机，机械结构简单，可以根据冠层结构灵活布置横流风机的数量、位置与出风口方向，可以实现与射流喷气果园风送喷雾机相类似的效果。由于风机采用液压马达驱动，因此需要与配备双作用液压系统的拖拉机配套，并且液压系统的压力与排量需要满足喷雾机的要求。

图 12-17 横流风机果园风送喷雾机

1—横流风机 2—喷头

果园喷雾机常规作业方法是喷雾机在行间行驶，针对左右两行果树的单侧喷雾，即一个单行果树通过两次喷雾作业完成，当喷雾机单侧作业时，强大的气流携带雾滴穿透冠层，使得部分农药雾滴脱离靶标区，造成农药浪费和污染。为了改善冠层中气体流场状态，提高气流紊流强度，从而改善农药雾滴在冠层中的沉积状态，减少农药损失，一些果园风送喷雾机作业时喷雾装置骑跨在冠层上，同时对一行果树进行双侧作业，即一次完成一行果树的农药喷洒作业。骑跨式作业的果园风送喷雾机多采用离心风机配套多风管风送系统、轴流风机风送喷雾装置，部分机型采用多个小型轴流风机进行风送。骑跨式果园风送喷雾机的风送喷雾装置多能够根据果树冠层结构进行调节,实现仿形喷雾(图 12-18 至图 12-20)。骑跨式作业的果园风送喷雾机适用于矮化种植的果园,对果树冠层尺寸要求较高,作业过程中要求喷雾装置对行准确,对操作人员技术要求较高。

图 12-18 配套多风管喷雾系统的骑跨式作业果园风送喷雾机

1—蛇形风管 2—喷头 3—离心风机

图 12-19 配套横流风机的骑跨式作业果园风送喷雾机

1—横流风机 2—喷头

不论是单侧作业还是双侧作业,在强大的气流作用下仍然有大量的雾滴被吹离冠层而不能沉积到靶标上,所以如果能够将这部分未沉积到靶标上的药液收集再利用,会进一步减少药液损失,循环喷雾机实现了这一想法。循环喷雾机喷雾装置采用骑跨式作业,喷雾机上安装雾滴拦截收集装置,能够拦截逃逸出靶标区的农药雾滴,并循环再利用,是目前防飘性能最好的果园喷雾机之一(图 12-21,彩图-12)。研究证明循环喷雾机能够回收药液 20%～30%,平均节药 30%～35%,进入 20 世纪 90 年代,循环喷雾机发展迅速,在果园植保作业中被越来越多地使用。

图 12-20　配套多风机的骑跨式作业果园风送喷雾机

1—小型轴流风机　2—框架

图 12-21　循环喷雾机

1—防飘罩盖　2—药液回收器

12.8　果园喷雾机操作规范

12.8.1　施药前的准备工作

1. 施药的气象条件

①气温大于 32℃时，在酷暑天中午烈日下应尽量避免喷药。

②喷洒作业时风速应低于 3.5 m/s(三级风),避免飘移污染。

③应避免在降雨时进行喷洒作业,以保证良好防效。

2. 果树种植要求

①被喷施的果树树形高矮应整齐一致,整枝修剪后,枝叶不过密,枝条排列开放,使药雾易于穿透整个株冠层,均匀沉积于各个部位。

②结果实枝条不要距地面太低;疏果时(如苹果等)最好不留丛果或双果。

③果树行距在修剪整枝后,应大于机具最宽处的 1.5～2.5 倍(矮化果树取小值,乔化高大果树取大值)。行间不能种植其他作物(绿肥等不怕压的作物除外)。地头空地的宽度应大于或等于机具转弯半径。

④行间最好没有明沟灌溉系统。因隔行喷施时,将影响防治效果。

3. 机具准备与调试

①将牵引式果园喷雾机的挂钩挂在拖拉机牵引板上,插好销轴并穿上开口销,然后安装万向传动轴。

悬挂式果园喷雾机还要调整拖拉机上拉杆,使其处于平衡状态,紧固两侧链环,以防工作时喷雾机左右摆动。

②检查液泵和变速箱内的润滑油是否到油位;各黄油嘴处加注黄油;拖拉机、喷雾机轮胎充气;隔膜泵气室充气。

③药箱中装入 1/3 容量清水,在正常工作状态下喷雾。检查各部件工作是否正常,各连接部位有无漏液、漏油等现象。尤其要检查药液雾化性能、风机运转性能、搅拌器搅拌性能、管路控制系统等是否正常。易老化的橡胶密封件和塑料件是否需要更换。

④喷头配置:根据果树生长情况和施药液量要求,选择喷头类型和型号。对于传统果园风送喷雾机需将树高方向均分成上、中、下 3 部分,喷量的分布大体应是:1/5,3/5,1/5。如果树较高,喷雾机上方可安装窄喷雾角喷头以提高射程。对于其他机型的果园风机需要根据喷雾系统与果树冠层结构配置喷头。

⑤喷量调整:根据喷量要求选择不同孔径、不同数量喷头。

⑥泵压调整:顺时针转动泵调压阀,使压力增大,反之压力减小。泵压一般控制在 1.0～1.5 MPa。

⑦喷幅调整:根据果树不同株高,利用系在风机上的绸布条观察风机的气流吹向,调整风机出风口处上、下挡风板的角度,使喷出雾流正好包容整棵果树。

⑧风量风速调整:当用于矮化果树和苹果园喷雾时,仅需小风量低风速作业,此时降低发动机转速(适当减小油门)即可。

4. 作业参数的计算

(1)喷雾机组行走速度计算　喷雾机组行走速度除与施药液量有关外,还要受风机风量的影响。风机气流必须能置换靶标体积内的全部空气。机组行走速度可由以下公式计算:

$$V=\frac{Q\times 10^3}{Bh}$$

式中:V 为拖拉机行走速度,km/h;Q 为风机风量,m^3/h;B 为行距,m;h 为树高,m。

V 值一般在 1.8～3.6 km/h(0.5～1 m/s),如计算的速度超此范围,可通过调整喷量(改变喷头数、喷孔大小等)来调节。

(2)作业路线的确定　作业时操作者应尽可能位于上风口,避免处于药液雾化区域。一般应从下风处向上风处行进作业。同时,机具应略偏向上风侧行进。

12.8.2　施药中的技术规范

①果园风送喷雾机作业属低容量喷雾,在减少施液量同时应保证施药量满足防治要求,所用农药配比浓度应比常量喷雾提高 2～8 倍。

推荐施药量:果树枝叶茂盛时,每米树高为 600～800 L/hm^2。可根据季节、枝叶数量、防病或防虫、内吸药剂或保护药剂适当调节,保证树冠各部位枝叶、果实都能均匀接受到药雾,也无药液流失。

②将风机离合器处于分离状态,液泵调压阀处于卸荷状态,启动机具,往药箱中加水至一半时,液泵调压阀处于加压状态,打开搅拌管路,随即往药箱中加农药。满箱后,继续运转 10 min,让药液充分搅拌均匀。

③机组到地头后,选择好行走路线,结合风机离合器,打开截止阀进行喷雾作业。

④作业时应随时注意机组工作状态,如发现不正常声响和不正常现象,应立即停车,待查出原因并排除故障后再继续作业。

⑤每次开机或停机前,应将调压手柄放在卸压位置。

12.8.3　施药后的技术规范

①每次作业完后,应将残液倒出,并向药箱中加入 1/5 容量的清水,以工况状态喷液,清洗输液管路剩余药液,检查各连接处是否有漏液、漏油,并及时排除。清洗后应将清洗水排尽,并将机具擦干。

②泵的保养按使用说明书要求进行。

③当防治季节过后，机具长期存放时，应彻底清洗机具并严格清除泵内及管道内积水，防止冬季冻坏机件。

④拆下喷头清洗干净并用专用工具保存好，同时将喷头底座孔封好，以防杂物、小虫进入。

⑤牵引式果园风送喷雾机应将轮胎充足气，并用垫木将轮子架空。

⑥应将机具放在干燥通风的机库内，避免露天存放或与农药、酸、碱等腐蚀性物质放在一起。

13 自动对靶喷雾机

我国是个发展中的农业大国，人口众多，耕地资源少，人均耕地面积不足世界平均数的1/7，且农作物病虫草害发生频繁，直接和间接损失非常巨大。因此，加强植物保护工作，提高农产品产量和质量，是保证农业丰产、增收，发展农村经济的关键之一。

使用农药(各种杀虫剂、杀菌剂、除草剂等)进行化学防治在世界各国一直占主导地位，它投资较少，防治迅速，特别是当大面积、暴发性病虫害发生时，只有化学防治才能取得较好的效果。目前全国每年销售的各种制剂农药达30多万t，年防治面积达4万hm^2次(60万亩次，1999年，全国植保专业统计资料)，为国家挽回了巨大的粮食和经济损失。

果树和蔬菜是病虫害发生次数和防治次数最多的作物，如苹果、桃等果树，每年需要喷洒各类农药十余次。由于缺乏适用于果园的喷雾机械，目前采用的人工、大容量连续喷洒方式，不仅劳动强度大，作业效率低，更严重的是农药有效利用率低，污染了环境。国内外专家对果树施药技术的研究表明，目前这种“雨淋式”的喷洒方式，由于喷雾量太大，雾滴粗，难以沉积在作物表面，真正附着在果树上的药液量不到喷洒总量的20%，绝大部分药液流淌到地面，造成了大量的农药浪费，加剧了对农业生态环境的污染。

目前在我国植保机械中占主导地位的手动喷雾器作业效率极低、喷洒效果差，喷施过程中农药分布不均匀度高达46.56%(中国农业大学施药技术研究中心，1996)，已经越来越不适应果业病虫草害规模化防治的要求。

环境保护和可持续发展是21世纪农业发展的主要任务。因此，开展果树高效施药技术和机具研究开发，采用果树自动对靶、静电喷雾等先进技术，研制作业效率高、适合果树病虫草害规模化防治的施药机械，对于增强我国农业抗御病虫草害的能力，提高农药有效利用率，减少农药用量，改善农业生态环境，提高农产品安全性，缩小与国外先进水平之间的差距，促进农业的持续、稳定发展和农村劳动力的进一步解放，都具有重要的意义。

13.1 自动对靶喷雾国内外技术研究进展

自动对靶喷雾的研究，国外早于国内。20世纪70年代美国和苏联等国就已开始试验研究。美国于 1981 年试制了间歇喷雾机。其目标探测技术采用光电传感探测技术,可以根据目标物的有无实现喷雾控制,达到对靶喷雾的目的。与连续喷雾相比,可以节省药液 24%～51%,省药率与作物种植形态有关。1983 年苏联研制成功间歇式风送喷雾机,其目标探测技术采用超声传感探测技术,而且利用的是双向超声传感器。该间歇喷雾机对树冠不连的果树可实现对靶喷雾。节省用药量可达 50%。1990 年美国在原有的光电探测式间歇喷雾机加以改进,用于自动喷洒除草剂亦取得了较好的省药效果,这一研究工作一直延续到 20 世纪 90 年代后期,并有了新的发展,1997 年美国把图像处理与喷雾技术相结合,根据作物的形态的图像特征来优化喷洒控制,可进一步提高喷洒效率。日本也于 1994 年研制了自走式间歇风送喷雾机,用于果园喷雾,采用的目标探测技术是光电传感探测技术。国内中国农业大学、江苏大学等从 20 世纪 90 年代中期就开始了对靶喷雾的相关研究,1997 年研制成功采用超声波与红外线探测技术的对靶喷雾试验台,还涉及图像处理等技术,吉林工业大学 1999 年也开展了棉田病虫害的图像识别处理研究工作。

概括而言,自动对靶喷雾技术就是目标物探测与喷雾技术和自动控制技术的结合。可用于植株目标探测的探测器有光电传感器、超声传感器、微波传感器和图像处理器等多种。其中图像处理器所能获取的信息量最大,可以达到识别作物形态、种类和作物部位的要求,能为精确定位和精确控制提供控制信息。但目前图像处理技术的实际应用尚仅仅限于固定空间场合的作物病虫害监测,而没有实际用于田间移动式自动施药机械,这也是目前发达的欧美国家正在研究的技术课题。主要原因在于把图像处理技术实用于自动施药机械尚存在三大难题:一是图像器件价格昂贵,使用经济性较差;二是图像器件的镜面容易沾上灰尘、水珠和药滴等,这会严重影响处理与使用效果;三是目前的图像信息处理速度还不能满足实时控制的要求,尽管采用图像处理芯片在技术上可以提高处理速度,但经济性较差,没有市场前景。所以图像处理技术和识别技术用于对靶喷雾,目前还处在研究阶段。微波探测技术由于受到通讯等限制,加上控制技术复杂、使用经济性较差,尚不宜用于农业生产。超声、光电探测技术特别是红外探测技术的复杂性上要低于其他探测技术,且受云雾、雨水与飞尘等的影响小,而且可以简化控制电路,有商品化应用前景。

13.2　自动对靶喷雾机系统结构和组成

果园自动对靶静电喷雾机系统的结构和组成如图 13-1 所示,应用红外对靶喷雾控制技术。

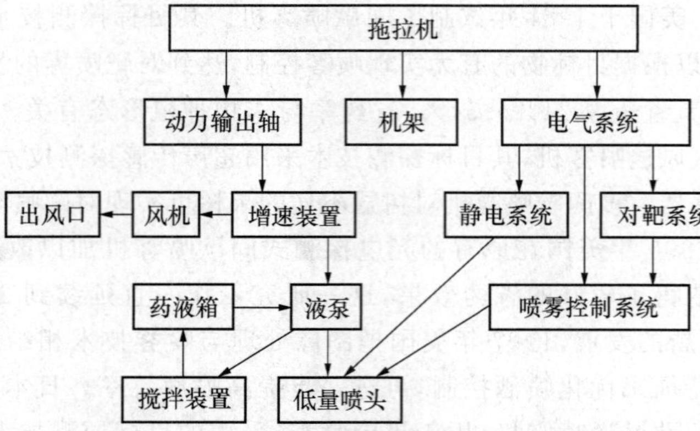

图 13-1 果园自动对靶喷雾机系统结构框图

为适合我国果业的种植模式，提高果园自动对靶喷雾机的通过性和作业的方便性，确定果园自动对靶喷雾机采用拖拉机悬挂的作业方式。

果园自动对靶喷雾机主要由机架、药箱、液泵、风机、增速箱、喷头、靶标自动探测系统、静电系统、喷头及喷雾控制系统、管路系统等组成。

液泵采用隔膜泵，这种泵工作时药液不与精密运动件接触，使用可靠性好，且具备可以短时间脱水运转的优点。

为使果树叶片充分翻动，提高雾滴在果树树膛内的穿透性，需要风机提供足够的风量和风速，为此选用风量大、重量较轻的轴流风机。风机出风口的上下导流板角度可调，以适应不同的果树高度。为保证操作者安全，风机的进风口和出风口均安装安全防护网。

轴流风机的设计转速为 2 000 r/min，而拖拉机动力输出轴的转速是 540 r/min，因此需要用增速箱增速，增速箱主动轴上安装一个皮带轮，取出一部分动力驱动隔膜泵。增速箱从动轴与轴流风机之间采用胶带传动。

药箱选用容积为 250 L 的塑料箱，具有良好的耐腐蚀性能。

靶标自动探测系统采用反应灵敏、价格较便宜的红外线探测器，根据果树行距的不同，其探测有效距离可调。考虑到果树形状为中部较宽，上、下较窄，为提高对靶喷雾的精确性，靶标探测器共分为 6 组，在喷雾机两侧各 3 组，分别控制每侧果树的上、中、下 3 个位置。靶标探测器的角度可调，以适应不同果树高度的要求。探测器发出的信号经放大电路放大后控制喷雾管路中的电磁阀，实现喷雾或停喷的实时控制。

静电系统由静电电源（高压发生器）、屏蔽电缆和高压电极等组成。高压电极采用针状电极与圆环形导线相组合的结构形式，圆环形导线嵌入绝缘体内，针状电极安装在喷头外侧，将喷头雾化形成的雾流极化，使雾流带电，提高雾滴在靶标上的沉积率。

靶标自动探测系统、静电系统及喷雾控制系统所需的电力由拖拉机本身的发电机提供，25 马力拖拉机的发电机功率为 200 W，为此确定电气元件总的电力消耗不超过 150 W，以保证拖拉机电瓶充电不受影响。

喷洒部件采用组合式防滴喷头，安装在风机出风口两侧，每侧各 3 组，每组各 2 个，分别受靶标探测器及电磁阀控制。喷头安装角度可调，以适应不同果树高度的需求，根据果树形状及施药量的要求，每组喷头可安装不同喷雾量的喷嘴。

喷雾管路系统共设置 3 级过滤，以保证液泵、阀门及喷头不被脏物堵塞。液泵排出的液流，一部分经调压阀调压后供喷头喷雾，另一部分流回药箱，起搅拌药液的作用。

25 马力拖拉机额定提升能力为 4 000 N(400 kg，下悬挂点后 610 mm 处)，确定果园自动对靶喷雾机满载质量为 400 kg，其中药液箱最大装药量 250 L(250 kg)，喷雾机的设计结构质量为 150 kg。

13.3　自动对靶喷雾机整机工作部件与原理

13.3.1　喷雾机的整体结构形式

考虑到在果园中的作业的灵活性与经济性，确定果园自动对靶喷雾机整机结构形式为悬挂式，与具有后置动力输出轴的中小马力拖拉机悬挂连接，标准转速动力输出驱动增速器，增速器增速后驱动风机并通过皮带与液泵连接。果园自动对靶喷雾机主要由机架、药箱、液泵、风机、低量喷头和静电系统、对靶系统和喷雾控制系统等部分组成，其整体结构如图 13-2 所示，药箱容积 300 L，整机外形尺寸为 1 500 mm×1 000 mm×1 200 mm。

果园自动对靶喷雾机整机性能参数如表 13-1 所示。

表 13-1　果园自动对靶喷雾机整机性能参数

序号	项目		单位	测定数据
1	外形尺寸(长×宽×高)	工作状态	m	1.5×1.0×1.2
		运输状态		1.5×1.0×1.6
2	整机质量		kg	176
3	靶标识别间距		m	≤0.3
4	靶标识别距离		m	≥2.0
5	作业最小通过间距		m	≤3.0
6	喷头	形式		圆锥雾
		数量	个	12

续表 13-1

序号	项目		单位	测定数据
7	药箱容积		L	250
8	配套动力		kW	18.4
9	液泵（额定状态）	流量	L/min	40
		压力	MPa	0.2～0.5
10	动力输出轴转速		r/min	540
11	风机出口（喷头处）速度		m/s	20
12	风机风量		m^3/h	24 000
13	防滴性能	常用工作压力下，关闭截留阀 20 s 后 1 min 内喷头没有滴漏		

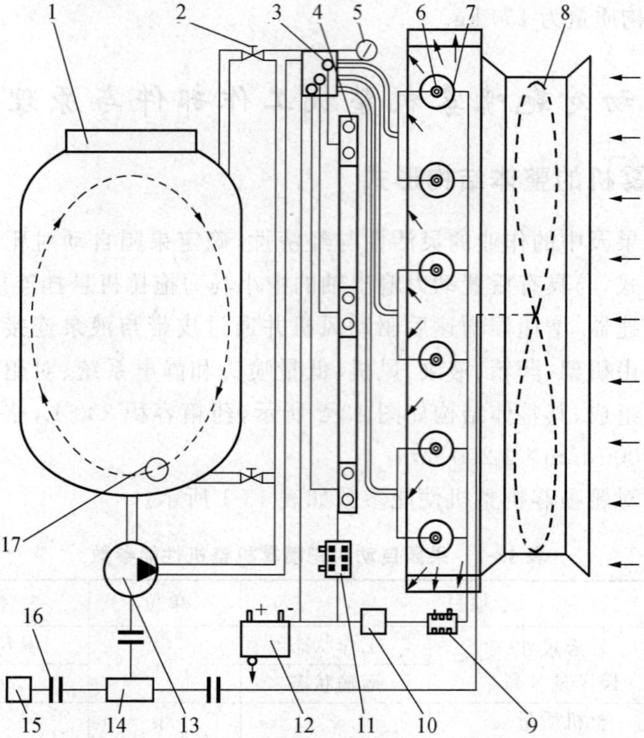

图 13-2 果园自动对靶喷雾机整体结构

1—药箱 2—调压阀 3—电磁阀 4—探测器 5—压力表 6—喷头
7—电晕环 8—风机 9—静电喷雾控制装置 10—静电高压电源
11—探测器控制装置 12—蓄电池 13—液泵 14—变速箱
15—驱动动力 16—动力输出轴 17—搅拌装置

13.3.2　喷雾装置

果园自动对靶喷雾机共有 12 个喷头，每个喷头的喷雾量为 0.5～2 L/min(0.5 MPa 压力下)，总喷雾量为 6～24 L/min。为减少加药加水次数，提高作业工效，喷雾装置采用可调式低量喷头。喷头沿出风口上、中、下两边各安装 6 个不同喷雾量的低量喷头，左右对称，低量喷头的流量为 1.27 L/min(800 kPa)，每个喷头均与一个电晕荷电装置配合安装在喷头体上，如图 13-3(彩图-13)所示。

图 13-3　正在准备进行田间作业的果园自动对靶静电喷雾机

考虑到药箱内药液搅拌的需要，一般搅拌流量为药箱容积的 5%～10%。由于所选的药箱底部形状为圆形，有利于搅拌，因此确定搅拌流量为药箱容积的 5%。药箱容积为 250 L，所需的搅拌流量为 12.5 L/min。

按照上述两部分流量的要求，所需隔膜泵排量是 18.5～36.5 L/min，因此选用额定排量为 40 L/min 的双缸活塞式隔膜泵。

1. 风机及风送系统

根据果树树冠茂密的特点，选用轴流风机为喷雾系统送风。轴流风机风量大，有利于吹动树叶，提高气流的穿透性，改善雾滴附着效果。采用轴向进风、径向出风的方式，出风口左右对称布置，出口角度可调，以适应不同高度的果树；喷头位于出风口内，有利于将喷头喷出的雾滴及时向作物吹送。

按照喷雾机总风量要求，确定风机采用风量大、体积小、重量轻的轴流风机。根据拖拉机配套动力、喷杆外形尺寸及质量指标等因素综合考虑，选定风机的叶轮直径为 630 mm，叶片安装角 35°，转速 2 000 r/min，风量为 17 426 m^3/h，风压(全压)为 260.7 Pa，轴功率为 1.777 kW。

增速箱设计，由于拖拉机动力输出轴的转速为 540 r/min，风机转速为 2 000 r/min，因此需要增速。增速箱设计计算如下：

设计参数：传递功率 5 kW，小齿轮转速 $n_1 = 2\ 000$ r/min，大齿轮转速 540 r/min，传动比 $i=3.7$。齿轮为闭式传动，满载工作时间 2 000 h，负载稳定。

2. 喷雾控制系统

喷雾控制系统由放大电路和电磁阀组成，每个靶标自动探测器产生的靶标信号，经放大电路放大后分别控制一组喷雾管路中的电磁阀开闭，实现该组管路中喷头的喷雾或停喷的实时控制。电磁阀共有 6 个，选用耐腐蚀材料制造的先导式电磁阀，以减小功率消耗。电磁阀使用的电源是 12 V 直流电，每个功率消耗 10 W，共 60 W。

靶标自动探测系统、静电系统和喷雾控制系统总的功率消耗是 120 W，小于 150 W 的设计指标，表明电气系统的功率消耗不超过拖拉机发电机的功率，不会对电瓶的充电产生影响。

喷雾控制系统采用中央控制磁电阀装置，喷雾控制系统接收到对靶系统的信号后，控制系统迅速作出判断，决定上、中、下三段的喷头同时喷雾，还是分别喷雾，以达到节省农药的目的。

3. 静电系统

静电喷雾技术应用高压静电(电晕荷电方式)使雾滴带电，带电的细雾滴做定向运动趋向植株靶标，最后吸附在靶标上，其沉积率显著提高，在靶标上附着量增大，覆盖均匀，沉降速度增快，尤其是提高了在靶标叶片的背面的沉积量，减少了漂移和流失。为保证雾滴有足够的穿透和有效附着，利用风机产生的辅助气流使雾滴有效地穿透果树冠层，使果树枝叶振动，荷电的雾滴则可在靶标枝叶的正反两面有效、均匀地沉积。工作时，由于电磁阀动作快，静电喷头和探测器存在一种最佳相位配合，静电系统如图 13-4 所示。

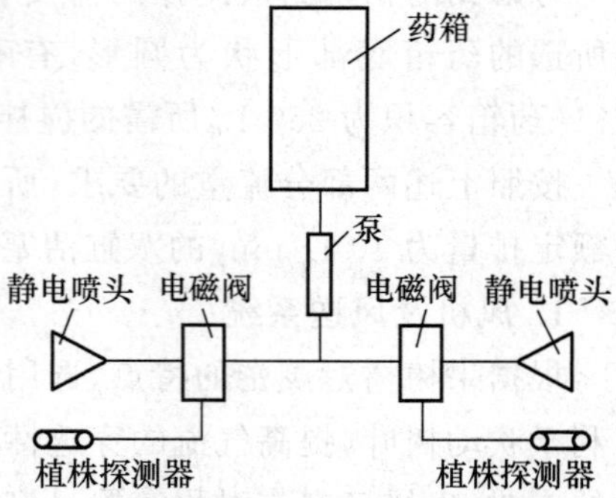

图 13-4 静电对靶喷雾系统

静电系统由静电电源(高压发生器)、屏蔽电缆和高压电极等组成，其中静电电源是该系统的核心，静电电源的设计如下：

传统的静电高压电源根据输出功率大小，常采用变压器直接升压整流方式或电容倍压方式来实现。功率输出大者则选用前者，输出较小者选用后者。随着电力电子技术的发展，新一代功率电子器件如 MOSFET，IGBT 等应用，高频逆变技术越来越成熟，各种不同类型和特点的电路，广泛地应用于直流—直流变换，直流—交流逆变等场合，并使用户系统总体的体积减小，质量减轻，系统的效率也得到一定程度的提高。静电高压电源的结构如图 13-5 所示。

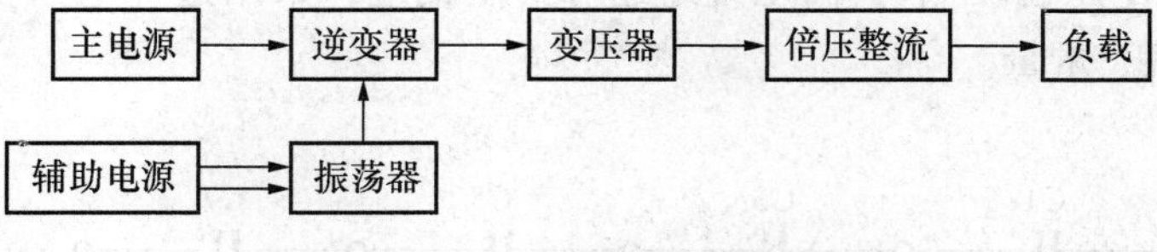

图 13-5　静电高压电源结构图

静电高压电源工作原理图如图 13-5 所示，主要工作部分是变换器，变换器由振荡器、逆变器、变压器与倍压整流部分组成。这是一只他激式的变换器，由振荡器电路提供一定功率的振荡脉冲，保证交换器工作于开关状态，从而将由主电源而来的直流能量，转换成较高频率的脉冲能量，再通过高压整流输送给负载。

(1)主电源　主电源采用可控硅整流，用一块 555 芯片产生多谐振荡来控制可控硅的导通角，从而控制主电源输出直流电压的大小。这里元件参数的选择使得振荡频率可在几百赫兹至数千赫兹范围内变化。

(2)振荡器　振荡器的任务是为变换器提供一定功率的激励脉冲，使变换器可靠地工作于开关状态。同时，脉冲频率与宽度可调，使变换器输出的功率效率性能较优。这里采用定时器 555 芯片集成块作多谐振荡器，产生频率约 20 kHz 的振荡，振荡频率与占空比(或脉宽)可调，以产生一定的功率去推动开关的时间。

(3)逆变器　逆变器主要部分如图 13-6 所示，B3 为脉冲变压器。从前级振荡器输出的频率约为 20 kHz、脉冲宽度可调的矩形脉冲，加于晶体管 T4 的基极，使 T4 工作于开关状态。

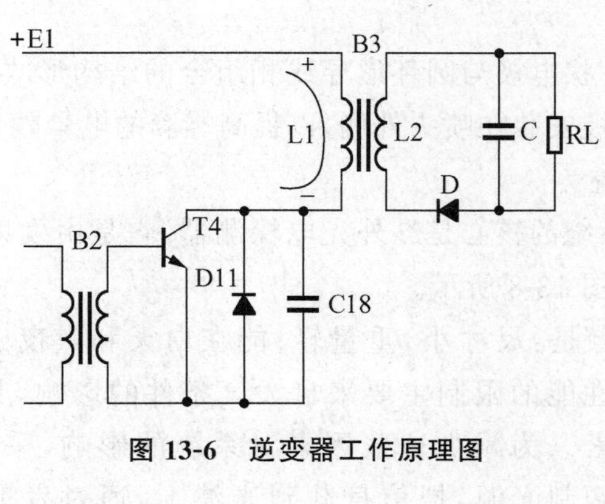

图 13-6　逆变器工作原理图

(4)倍压电路　倍压电路图如图 13-7 所示。为获得几十千伏的直流高压,又希望体积较小、重量较轻、便于携带,可采用串级直流的电路。它采用多个电压较低的电容器(C1～C8)和整流硅堆(D1～D8)组成多级的串联电路获得直流高压,变压器 T 的电压也较低,其高压绕组还可一点接地。采用这种电路可大大减小试验电源的体积、重量。

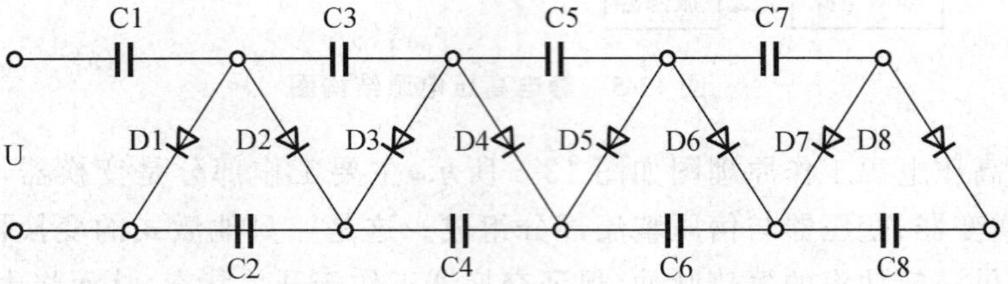

图 13-7　倍压电路图

(5)高频变压器　高频变压器和普通变压器的工作状态不同,普通变压器出现偏磁饱和现象的可能性很小,而在高频变压器容易出现偏磁饱和的现象,并且当变压器饱和时,变压器的原边将出现大电流,由于变压器原边的电流也流过开关管,这样对逆变器的工作不利,所以本机设计采用高频变压。

设计的高压电源的频率在 20 kHz 左右,选择 MXO—2000 型铁氧体。其磁导率 $m=2\,000$ H/m,磁芯具有漏感小、耦合性能好、绕制方便等优点。对于 20～80 W 的小功率电源,采用 E-12 型磁芯,磁芯的有效截面积 $S_j=1.44$ cm^2,饱和磁通密度 $B_s=400$ mT,使用时为防止出现磁饱和,实取磁通密度 $B=250$ mT。

静电电源的输入电压为 12 V 直流电,输出电压为 30 kV 的高压静电,功率消耗为 45 W。

高压电极采用针状电极与圆环形导线相组合的结构形式,圆环形导线嵌入绝缘体内,多根针状电极安装在喷头外侧,以提高雾滴的电晕效果。

4. 自动对靶系统

靶标自动探测系统的核心是红外光电探测器,它是由发射和接收系统共同工作的,其系统构成如图 13-8 所示。

红外系统的特点是:尺寸小,重量轻;能在白天和黑夜工作;对辅助装置要求少。对红外系统性能的限制主要来自大气条件的影响,其中潮湿大气、雾和云是主要的限制因素。为减少这些因素对系统的影响,采用近红外主值波长 940 nm 光源,通过调制光源,把信息载到光波上,通过发射系统发射调制光,

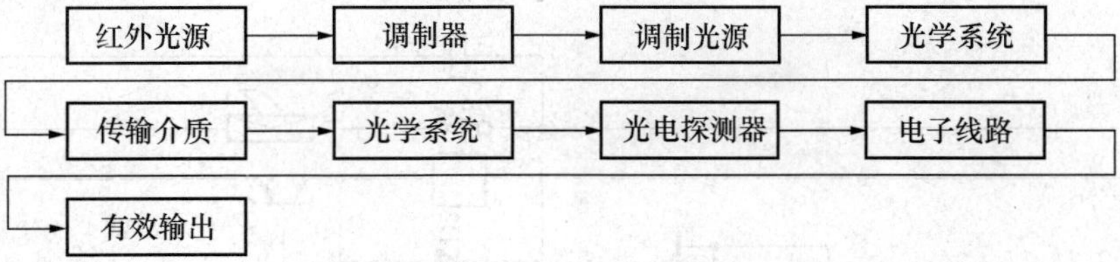

图 13-8　自动对靶系统构成

利用目标的反射，然后由接收系统进行检测，来驱动执行机构工作。940 nm 这一近红外波段对于近距离探测，所受以上影响可以忽略不计。

选用 940 nm 为峰值的发射波长，处于近红外波段。首先，这一波段处于大气窗口中，大气对此能量的衰减较小，这样的系统作用距离远，其次，这一波段的探测器的量子效率高，系统设计调试较方便。

目标探测对靶部分选用红外探测器，光波段为近红外线段，分为上、中、下 3 段探测控制，通过对不同果树形态进行准确的探测和判断，把信号提供给喷雾控制系统。

本探测器为反射型，在设计上采用了红外线调制和解调技术，它主要由红外线发射电路、红外线接收电路和输出电路 3 部分组成。发射电路为红外线调制和发射电路，它发射经过调制的红外线信号；接收电路为红外线接收和解调电路，它只接收来自发射电路的经过调制的红外线信号而排除其他红外线的干扰；输出电路由继电器构成。

探测器原理如图 13-9 所示。当开关 K1 闭合时，由 BA5104(IC1)的脚 12 和 13 所接 455 kHz 晶振器及电容 C_2、C_3 组成的振荡电路起振工作，经电路内部整形分频产生 38 kHz 载频。IC1 将脚 3(K1)及 IC1 的用户编码输入端脚 1(C1)、脚 2(C2)输入的数据进行编码，由 IC1 的脚 15(DO)串行输出，经三极管 Q1 和 Q2 复合放大后驱动红外发射管 IR1 和 IR2，发送出红外线脉冲信号。红外发射管 IR1 和 IR2 发射出的红外线脉冲编码信号经过靶标反射，被红外接收头接收，从 IC3 的脚 1 输出低电平，信号经 BA5204(IC2)内部进行比较、解码后由 IC2 的脚 3(HP1)输出相应的控制信号。HP1 输出导通，使 K3 吸合，喷头开始喷雾；当 K3 断开时，电磁阀关闭，喷头停止喷雾。当开关 K1 断开时，红外发射电路停止发射红外脉冲信号。将开关 K2 接在脚 2 上，则 Q4 的基极直接与稳压电源连接，继电器线圈得电，K3 吸合，电磁阀打开，所以在自动控制的基础上还能实现手动控制。

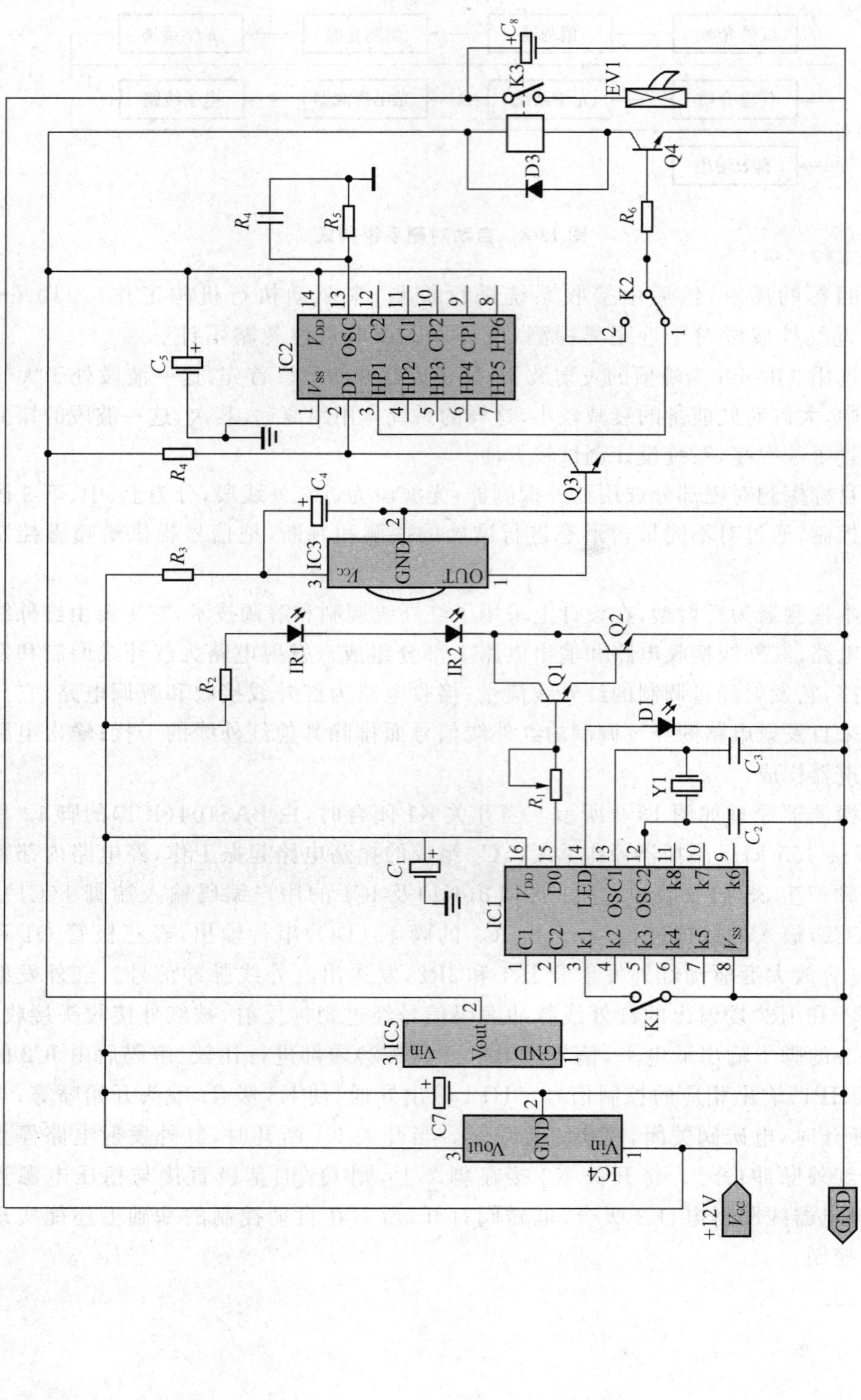

图 13-9 红外探测器的原理电路

14 烟雾机

烟雾施药技术是指把农药分散成为烟雾状态的各种施药技术的总称。烟和雾的区别在于,烟是由固态微粒在空气中的分散状态,而雾则是微小的液滴在空气中的分散状态。烟和雾的共同特征是粒度细,常在 0.01～25 μm 的超细粒径范围内,在空气扰动或有风的情况下,能在空间弥漫、扩散,能够比较持久地呈悬浮状态。因此,烟雾技术非常适合在封闭空间使用,如粮库、温室大棚,也可以在相对封闭的果园、森林等场合使用。

热雾机(thermal fogger)和冷雾机(cold fogger)都属于利用高速气流对药液进行超细雾化的喷雾机械。这两种机具所产生的药雾中均不含固态颗粒,因此,国际上统称为热雾机和冷雾机,可以同时产生固态微粒和液态雾滴的复合分散体系才称为烟雾(smog)。但是由于这两种机具所产生的药雾已属于超细雾滴,其在空气中的行为与生活中常见的烟和雾相似,因此在中国往往被称为常温烟雾或冷烟雾和热烟雾,相应所采用的专用机具称为常温烟雾机或冷烟雾机和热烟雾机。

热雾机和冷雾机的主要区别在于,热雾机必须选用高沸点的安全矿物油作为农药的溶剂,因为这种机具的燃烧室所产生的废气在燃烧室的温度高达 1 200～1 400℃,通过冷却管以后的温度仍高达 100～500℃,在排出喷口以后才迅速降低至环境温度。而冷雾机则选用水作为农药载体或介质,其雾滴细度一般可达 20 μm 左右,太细的水雾滴则会迅速蒸发散失。这两种机具都必须采用很强的动力,或利用燃烧废气所产生的强大动力,或利用高功率电动机和风机所产生的强大气流,才能产生超细雾滴。

14.1 常温烟雾机

常温烟雾技术是 20 世纪 80 年代开始在国际上发展起来的。该技术利用高速、高压气流或超声波原理在常温下将药液破碎成超细雾滴(或超微粒子),雾滴直径一般在 5～25 μm,在设施内充分扩散,长时间悬浮,对病虫进行触杀、熏蒸,同时对棚室内设施进行全面消毒灭菌。不但用于农业保护地作物病虫害防治,进行封闭性喷洒,还可用于室内卫生杀虫、仓储灭虫、畜舍消毒以及高温季节室内增湿降温、喷洒清新剂等。

温室、大棚中使用常温烟雾机施药与使用其他常规植保机械相比，具有高效、安全、经济、快捷和方便的特点，优点如下。

(1)*农药利用率高，防治效果好*　常温烟雾法是室温条件下利用压缩空气将药液雾化，进而沿风机送风方向吹送，沿直线方向扰动扩散，直至充满整个棚室空间。药液细小雾滴将长时间处于均匀分布、悬浮状态，经消化系统、呼吸系统、表皮毒杀害虫及病菌，防治效果好。具备臭氧发生器的烟雾机，产生臭氧对棚室、空气和土壤等进行消毒、杀虫、灭菌处理，控制病虫源头。

(2)*省水、省药，不增加空气湿度，施药不受天气限制*　常温烟雾法的施药液量为 2～5 L/667 m^2，比常规喷雾法省水 90%以上，这在北方干旱地区尤为重要。并且据国外资料介绍常温烟雾施药法，其农药使用量也比常规喷雾法节省 10%～20%。由于减少了施药液量，不增加温室内湿度，避免了因过湿而诱发病虫害发生的不利因素。阴雨天也可以实施烟雾施药，便于及时控制病虫害。

(3)*药剂适应性强*　常温烟雾法在室温状态下使药液雾化，农药的使用形态为液态，不损失农药有效成分，不限制农药制剂的种类。常温烟雾法对农药的剂型没有特殊的要求，水剂、油剂、乳油及可湿性粉剂等均可使用。

(4)*省工，省时，对施药者无污染*　施药时操作人员不需进入温室内作业，既显著降低劳动强度，又避免作业中的中毒事故。有的烟雾机还具备电动行走功能，操控与搬运方便。

因此，研究开发常温烟雾施药技术及机具是防治日趋严重的温室作物病虫害的有效、可行途径。

常温烟雾机按其控制喷雾的方式不同，可分为人工和自动控制式常温喷雾机两种。自动控制式常温烟雾机又可分为电动机驱动式和汽油机-发电机组式两种。按其原理不同，可分为内混式常温烟雾机和外混式常温烟雾机。在引进吸收国外样机及其技术的基础上，我国先后研制开发的机型主要有 3YC-50 型常温烟雾机、BT2008-I 型自控臭氧消毒常温烟雾施药机等。

14.1.1　常温烟雾机的主要结构

以 3YC-50 型常温烟雾机为例(图 14-1)，主要结构由空气压缩机、气液雾化喷射部件、药液箱、轴流风机、电气柜和升降架等组成。喷雾作业时喷射部件安装在升降架上，放置在棚室内，装有空压机、电气柜的动力机组设置在棚室外，操作者在室外通过控制系统进行操作，无需进入棚内。控制喷雾的方式有人工控制式和自动控制式，后者有电机驱动式和汽油机-发电机组式两种。

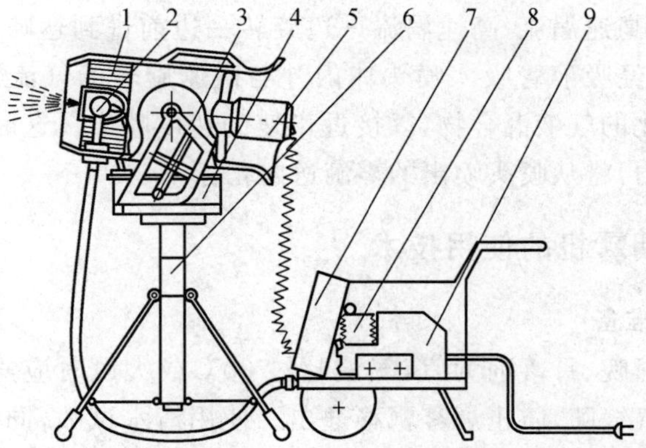

图 14-1 3YC-50 型烟雾机

1—喷筒及导流栅 2—气液雾化喷头 3—支架 4—药液箱 5—轴流风机
6—升降架 7—电气柜 8—电动机 9—空气压缩机

3YC-50 型常温烟雾机的技术性能参数见表 14-1。

表 14-1 3YC-50 型常温烟雾机的技术性能参数

序号	名称	参数值	备注
1	整机尺寸/mm	915/514/950	整机行走状态尺寸
2	整机净重/kg	65	含升降支架
3	雾滴直径/μm	15～25	
4	喷雾容量/(mL/min)	50～70	
5	施药液量/(L/667 m^2)	2～4	
6	作业生产率/(667 m^2/h)	1	
7	适用棚室面积/(667 m^2)	0.5～1	(30～60)m×(6～10)m×2.5 m
8	防治服务面积(667 m^2/台机)	5～10	
9	压缩空气压力/MPa	0.15～0.2	1.5～2 kgf/cm^2
10	药箱容量/L	6	
11	功率/kW	1.6	电压 220 V

14.1.2 常温烟雾机的工作原理

常温烟雾机的工作原理是，当空气压缩机产生的压缩空气进入空气室，空气室内的压缩空气经进气管输送到喷头，在喷头中的压缩空气，首先进入涡流室，由于切向进入，而产生高速涡流，高速涡流一边旋转一边前进到达喷口，在排液孔的前端产生负压，药液经吸液管吸入喷头体内并与高速旋转的气流混合，初步形成雾化。这种初步雾化的气液混合物，以接近声速的速度喷出。这时由电机带动轴流风机产生轴向风力，将从喷头喷出的雾滴送向靶标。

14.1.3　常温烟雾机的使用技术

1. 施药前的准备

防治作业以傍晚、日落前为宜，气温超过 30℃或大风时应避免作业。检查棚室有无破损和漏气缝隙，防止烟雾飘移逸出。使用清水试喷，同时检查各连接、密封处有无松脱、渗漏现象。按说明书要求检查调整工作压力和喷量，喷量一般为 50～70 mL/min。计算每个棚室的喷洒时间。

2. 施药中的技术规范

空气压缩机组放置在棚室外平稳、干燥处，喷雾系统及支架置于棚室内中线处，根据作物高度，调节喷口离地 1 m 左右，仰角 2°～3°。喷出的雾不可直接喷到作物或棚顶、棚壁上，在喷雾方向 1～5 m 距离作物上应盖上塑料布，防止粗大雾滴落下时造成污染和药害。

启动空气压缩机，压缩气流搅拌药液箱内药液 2～3 min 再开始喷雾。喷雾时操作者无需进入棚室，应在室外监视机具的运转情况，发现故障应立即停机排除。

严格控制喷洒时间，到时关机。先关空压机，5 min 后再关风机，最后停机。穿戴防护衣、口罩进棚内取出喷洒部件，关闭棚室门，密闭 3～6 h 才可开棚。

3. 施药后的技术处理

作业完将机具从棚内取出后，先将吸液管拔离药箱，置于清水瓶内，用清水喷雾 5 min，以冲洗喷头、喷道。然后用拇指压住喷头孔，使高压气流反冲芯孔和吸液管，吹净水液。用专用容器收集残液，然后清洗机具。

按说明书要求，定期检查空压机油位是否够，清洗空气滤清器海绵等。应将机具存放在干燥通风的机库内，避免露天存放或与农药、酸、碱等腐蚀性物质放在一起。

14.2　热烟雾机

热烟雾机利用汽油在燃烧室内燃烧产生的高温气体的动能和热能，使药液在瞬间雾化成均匀、细小的烟雾微粒，能在空间弥漫、扩散，呈悬浮状态，对密闭空间内的杀灭飞虫和消毒处理特别有效。它具有施药液量少、防效好、不用水等优点。

在林业上主要用于森林、橡胶林、人工防护林的病虫害防治。在农业上适用于果园及棚室内的病虫害防治。机型：6HY18/20 烟雾机，隆瑞牌 TS-35A 型烟雾机，林达弯管式 HTM-30 型烟雾机等。

14.2.1 性能规格

以 6HY 系列为例，烟雾机性能规格如下：

整机净重	4.5～11 kg
药箱容量	1.6～8 L
耗油量	1.25～2.2 L/h
喷烟量	12～40 L
供电	2×1.5 V 电池

14.2.2 结构组成

热烟雾机由脉冲喷气发动机和供药系统组成。脉冲喷气发动机由燃烧室、喷管、冷却装置、供油系统、点火系统及启动系统等组成。供药系统由增压单向阀、开关、药管、药箱、喷雾嘴及接头等构成，见图 14-2(彩图-14)。

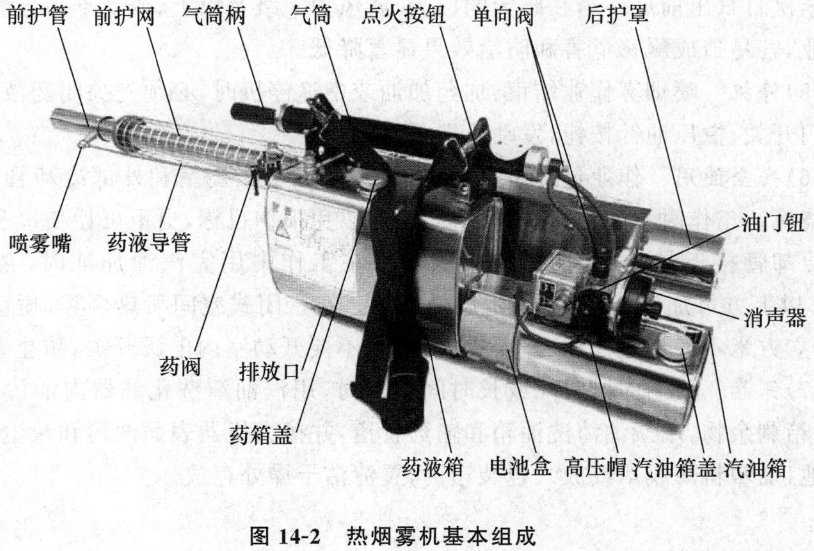

图 14-2 热烟雾机基本组成

14.2.3 使用与保养

(1)启动前准备 严格按使用说明书要求操作，检查、紧固管路、电路和喷嘴等连接部分。装入有效电池组，注意正负极。加入合格干净汽油，拧紧油箱盖。关闭药液开关，将搅拌均匀并经过滤的药液加入药箱，旋紧药箱盖。装药液不宜太满，应留出约 1 L 的充压空间。

(2)*启动方法* 将机器置于平整干燥的地方，附近不得有易燃易爆物品；用打气筒打气，使汽油充满喷油嘴进入油管中；打开电源，接通电路，操作打气筒，使发动机发出连续爆炸的声音后，关闭电源，停止打气，同时细调油针手轮，至发动机发出清脆、频率均匀稳定的声音，即可开始喷烟作业。

(3)*喷烟作业* 将启动的机器背起，一手握住提柄，一手全部打开药液开关(不要半开)，数秒钟后即可喷烟雾。在环境温度超过 30℃时作业，喷完一箱药液后要停止 5 min，让机器充分冷却后再继续工作；若中途发生熄火或其他异常情况，应立即关闭药液开关，然后停机处理，以免出现喷火现象。

(4)*作业要求* 操作技术人员、指挥人员等应提前到达防治场地，进行全面查看，提前做好必要的防护措施，并根据病虫害发生的面积、地形、林木分布、常年风向及最近的气象预报等因素，确定操作人员的行走方向、行走路线和操作规则，以及施药后的药效检查等。

宜于热烟雾机作业的气象条件：风力小于 3 级时阴天的白天、夜晚，或晴天的傍晚至次日日出前后。当在晴天的白天，或风力 3 级及以上，或者下雨天均不宜喷烟作业，容易造成飘移危害和防治效果显著降低。

(5)*停机* 喷烟雾作业结束、加药加油或中途停机时，必须先关闭药液开关，后关油门开关，揿压油针按钮，发动机即可停机。

(6)*安全使用* 作业过程中，手和衣服不可触及燃烧室和外部冷却管，以免烧伤或烧坏。工作时不能让喷口离目标太近，以免损伤目标，更不可让喷口及燃烧室外部冷却管接近易燃物，防止引发火灾。在工作中用完汽油加油时，必须停机 5 min 以上方可加油，否则会发生燃烧事故。在密闭式空间喷热烟雾，喷量不要过大(每立方米不得超过 3 mL)，不能有明火，不要开动室内电源开关，防止着火。

(7)*保养* 使用一段时间或长时间不用时，用汽油清洗化油器内油污，倒净油箱、药箱剩余物，用柴油清洗油箱和输药管道，并擦去机器表面油污和灰尘，然后取出电池，加塑料薄膜罩或放入包装箱内，置清洁干燥处存放。

15 精准施药技术

15.1 精准施药技术概述

15.1.1 精准施药技术的定义

传统农药使用(traditional pesticide application,TPA)技术往往根据全田块发生病虫草害严重区域等的总体情况,采用全面喷洒过量的农药来保证目标区域接受足够的农药量。但由于田间土壤状况、农药条件和喷雾目标个体特征等的不均匀性,显然全面均匀施药难以达到最高的农药使用效率,从而带来一系列不可忽略的问题,如显著增加农药使用成本乃至农林生产成本,操作者在施药过程中易受污染,农林产品的农药残留量易超标等。过量使用农药还有导致环境污染和破坏生态平衡的风险。中国的农药利用率只有20%~30%,远低于发达国家50%的平均水平。

研究工效高、用量少、选择性和针对性强、对环境影响小的先进施药技术势在必行。因此,在农林病虫草害防治中,农药精确使用(precision pesticide application,PPA)技术应运而生,以促进农药使用技术的发展与现代社会可持续发展战略的协调,将有利于缓解高投入、高产出的集约农林业所引起的环境问题,并可以降低生产成本。精准施药技术的直接目标不是仅仅提高产量,而是要通过农药投入的合理分配,精确地喷洒于靶标,减少非靶标的农药流失与飘移,最大限度地提高农药的利用率,同时降低作物产品中有毒物质的残留量,提高作物产品的品质。

精确施药的技术思想是在认定田间病虫草害相关因子差异性的基础上,充分获取农田小区病虫草害存在的空间和时间差异性信息,即获取地块中每个单元或小区(每平方米到每百平方米)病虫草害发生的相关信息,采取技术上可行、经济上有效的施药方案,准确地在每一个小区上喷洒适量的农药。改变传统的大面积、大群体平均投入的农药浪费型做法,区别对待,实行按需、定位、定量施药,即"处方施药",也称变量施药。

15.1.2 精准施药的意义

传统农药使用方法是对病虫草害发生区域采用相同的施药处理。这种忽视病虫草害时空差异性的方法导致农药投入成本加大,污染环境。显然,与传统农药使用技术相比，采用可变量技术（variable rate technology，VRT）的农药精准喷雾机可以准确地根据农林病虫草害为害状况和农田状况进行精准处理。归纳起来，精准施用农药具有以下意义。

1. 精准施药促进人类社会的可持续发展

农林可持续发展需要不断提高农林劳动生产率和资源利用率，以最佳的投入配比，降低投入成本，提高产量和品质，同时减小由于使用农药所造成的环境污染，达到经济、生态与社会效益同步发展。减小农药使用量有两种途径：①仅对为害区施药；②全田块以较低用量全面施药而在为害区加大施药量。研究表明，根据病虫草害为害程度改变施药量和用常规喷雾施药，均可获得期望的病虫草害控制效果，但改变施药量在达到同样防治效果的同时，减小了农药使用量。因此农林可持续发展必须与先进的病虫草害防治技术相结合。中国人多地少，依靠单纯的扩大再生产的潜力已很有限，靠大量投入农林资源获得增产的粗放式经营已不能满足社会需求，因此农林发展将更依赖于科技进步，以及解决社会—经济—资源—环境之间的矛盾。精准使用农药是农林可持续发展的必然选择。

2. 精准施药技术的推广可以带动相关产业链的发展

农药精准使用技术的实施牵涉众多产业，如植保机械、高效低毒农药和生物农药、3S集成技术、传感器、喷雾控制器以及信息产业等。

在美国，农药精准使用的研究和应用已为大量相关技术的工业公司提供了进入农业市场的机会。例如，Ag-Chem公司开发了用于农药精确使用的Selection System，包括控制器及其软件、产品计量控制、地面速度传感器、导航系统及其反馈系统等。该公司还开发了一套能处理5种土壤类型和5种不同施用液体的喷雾机。Midwest Technologies公司开发了一系列用于农药精准使用的系列控制系统。Concord公司开发了Detect spray系统，该系统包括各类传感器、主控单元、配有电磁阀的喷头等。

3. 精准施药技术的推广可提高农林生产效率

长期以来，农业生产结构单一，资源利用不合理，造成地力下降、植被破坏等。自然生态遭严重破坏，影响了农林生产乃至整个农林经济的发展。促进精准施药的推广，农林生产结构调整和升级，传统的高耗、低效型农林生产结构方式将被低耗、高效型的农林生产结构方式所代替，促进农林生产过程的自动化、信息化；同时对劳动力就业结构、农民生活方式以及新兴产业兴起产生影响，可加快农村市场体系的培育和农林产业化经营。

现有的农林病虫草害防治技术使农药有效利用率很低，对环境的负面影响和对资源的浪费很惊人。据中国农业部对6省29基地县的调查，粮食农药检出率为

60.1%,残留超标率1.12%。一些大城市郊区蔬菜农药检出率超过50%。

随着信息技术的发展,尤其是有关农田信息的不断收集和积累,农药精准使用必将变得越来越精准,在节约农药和降低能耗的基础上,大大提高了农药的使用技术水平和作物的单位面积产量,更好地满足人类对农林产品日益增长的需求。

15.2 精准施药技术原理

变量精准施药技术在依靠信息技术和计算机图像处理技术的基础上,能够根据田间土壤和病虫草害的分布特点,按需喷施。其最大的优势就是能够有效地提高农药使用效率、减少农药使用量,从而最大限度地减少农药对环境的污染。

变量喷施系统,从喷施量的决策信息来源可以分为:基于地图信息的可变量技术和基于实时传感器的可变量技术。从变量喷雾控制系统的变量实现方式可以分为3类:基于药液的流量式/压力式控制系统;药剂注入式的控制系统;药剂和水并列式控制系统。另外,还有一种变量喷雾系统,直接通过各种变量喷头体来直接实现。目前,在各种类型的变量喷施系统中,精确农业中用到的可变量实施系统绝大多数是基于地图信息的,而基于实时传感器和各类变量喷头基本还处于实验室研究阶段,要全面应用于实际农业生产中还有许多问题需要解决。

15.2.1 注入式变量施药系统

喷雾机的药液配置与剩余农药的处理是关系农药安全使用的重要问题。由于电子技术的发展,使直接注入式混药系统更加可靠、更加成熟。在保护环境、人身安全和经济效益上有突出的优点。直接注入式系统具备独立的农药容器和一个大的水箱,提前设定系统的水流量为一稳定值,药剂由一个精确计量泵依据设定的计量抽入大水箱中混合,或是利用专用药箱的刻度来计量加入的药量,用非计量泵抽入水箱中,或把药液放入一个专门加药箱内,加水时利用一个混药器按一定比例自动把药液吸入水中与水混合,通过液体搅拌系统把药液搅匀。这种系统采用控制器来控制原药计量泵的工作,而溶剂则以稳定的流量与原药混合,系统中注入的原药根据地面速度和使用量的要求而变化。计量泵把药剂注入软管中,在达到喷杆之前进行混合。在这种变量施药系统中,农药有效成分单独存放,避免了操作者混药时与药液直接接触,降低人身污染程度,提高了操作者的安全性。系统中的药液计量泵,能够直接测量农药的使用量,在喷药结束后,不会产生药箱中的农药剩余等问题。但不论是通过调整混合药液总体流量改变喷施量的变量喷施系统,还是通过改变药剂注入量改变喷施量的变量喷施系统,药液浓度变化的远远滞后于系统的要求,系统的时间延时导致误喷。

MidTech TASC6300 注入式变量喷雾系统结构如图 15-1 所示。

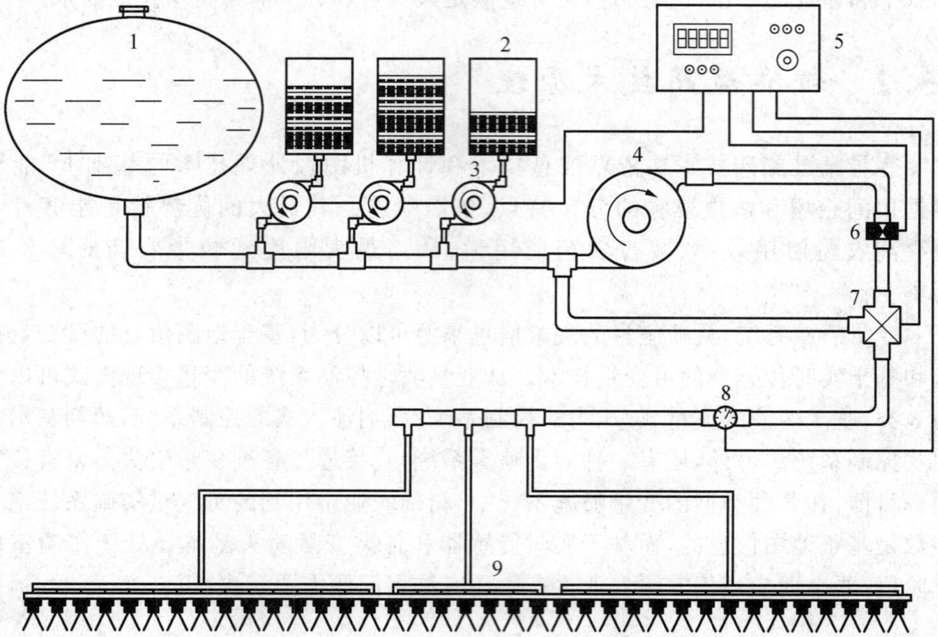

图 15-1　MidTech TASC6300 注入式变量喷雾系统结构

1—水箱　2—不同制剂药箱　3—射流泵　4—液泵　5—变量控制器

6—压力表　7—流量阀　8—流量表　9—喷头

15.2.2　压力式变量施药系统

压力式变量施药是采用连续的空气压力调节以改变收缩阀进液通道通流面积进而控制单个喷头喷雾压力的方法调节喷头的喷量,主要用于大多数以液体形式使用的农药和化肥的喷施。增加通过横截面的液体压力就会增加流量,而流量是压力的平方根,流量提高 1 倍,压力必须增加到 4 倍,这种关系限制了采用标准固定喷孔来改变流量的范围。同时,为了得到合适大小的雾滴和满意的分布质量,喷头的流量变化范围被限定。收缩阀是变量喷头或电磁阀的一个替代物。

压力式变量施药系统仿真模型如图 15-2 所示。

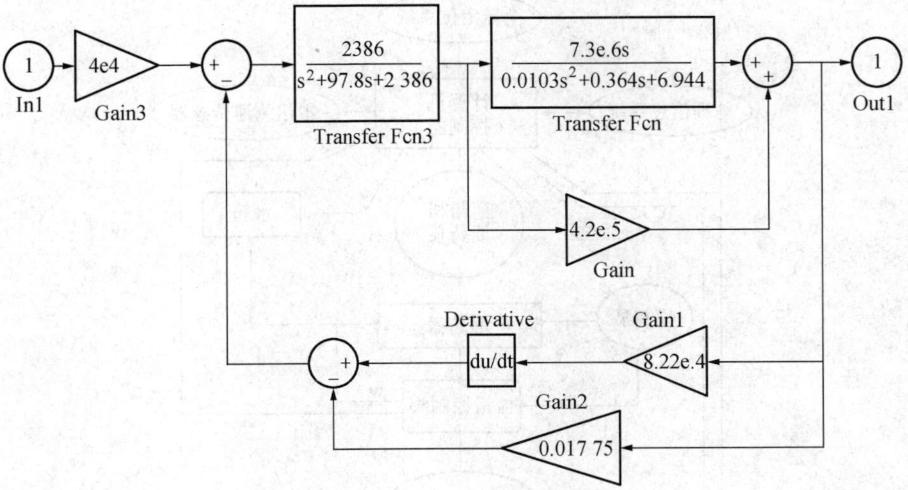

图 15-2 压力式变量施药系统仿真模型

15.2.3 基于地理信息系统的变量施药系统

目前,根据信号采集和处理方式主要有两种变量喷雾系统,一种是基于地理信息系统的变量喷雾系统,另一种是基于传感器的变量喷雾系统。相比之下,基于地理信息系统的变量喷雾系统价格便宜、快速和使用方便。而在基于传感器的变量喷雾系统中,数据采集、决策制定和实施都在同时进行。对于基于地图的变量系统,精确变量喷施农药(除草剂)的效果主要取决于制定地图的质量,绘制地图的传统方法是在田间巡视,这种方法能够绘制精确的地图,但是这个过程费时、费力并且价格昂贵。与地图系统相比,基于传感器的系统通常应用范围较小,价格稍贵一些。

基于地理信息系统的精确喷雾技术是应用全球定位系统(global positioning system,GPS)确定田间位置坐标,根据预先准备的变量施药图进行喷雾作业,从而实现针对病虫害区域的农药喷施。工作原理如图 15-3 所示:GPS 用来获得喷雾处方图的各个信息,对于病虫害而言,主要是获得与位置信息相关的病虫害空间分布信息;RS 遥感系统可利用高分辨率传感器,在不同的作物生长期,实施全面检测,根据光谱信息进行空间定性、定位分析,为定位处方农作物提供大量时间和空间上的变化信息;GIS 用来完成实时数据和历史数据的分析和处理,主要是建立自然条件、作物苗情、病虫害发生发展趋势等空间信息数据库和进行空间信息地理统计处理,图形转换与表达等,为分析差异性和实施调控提供决策方案。在实施喷雾作业时,计算机控制台根据 GPS 对装备的定位信息、实时传感器传输的信息以及决策

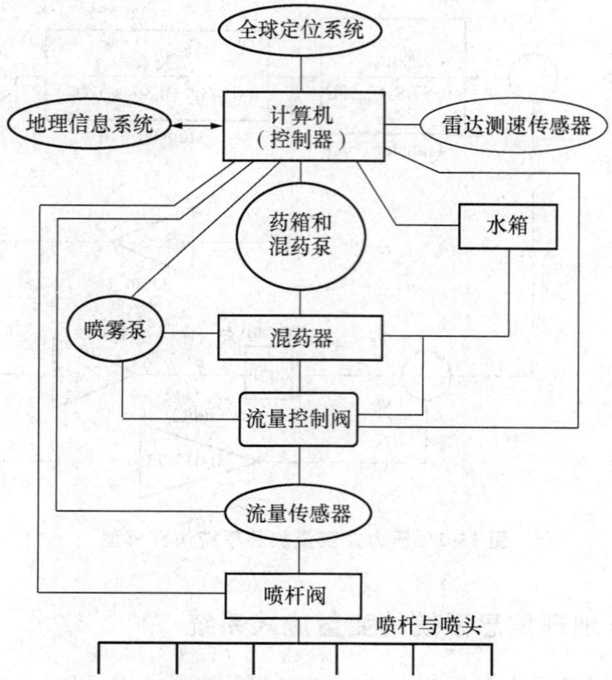

图 15-3　基于地理信息系统的变量施药原理图

生成的信息，形成喷雾指令控制信号。控制信号经驱动电路放大后驱动下级执行机构动作，从而达到精准喷雾的要求。

15.2.4　基于实时传感器技术变量施药系统

基于实时传感器技术的变量施药系统的靶标探测器主要有超声传感器、图像传感器、光电传感器等。采用光谱或图像的办法获取大量丰富的靶标信息，识别作物的不同部位、形态和病虫草害，为变量施药的精准定位控制提供了控制决策信息。

1. 基于超声、红外光电探测传感器技术的变量施药系统

超声探测系统可以探测到两侧 30 m 以外的果树，同时将其树冠尺寸和具体位置信息实时传给计算机，探测器在探测到树的边缘 20 cm 后计算机控制其打开电磁阀进行对靶喷雾，在离开树的边缘 20 cm 后关闭。超声波传感器和喷雾控制器相连接，喷雾机两侧的喷头根据探测到的树的大小及其形状后做出判断并由控制器控制相应地喷头开启进行喷雾。安装在驾驶室里的控制器可显示已喷雾的果园面积、每小时的喷雾面积、喷雾机平均行驶速度以及与传统喷雾方式相比较的节省农药量等相关的数据，同时它有 4 个储存位置可以储存不同果园的果树株距、理想喷雾作业速度等相关喷雾作业参数。

中国农业大学药械与施药技术研究中心于 2003 年成功研制了果园自动对靶喷雾机，该机采用基于红外传感探测技术，对果树靶标进行自动识别和控制，根据靶标在有效探测范围内反射红外线光电信号，实现对电磁阀开启控制以达到对靶喷雾。其红外探测器的探测距离 10～100 cm 范围内可调，节省农药 50%～57%及以上。

2. 基于机器视觉技术的变量施药系统

现在国内外研究的机器视觉识别系统是一种图像传感器，基于该传感技术的识别方法在大田作物变量施药系统中已有较为深入的应用研究。变量施药系统通过机器视觉技术捕获、处理和分析田间图像。利用图像中所包含的作物、杂草和背景的形状、纹理或颜色信息进行分类，实施针对性农药喷施作业。该方法的杂草识别率较高，但传感面积较小、成本高，距离实际应用还有一定的差距。

计算机控制单元是施药系统的核心组成部分，智能喷雾机应用机器视觉采集图像信息（图 15-4，彩图-15），应用杂草覆盖率（WCR）算法、离散小波变换（DWT）算法计算杂草的分布特性，应用雷达传感器测量机具行驶速度，根据这些参数，喷头控制器决定可变量施药机构的动作，可变量施药机构是可变量系统的关键组成部分。

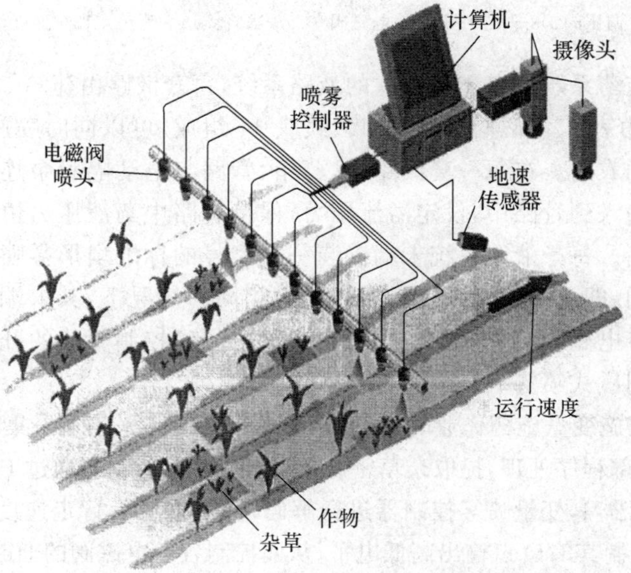

图 15-4　基于机器视觉技术的变量施药系统原理图

基于机器视觉技术的变量施药系统由机器视觉系统、变量控制系统、液路系统组成，其结构如图 15-5（彩图-16）所示。

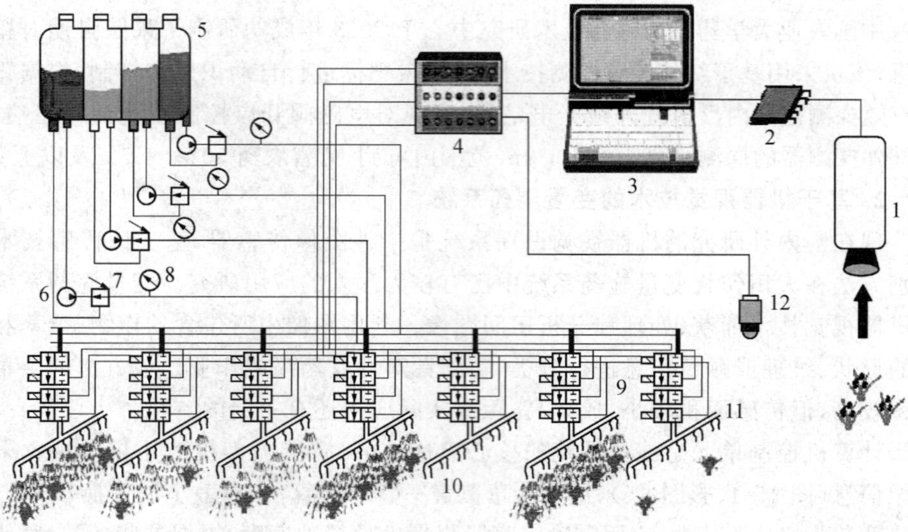

图 15-5　基于机器视觉技术的变量施药系统结构示意图

1—CCD 摄像机　2—图像采集卡　3—计算机　4—变量控制器　5—药箱　6—电动隔膜泵　7—调压阀　8—压力表　9—电磁阀　10—喷杆　11—喷头　12—速度传感器

该变量施药系统具有 4 套独立的液路系统，每套液路由药箱 5、电动隔膜泵 6、调压阀 7、压力表 8、电磁阀 9、喷杆 10、喷头 11 组成，可以同时喷施 4 种不同浓度或不同种类的农药。在每一套液路中，药箱、管路与电动隔膜泵连接，泵把药液以一定的压力输入到管路中，设定溢流压力，保持管路中药液压力恒定，同时多余的药液流回药箱。每条液路系统末端安装一种型号的标准扇形雾喷头，不同液路上喷头型号不同，即 4 条液路系统在喷雾压力相同的情况下，其末端喷头流量不同。每条液路装有电磁阀，通过管线与变量控制器连接，控制管路的开通与阻断，从而实现喷头的间歇式喷雾。

在田间实施变量施药作业时，CCD 彩色摄像机 1 与采集卡采集的田间图像 2 通过 PC 机 3 内部程序处理，提取杂草密度信息，形成控制编码，通过 PC 机串口传送到变量施药控制器 4，变量喷雾控制器进行解码，并根据机具行走速度信息（速度传感器 12 提供）控制其 I/O 口输出高低电平，从而控制各个电磁阀的通断电，实现喷头的喷与不喷。4 种型号喷头的不同组合喷雾可以实现农药的 16 等级喷施。由于该有级变量施药作业是在系统工作压力趋于恒定的情况下实施的，确保了喷雾质量不变。换用不同流量范围的喷头组合，可实现不同流量范围的有级变量施药。

15.3 变量控制系统

农药施药变量控制系统,主要由信息采集处理系统、自动控制系统组成。信息采集处理系统将施药目标的图像特征处理结果传给自动控制系统,自动控制系统快速响应,调节相应器件改变喷雾流量,实现可变量喷雾。

15.3.1 信息采集处理系统

1. 基于拖拉机速度的信息采集处理系统

基于拖拉机速度的信息采集系统,主要通过实时采集拖拉机速度,分析速度与设定参数之间的关系,决定系统的调节量。通常由速度传感器、压力传感器、流量传感器、自动控制系统等组成。

基于拖拉机速度的信息采集系统,使施药量随作业速度的变化而变化,达到了保证单位面积施药量不变的目的,且结构简单,响应时间短,在实际生产中应用广泛。不足之处是,信息采集途径单一,速度的改变决定了施药量的变化。

2. 基于地图的信息采集处理系统

基于地图的信息采集处理系统通常由计算机、差分地球定位系统(DGPS)、地理信息系统(GIS)、伺服阀、药箱、速度传感器、压力传感器、流量传感器、自动控制系统、喷杆喷嘴等主要部件组成。

全球定位系统 GPS 是一种利用无线信号和环绕地球的卫星系统来精确计算该 GPS 接收器在地球上准确位置的定位装置。只要同时观测 4 颗卫星,GPS 接收器就可以进行它在地球上的经度、纬度和高度的三维定位。GPS 接收器的误差需要用一个校正信号加以弥补,校正信号是由一个已经准确记录自身位置信息的基站发射过来的,基站将校正信号传送给田间流动作业的 DGPS 接收器,这个系统被称为差分地球定位系统(DGPS)。

GIS 是一种决策支持系统,具有信息系统的各种特点,其中地理位置与该位置有关的地物属性信息都是信息检索的主要部分,功能主要包括对地理数据进行各种方式的管理,统计,分析,输出(各种方式的显示和图件)等等。

主要工作原理:通过 GPS 获取与位置信息相关的病虫草害空间分布信息,然后利用专家系统得出在什么地点喷施多少药液的作业处方图,再根据处方图提取在该点的喷雾作业要求信息,读取喷雾指令,并发送到变量控制系统,控制系统根据拖拉机的位置、拖拉机的速度、喷雾系统的流量以及压力等作业参数,通过控制伺服阀,改变喷杆喷嘴出喷洒的药液量,从而实现农田的变量喷雾作业。工作原理

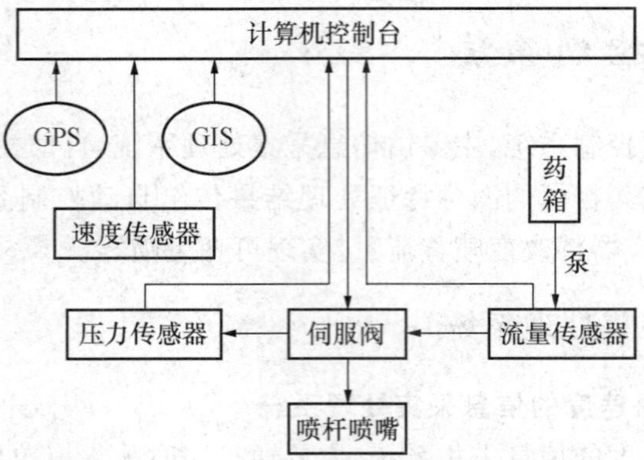

图 15-6 基于地图的信息采集处理系统工作原理框图

框图如图 15-6 所示。

基于地图的机器系统的优点：在形成变量实施方案的过程中，有多种信息资源可以利用，各种信息之间可以互补；由于多种资源共同形成的变量实施方案，且有充足的时间采集和分析样本数据，增加样本数据的密度，从而能更准确地确定作物的需求量；各种投入的需求量在喷施以前就可以确定，故不必考虑由于行驶速度和系统响应滞后造成的实施误差。

存在的主要问题：精度匹配、信息及时和快速采集。变量喷雾设备实施变量作业的过程中两次应用到 GPS 定位，因为变量喷雾装备是根据利用 GPS 定位而制定的喷雾处方图实施变量作业的，那么利用 GPS 确定属性地理位置时的误差会在实施变量喷雾时形成二次误差，影响喷雾的精度。喷雾时间滞后现象也严重影响到了变量喷雾装备实施精确喷雾的精度。滞后时间包括测速传感器测速需要的时间、计算机控制台处理数据的时间和伺服阀开启到设定角度的时间。

3. 基于实时传感技术的信息采集处理系统

基于实时传感技术的系统不必要利用地图提供的信息，结构比较简单，易于运用到现实生产中。该系统主要通过 CCD 摄像头实时采集作物病、虫、草害的特征，并根据系统传感器实时采集作业参数，经过数据分析处理，确定作物实际需要的药剂剂量，利用处理结果改变和控制施药量。

系统主要由 CCD 摄像机、图像采集卡、计算机、工业控制卡、速度传感器、压力传感器、流量传感器、伺服阀、喷嘴喷杆、药箱等主要部件组成。

主要工作原理：通过安装在喷雾机前方的 CCD 摄像机实时获取目标的图像信息，采用嵌入式计算机实时处理采集的信息，通过速度、压力和流量传感器实时采集系统参数，利用伺服阀改变喷杆喷嘴的工作状态，实现变量喷雾作业。工作原理

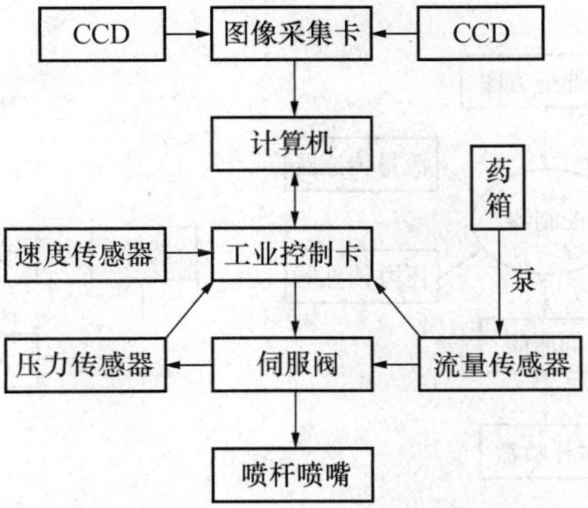

图 15-7 基于实时传感技术的信息采集处理系统工作原理框图

框图如图 15-7 所示。

基于实时传感技术的机器系统的优点:变量实施之前不必要进行样本数据采集和分析的过程;与基于地图信息的变量技术的样本采集相比,传感器能提供更高的数据分辨率,而且消除了由于 GPS 定位误差对喷施需求量的确定造成的误差;该系统是一个独立的系统,不需要 GPS 的支持。

存在的主要问题:信息采集途径单一,响应时间较长。病、虫、草害的特征通过摄像机来获取,图像处理效果直接影响到喷雾的精度,由于测速传感器测速时间、计算机控制台处理数据时间的影响,使系统响应滞后,影响喷雾的精度。目前,这种系统在国内外还基本停留于试验室研究阶段,应用于实际生产中还需时日。

15.3.2 自动控制系统

1. 基于流量/压力的自动控制系统

基于压力的自动控制系统主要是采用实时调节供液管路的压力以实现变量施药的。这种系统构造简单,因此它有很快的响应速度,几乎能在响应新的流量信号的同时使喷嘴流量得到调整,但由于其施药系统采用的是固定喷孔截面的标准喷嘴,调节施药系统的压力,能获得一定范围的流量变化,但改变喷雾压力,改变的不仅是喷嘴的流量,还改变了雾滴的尺寸和分布图形,由此会影响喷雾的质量。

系统示意图如图 15-8 所示。

基于流量的自动控制系统主要有采用控制液泵转速、采用控制回流阀流量、采用控制喷嘴流量等方法来实现变量施药的。这种系统结构也比较简单,便于实现,响应时间短,精度较高,然而流量的改变往往会引起压力、雾滴特征的变化。此类

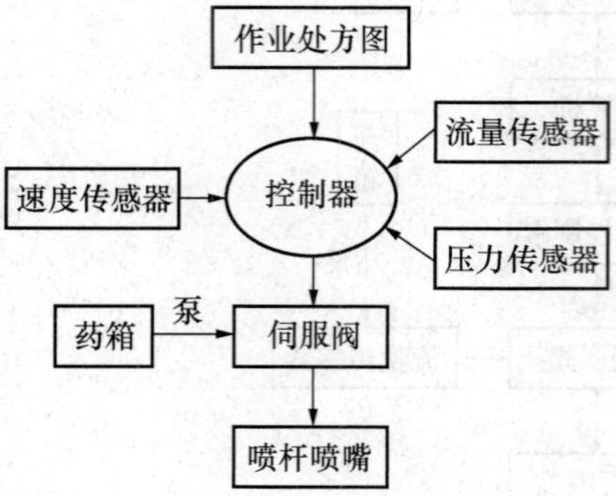

图 15-8 基于压力的变量施药系统示意图

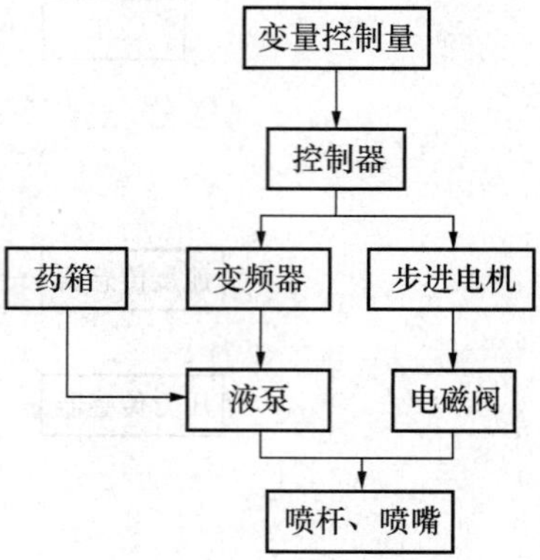

图 15-9 变频控制原理框图

自动控制系统的原理框图如图 15-9 所示。

工作原理为:根据获取的标靶特征处理信息,计算出相应的变量控制量,传送到控制器上,调节变频器改变液泵转速,从而改变吸入的药液量,或通过控制步进电机控制电磁阀阀芯的位置,控制喷杆或喷嘴的开度,改变从喷嘴喷洒出的药液量。

2. 基于药液混合比的自动控制系统

系统用一个水流计量装置来控制化学剂流量,使喷雾机的化学剂输出率与机器前进速度相匹配。注入计量系统的主要部件是计量泵、压力传感器、速度传感器、控制器、汽缸和活塞及混合室。系统示意图如图 15-10 所示。

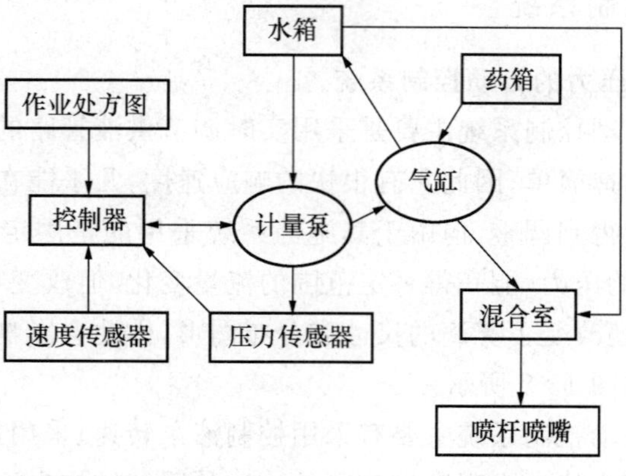

图 15-10 基于药液混合比的变量施药系统

工作原理:水被液泵从水箱下面抽出压送入喷嘴,一部分水被计量泵从送入喷嘴的管路吸取并送至装有化学剂的汽缸,水和化学剂在汽缸内被一个自由活塞隔离(或者由一个有伸缩性的隔膜隔离)。水进入汽缸置换化学剂,化学剂被注入一个混合室并与水混合,然后被送到喷嘴。忽略液体压缩性,进入气缸的水的流出比率与化学剂的流出比率相等,因此化学剂的流动控制和计量与水的流动控制和计量易于实现。计量系统的流量控制采用变更计量泵的输出,对大多数形式的泵,输入口与输出口的压力差与泵在不同转速下的流量相对应,因此泵的流率可以通过测量泵的转速和压差来估算。由于不是直接供给化学剂到每个喷嘴,在化学剂注入系统的药剂输出口和喷嘴之间存在一个较大的化学剂浓度变化的时间延迟。

15.4 精准施药技术实施原则

实施农药精确使用就是要根据采集的农林生物(包括病虫草害等)和环境信息,进行信息分析和决策,并将决策结果通过电子控制系统,向农药喷雾机械发送控制指令,实时调整喷雾机向目标喷洒农药的喷量,达到精确施药目的。由于中国人多地少、丘陵山区面积大、生产条件复杂、经营农户分散、劳动力资源相对过剩、劳动者文化素质低,从而使农药精确使用技术的推广有较大难度。因此,实施时不应该盲目学习发达国家的模式,而是要在同样的追求提高效果、降低成本和减小污染的总体思路引导下,遵循以下原则逐步开展中国农药精确使用技术的推广和带动其他相关产业的发展。

15.4.1 操作实用性原则

农药精确使用技术是以信息技术和人工智能为基础的微观农林管理思想,必须要求一定的可操作性,也就是要面向农林生产实际活动,落实到具体的病虫草害防治实践中。

要求各技术环节中的各项技术具有很好的实用性。随着计算机技术、3S集成技术的发展和图像传感器性价比的提高,农药精确使用技术将会逐步实用化。

通过相关技术专家的协同攻关,研究有中国特色的农药精确使用技术体系,友好的使用界面,仅用少量的外界变量就可满足要求,一般工人便可操作运用。

中国农业技术人员对农药精确使用了解甚少,但最终必须要由他们实施,所以有必要开展培训工作,掌握相关的实用技术。

15.4.2　渐进阶段性原则

迄今农药精确使用技术不到10年的应用试验研究历史，相关的应用基础研究还比较薄弱，尚处于发展初期，其支撑技术产品仍在不断开发过程中，其应用与发展依赖于传感技术、GIS和可变量控制技术等的进步和农艺措施的有机结合。使用技术体系应是开放灵活的，应便于进行修改和扩充。

客观科学地分析中国病虫草害发生状况、农林经济、农药使用者素质的实际，有针对性地选择条件成熟的区域结合害虫综合管理体系(IPM)，发展农药精确使用技术。不同的区域实施的重点与角度要不一样。因此，首先要战略定位，依区域特点选择适合的实施方式。如华北平原、长江中下游等大平原，已有一定程度的规模化经营与机械化作业，生产力水平高、经济较发达，在地块集中连片地区，可以优先实施信息化、机械化和自动化的农药精确使用技术，利用VRT喷雾设备，实现自动测控功能，充分利用已成熟的GIS与RS、DSS和专家系统等各项技术措施逐步实现农药使用精确化操作控制和管理，然后试验示范和组织实施。对于尚不具备条件的丘陵地区或城市园林等，可以开展具有单项实用性较强的农药精确使用系统，仅对单项或几项因子的时空变化进行决策喷雾，如在行道树喷雾过程中，仅需根据目标是否存在来控制喷头的开关，不需应用可变量控制系统。中国的包产到户和家庭联产责任制，田块分割破碎，每户地块之间土壤性状差异减少了，而户与户之间的地块差异却增大了。因而农田信息的面积单元不必精确到以平方米为单位，可以相对精确到农户责任田的面积。另外，信息数据处理与采取农作物措施的实时程度也可降低，这样不仅降低了技术实施的难度，减少研究的时间，而且符合中国国情，便于在中国推广。

由于农药精确使用技术的不确定性，全面支持这项技术是一个渐进过程。目前GPS接收器还不足以准确地为动态实测时空的精确农药使用提供足够准确的位置信息，GIS软件又较复杂，而且由于病虫草害的不确定性和难以长期定点预报，因此目前农药精确使用技术建议采用实时机器视觉等传感手段采集目标，通过特征识别控制对靶喷雾为宜。如在杂草防除过程中，从作物中识别出杂草也还存在相当的难度，而喷药时在杀灭杂草的同时不能损伤邻近的作物。因此还存在若干技术环节的不完善和一些技术难点。有待于技术的成熟才能实施全自动化、信息化的农药精确使用技术。

实施对象的各状态变量是动态发展过程，因此必须根据环境条件与病虫草害发生状态设计一套技术指标来确定防治过程中可变量投入的精确实施。

15.4.3 整体协调性原则

农林生产系统是一个复杂的巨系统，农药精确使用技术的实施必须遵循系统内部结构与功能的协调原理。

农药精确使用技术涉及农林科学、化工、机电、生态等多学科的理论和技术，需要各学科的单项技术、学科内技术组合、学科间技术组合才能完成其技术体系。也需要农林、信息、植保等相关部门的协同作战。

农药精确使用系统的信息采集、信息处理、决策环节、实施环节和各相关组件被同时组合在一台农药喷雾机上构成一个整体，各组件的控制和受控制精度与反应速度决定整个农药喷雾实施过程的高效性和精确性。所有组件在计算机(控制器)统一指挥下，形成具有感知、识别和动作的统一体，才能完成系列农药精确喷雾作业环节。

16 循环喷雾技术

16.1 概述

能够将未沉积在靶标上的药液收集回收循环再利用的喷雾技术称为循环喷雾技术，使用循环喷雾技术的喷雾机称为循环喷雾机。循环喷雾技术从 20 世纪 90 年代开始逐渐被广泛使用，是目前世界上农药损失最少的施药技术之一，经联邦德国农林生物研究中心(JKI)测试，循环喷雾机能够减少飘失 85%，被列为低飘喷雾机，并享受政府补贴政策。

16.2 循环喷雾技术原理

循环喷雾技术的基本原理是利用机械装置或气流等拦截从靶标上流失的和未沉积在靶标上的雾滴，然后通过药液回收装置循环回药箱，再次进入喷雾系统喷雾。

衡量循环喷雾机作业性能的标准主要有雾滴在冠层中的沉积特性、药液回收率。要求雾滴在冠层不同位置的沉积量差异性小，叶片正反两面有足够的药液沉积，在保证达到病虫害防治要求的前提下药液回收率越高越好。药液回收率为回收药液量与喷雾系统喷出药液的比值。

16.3 循环喷雾技术特点

循环喷雾技术的优点主要有：

①节省农药，减少飘失。文献数据显示，循环喷雾机能够在作物生长季节内节药 30%～60%，平均节药 40%，减少飘失 85%，是目前农药飘失最少的一种施药机具之一。

②受环境因子影响小。较其他果园喷雾机，循环喷雾机受到外界气流的影响较小，因此可以在常规喷雾机不能作业的大风天气作业，提高作业及时性。

③能够减少缓冲区。在一些地区和国家，为了减少农药对水源、住宅以及公共场所的污染，需要在作业区域设置缓冲区，缓冲区的大小取决于喷雾机具的防飘性能，由于循环喷雾机的飘失少，因此可以设置比较小的缓冲区。

④对操作人员污染小。因为循环喷雾机喷雾被限定在一定范围内，因此对操

作人员的危害小，保证了操作人员的人身安全。

⑤对冠层结构要求高，不能够在支有防虫网的果园中作业。

⑥对操作人员驾驶技术要求高，作业速度受限。

⑦部分机型只能在比较平坦的地区作业。

16.4　循环喷雾机的类型

循环喷雾技术概念提出于 20 世纪 80—90 年代，概念提出时循环喷雾技术有两种，一种用于大田作物防治杂草(图 16-1)，称为大田用循环喷雾机；另一种用于果园病虫害防治(图 16-2)，称为果园用循环喷雾机。

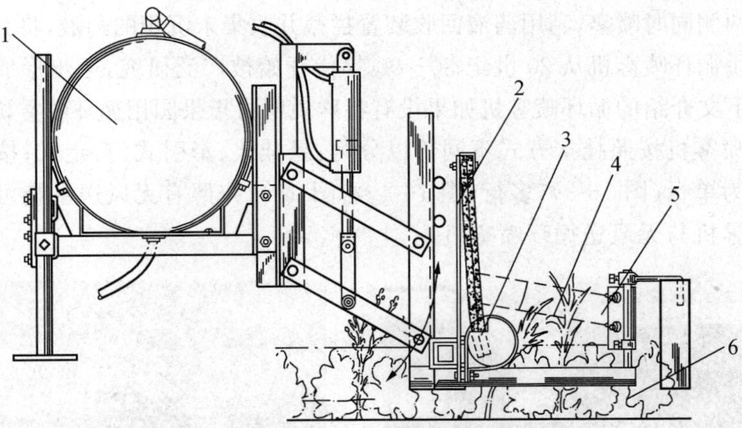

图 16-1　大田用循环喷雾机结构简图

1—药液箱　2—雾滴拦截装置　3—承液槽　4—杂草　5—喷头　6—作物

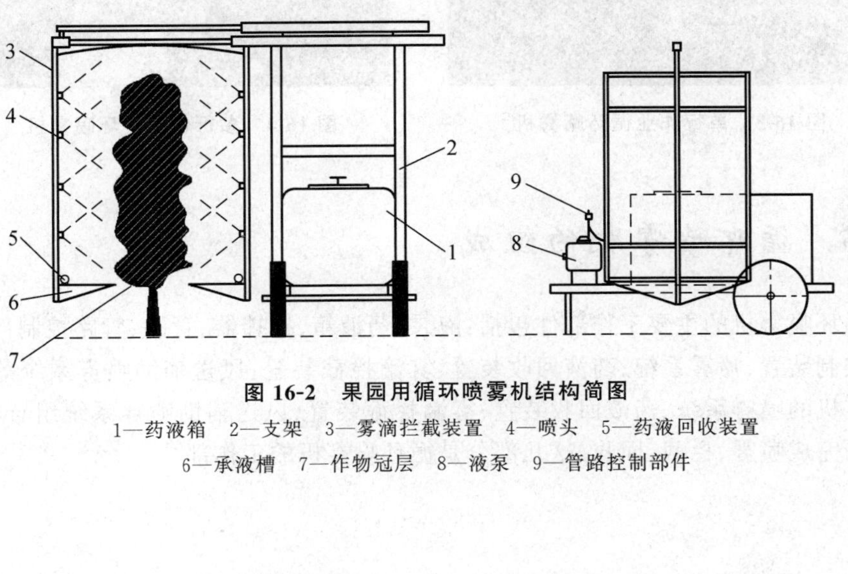

图 16-2　果园用循环喷雾机结构简图

1—药液箱　2—支架　3—雾滴拦截装置　4—喷头　5—药液回收装置

6—承液槽　7—作物冠层　8—液泵　9—管路控制部件

大田用循环喷雾机主要适用于当杂草冠层高于作物冠层时的杂草防控作业。大田用循环喷雾机的喷头位于雾滴拦截装置前方，朝向收集装置喷雾，未沉积到杂草上面的雾滴撞击到拦截装置上面，收集到承液槽中，被回收装置循环回药箱。这种循环喷雾机虽然能够回收一部分药液，但是，随着喷杆喷雾机技术的发展，其优势并不十分突出，因此并没有得到发展。果园用循环喷雾机主要适用于果树、灌木等作物的病虫害防治作业。20 世纪 70 年代开始，欧洲的果树管理开始趋向于篱架式种植，矮化果木种植面积迅速扩大，原来普遍高达 4 m 的果树冠层降低到 2.5 m 以下，冠径也大大减小。果树冠层变矮变小，传统的轴流风机风送式喷雾机已经不适合新的果树冠层的植保作业，而果树冠层的改变使得喷雾可以在冠层两侧同时进行，为循环喷雾技术提供了可行性。果园用循环喷雾机作业时喷雾系统骑跨在果树冠层上两侧同时喷雾，利用药液回收装置拦截并收集未沉积的药液，将其回收再利用。果园用循环喷雾机从 20 世纪 80—90 年代开始被广泛研究，逐步形成商业化产品销售。下文介绍的循环喷雾机如果没有特殊说明将指果园用循环喷雾机。

循环喷雾机按照挂接方式不同可以分为：悬挂式、牵引式、自走式；按照作业适应性可分为单行（图 16-3）、多行（图 16-4，彩图-17）；按照有无风送系统可分为风送式循环喷雾机与无风送循环喷雾机。

图 16-3 单行作业循环喷雾机

图 16-4 多行作业循环喷雾机

16.5 循环喷雾机的组成

循环喷雾机的主要工作部件包括：液泵、药液箱、搅拌器、管路、管路控制部件、机械控制装置、喷雾系统、药液回收装置、雾滴拦截装置、风送辅助喷雾系统等，循环喷雾机的喷雾系统、药液回收装置、雾滴拦截装置、风送辅助喷雾系统组合在一起共同完成喷雾、拦截、回收，这几部分是循环喷雾机的工作部分。

1. 液泵

液泵主要有隔膜泵和柱塞泵两种。根据药液回收装置不同，液泵的配置也不同，使用泵循环回收的循环喷雾机除了装备一主液泵为喷雾系统供液外，还装配有一个或多个副液泵，用以回收承液槽中的药液，使用射流回收装置的循环喷雾机只装配一主液泵，由于液泵需要为射流回收器提供动力以回收承液槽中的药液，因此常采用大排量液泵。

2. 药液箱

药液箱用于盛装药液，药液箱的上方有加液口，装有加液口滤网，下方有出液口，药箱内装有搅拌器，药箱壁上安装有液位指示器，也有部分自动化程度高的循环喷雾机安装有液位传感器。药液箱常用耐农药腐蚀的玻璃钢或聚乙烯塑料制作。

3. 搅拌器

循环喷雾机作业时，为使药液箱中的药剂与水充分混合，防止药剂(如可湿性粉剂)沉淀，保证喷出的药液具有均匀一致的浓度，循环喷雾机上装配有搅拌器，搅拌器有机械式、气力式和液力式。气力式和机械式搅拌时会使药液中产生气泡，目前液力式搅拌器的应用比较广泛。

4. 管路控制部件

循环喷雾机的管路控制部件一般由调压阀、截止阀、分配阀和压力指示器等组成，新型管路控制部件还安装有流量传感器。管路控制部分按照控制方式分手动控制与电动控制两种，手动控制型的管路控制部件其调压阀、截止阀、分配阀的开启都是由手动控制，压力指示器一般是机械式压力表。电动控制型的管路控制部件其截止阀、分配阀的开启由电磁阀控制，调压阀开度变化由电动机控制，由压力传感器和流量传感器指示压力与流量。

5. 机械控制装置

机械控制装置主要用于调节循环喷雾机作业宽度、作业高度、工作状态等，一般采用液压控制，由液压缸、滑套、液压油管、管路接头、液压控制阀组成，液压油源由拖拉机提供。在循环喷雾机作业时需要通过机械控制装置将作业系统由运输状态调节到工作状态，部分型号的循环喷雾机在地头转弯时，为了转弯灵活，也需要调节作业系统的状态。

6. 喷雾系统

循环喷雾机大多采用作物冠层两侧同时喷雾，喷头竖直排列，可以使用圆锥雾喷头、扇形雾喷头、防飘喷头、离心雾化喷头等多种喷头，喷头的位置姿态可以根据冠层特点调整。喷雾系统的配置需要同风送系统、雾滴拦截装置配合，以获得最佳的作业效果。

7. 雾滴拦截装置

循环喷雾机的雾滴拦截装置需要满足这样一些条件：

①雾滴拦截效率高，即尽可能地将不同粒径，不同运动速度，不同运动方向的雾滴拦截；

②药液残留少，即在雾滴拦截装置上残留的药液少，便于清洗；

③材质轻便、坚固、耐腐蚀，不易损伤作物。

为了有效拦截雾滴，一般需要根据冠层结构设计雾滴拦截装置，因此雾滴拦截装置的尺寸较大，所以需要轻质材料，以减少机具自重，降低能量消耗。在循环喷雾机作业的过程中，不可避免地会使雾滴拦截装置与作物冠层接触，因此雾滴拦截装置不能损伤作物的枝条、果实、叶片、嫩梢等结构，并且该装置不能被枝条损坏。雾滴拦截装置与农药接触，因此选择耐腐蚀的材料。

雾滴拦截装置按照拦截机理主要分为：软帘式(图 16-5)、平板式(图 16-6)、栅格式(图 16-7)、综合式(图 16-8)。软帘式一般采用单层或者多层可透水的柔性材质，软帘底端与承液槽相连，雾滴撞击到软帘上后，在重力的作用下，沿软帘向下流动，收集到承液槽中。由于软帘式材质柔软，因此雾滴不易产生弹跳，对雾滴的捕捉效果好，但是软帘式透水材料，会有大量药液残留在软帘上，不易清洗，因此应用并不广泛。

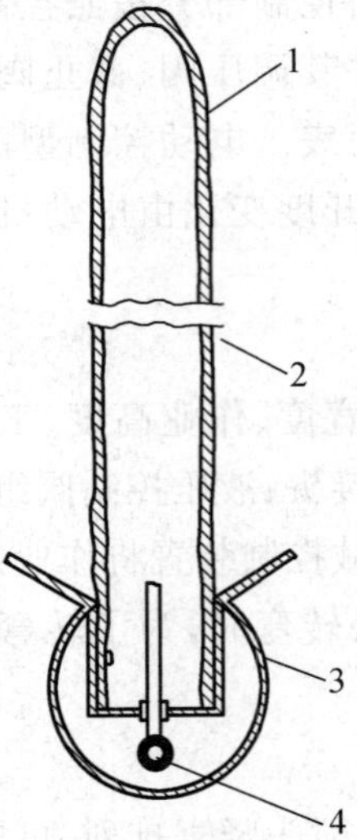

图 16-5　软帘式雾滴拦截装置

1—软帘　2—雾滴　3—承液槽
4—药液回收装置

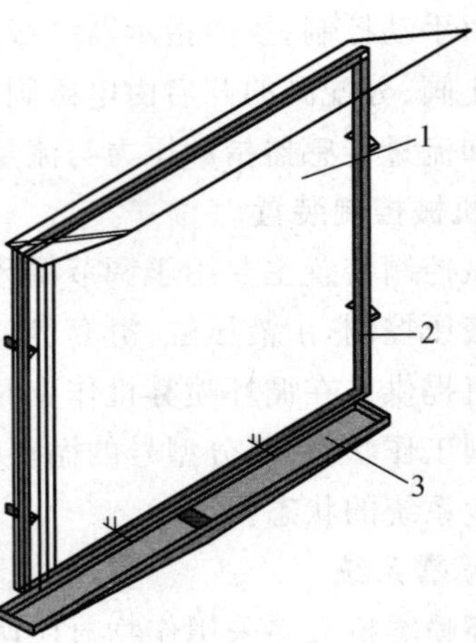

图 16-6　平板式雾滴拦截装置

1—平板　2—支架　3—承液槽

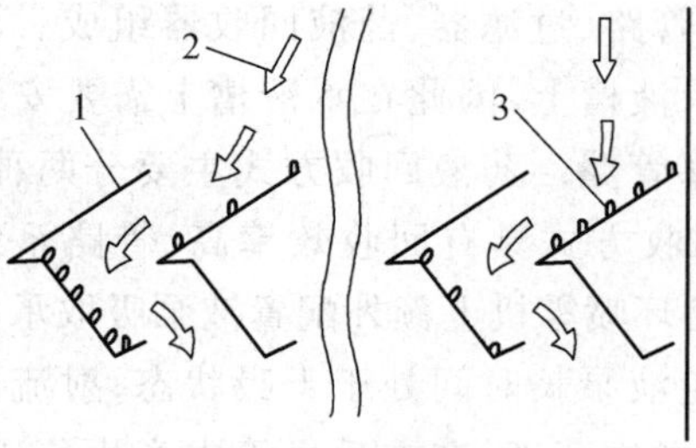

图 16-7 栅格式雾滴拦截装置

1—栅格 2—气流 3—雾滴

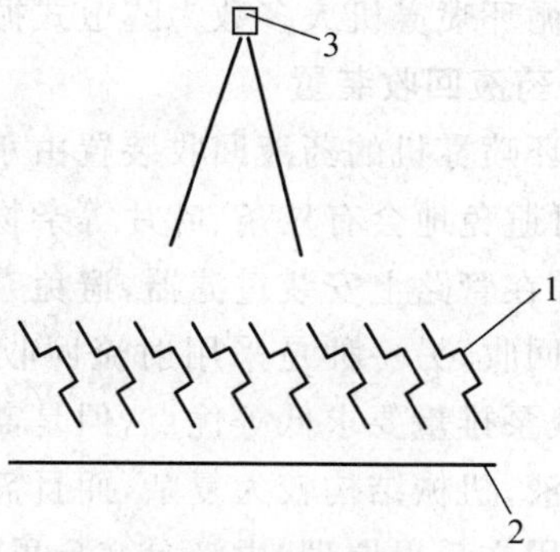

图 16-8 综合式雾滴拦截装置

1—栅格 2—平板 3—喷头

平板式雾滴拦截装置多采用不锈钢板、耐腐蚀塑料、玻璃钢等轻质、坚固的材料，可以设计成多种形状，平板式雾滴拦击装置的表面光滑，雾滴不易残留，容易清洗，但是高速运动的雾滴撞击到平板上后会发生弹跳，弹跳的雾滴可能会脱离收集区域，当采用风送喷雾系统的时候，夹带雾滴的气流撞击到平板上会产生卷扬涡旋，降低了雾滴拦截装置的拦截效率。

栅格式雾滴拦截装置的结构同化工上普遍采用的除雾器类似，由多个弯曲的栅格组成，栅格间的空隙形成弯曲的通道。当雾滴进入这些通道后，会在惯性的作用下撞击到栅格上，被栅格拦截，而气流则会沿着弯曲的通道从栅格的另一侧吹出，从而起到气液分离的作用，栅格式雾滴拦截装置多应用于具有风送喷雾系统的循环喷雾机，避免了平板式雾滴拦截装置的卷扬涡旋。但是当气流速度较大时，仍然会有部分细小的雾滴在气流的夹带下脱离雾滴拦截装置，从而造成飘失。综合式雾滴拦截装置是栅格与平板的组合，一般在平板前面安装一栅格结构，当夹带雾滴的气流通过栅格后，大部分的雾滴会被栅格拦截，同时由于栅格降低了气流的运动速度，避免了气流撞击到平板上产生的卷扬涡旋，因此通过栅格的那部分雾滴将被平板拦截，综合式雾滴拦截装置集成了平板式与栅格式的优点，雾滴拦截效率最高。

雾滴拦截装置按照形状可以分为隧道式与非隧道式两种，隧道式雾滴拦截装置为“Π”形罩盖，喷雾系统与风送系统安装罩盖两侧，药液回收装置安装在“Π”形罩盖两侧底端，一般在罩盖前后两段安装软质材料的遮挡，以防止雾滴从罩盖与冠层之间的间隙中逃逸。由于隧道式雾滴拦截装置的特殊结构形式，采用此种方式的循环喷雾机称为隧道式循环喷雾机或“Π”形循环喷雾机（tunnel sprayer）。这种循环喷雾机的特点是喷雾在一个相对封闭的空间内完成，限制了易飘失雾滴的运动，雾滴回收效率高，飘失少，缺点是驾驶技术要求高，作业速度较慢，目前市场上的循环喷雾机大多数为隧道式循环喷雾机。

8. 药液回收装置

循环喷雾机的药液回收装置由承液槽、管路、过滤器、药液回收器组成。作业时，不可避免地会有枝条、叶片等杂物落到承液槽上，因此在承液槽上需要安装过滤网，并在管路上安装过滤器，避免杂物堵塞管路。药液回收方式主要分两种，一种是泵回收，另一种是采用射流回收。泵回收方式具有回收效率高、管路系统简单、对液泵排量要求低等优点，但是需要在循环喷雾机上额外配置液泵吸取承液槽中的药液，机械结构较为复杂，而且需要避免液泵长时间处于干吸状态；射流回收方式采用文丘里原理，由液泵文丘里管主路提供药液，在文丘里管内产生负压，从而将承液槽中的药液回收至药箱中。射流回收装置具有结构简单、工作稳定等优点，同泵回收方式比较管路较复杂，液泵配置时除了考虑喷雾系统、搅拌系统的排量需求外，还需要满足药液回收器的排量需求，因此一般需要大排量液泵。目前在循环喷雾机上泵回收方式和射流回收方式都有应用，射流回收方式更为广泛。射流回收装置由主管路、吸液管、单向阀组成(图 16-9)，主管路中的药液经过变径时流速增加，压力减小，在变径区形成负压，承液槽中的药液经吸液管进入主管路，经过滤器后循环回药箱，为了防止作业停止后主管路的药液进入承液槽，需要在吸液管上安装单向截止阀。

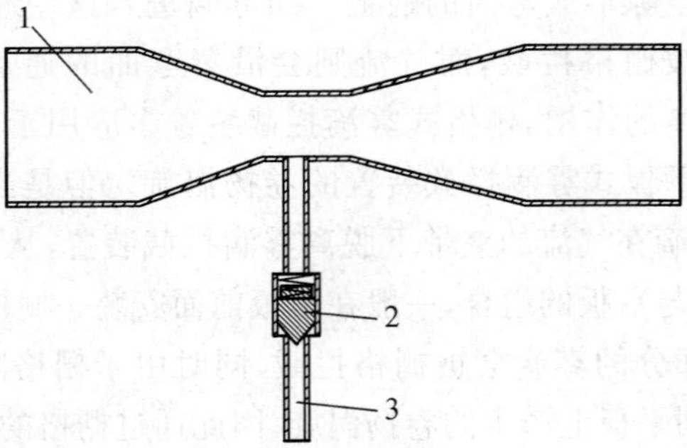

图 16-9 射流回收装置

1—主管路 2—单向阀 3—吸液管

9. 风送辅助喷雾系统

当循环喷雾机主要针对冠层较稀疏的作物时，可以不采用风送辅助喷雾；当冠层较茂盛时，为了增强雾滴在冠层中的穿透性，增加冠层内部、叶片正反两面的药液沉积，需要采用风送辅助喷雾，而且通过合理配置风送系统参数，在改善药液沉积效果的同时，胁迫未沉积雾滴朝向雾滴拦截装置运动，增加药液循环率，达到减少农药损失的作用。

风送辅助喷雾系统由风机、风道、出风口组成，根据风机配置位置可以分为风机内置式与风机外置式两种。风机内置式主要采用横流风机、小型轴流风机，由高速液压马达驱动，风机外置式采用大型离心风机或轴流风机，通过风管向循环喷雾机工作部件提供气流，内置风机式的工作部件中气流量较稳定，而外置风机式由外置风机向工作部件中供气，势必有部分气流从较为封闭的工作部件范围内溢出，细小的雾滴会在溢出气流的作用下脱离雾滴收集器的收集范围，造成农药损失。根据气流在循环喷雾机工作部件中的流场可以分为气流循环式与非气流循环式。气流循环式风道较为复杂，但是悬浮在空气中的雾滴可以在循环气流的作用下主动朝向雾滴收集装置运动，雾滴拦截效率高。根据出风口方式可以分为孔洞式、狭缝式、风管式。狭缝式的出口一般安装导流板，可以调节气流方向，风管式的出口一般也可以调节出口气流方向，同狭缝式相比调节自由度更高，可以在前后左右 4 个方向上调节，而狭缝式一般只能在上下两个方向上调节，而且风管式的定向风送性能更好。

图 16-10 所示是 4 种循环喷雾机风送系统示意图，图 16-10(a)所示为内置轴流风机的风送喷雾系统，轴流风机的风送角度是一个非常重要的参数，能够显著影响雾滴在冠层中的沉积状态以及药液回收率。图 16-10(b)所示为内置横流风机的风送喷雾系统机，一般横流风机在工作部件中交错布置，即一般在喷雾一侧将横流风机布置在雾滴拦截装置前端，在另一侧布置雾滴拦截装置的后端，以避免两侧气流轴线处以同一方向，降低冠层中心位置的气流运动速度，从而减少了药液在冠层内部的沉积量。图 16-10(c)与图 16-10(d)所示均为气流循环式风送喷雾系统，共同点是将隧道式雾滴拦截装置内部作为风道，这也是大多数气流循环式风送喷雾系统所采用的结构，区别是图 16-10(c)所示为狭缝式气流出口，不能够改变出风口气流方向，图 16-10(d)所示为风管式气流出口，气流出口可以根据冠层结构调整。

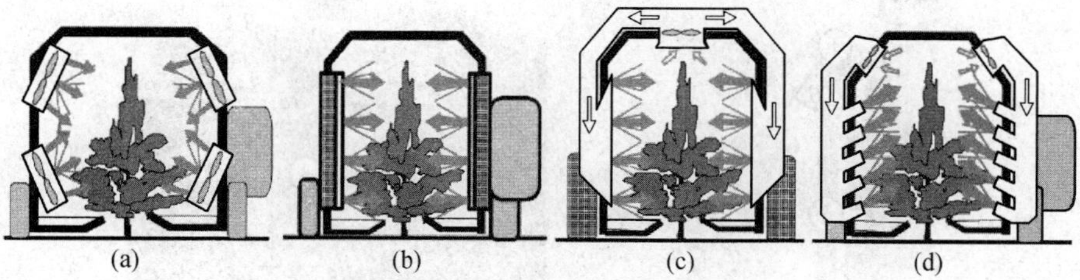

图 16-10 循环喷雾机风送系统示意图

图 16-11 所示为另外一种气流循环式风送喷雾系统，同图 6-10 中的(c)、(d)两种气流循环式风送喷雾系统不同，这种结构没有在雾滴收集装置中采用内风道结构，两侧轴流风机排风方向相反，吸风端安装有栅格型雾滴拦截装置，出风端固定

喷雾系统，气流在轴流风机与弧形罩盖导流的作用下在工作部件中循环，未沉积在靶标上的雾滴，在循环气流的作用下被栅格型雾滴拦截装置拦截，气液分离后的气流对喷雾系统雾化产生的雾滴风送。

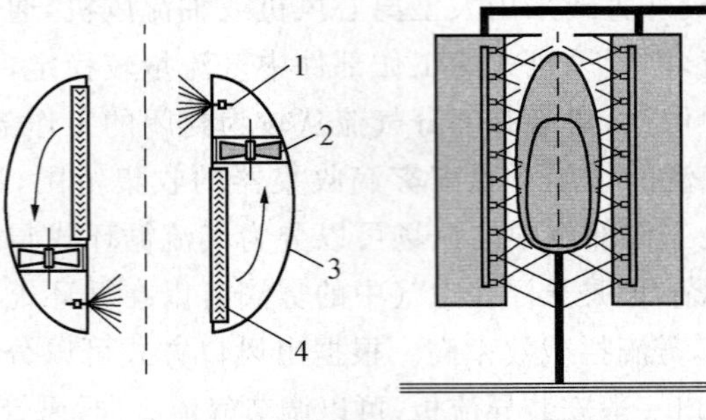

图 16-11　气流循环式循环喷雾机

1—喷头　2—轴流风机　3—罩盖　4—栅格

由于隧道式循环喷雾机的特殊隧道式结构，在实际作业时需要避免循环喷雾机对枝条、果实及篱架对循环喷雾机的损害，因此作业速度低，对操作人员的操作技能要求高。为提高循环喷雾机的作业效率，一种非隧道式循环喷雾机被开发出来，如图 16-12(彩图-18)所示。这种循环喷雾机的风送喷雾系统由风机、风管、风囊组成，风囊分别安装在冠层两侧，内侧风囊与机车前进方向偏转一定角度 θ，外侧风囊气流垂直栅格型雾滴拦截装置喷雾，喷雾系统分别安装在两个风囊气流出口处。内侧风囊产生的气流在穿透冠层后被外层风囊的气流拦截，向雾滴拦截装置定向输送，气流中的雾滴被栅格型雾滴拦截装置捕捉，经药液回收装置回收再利用。

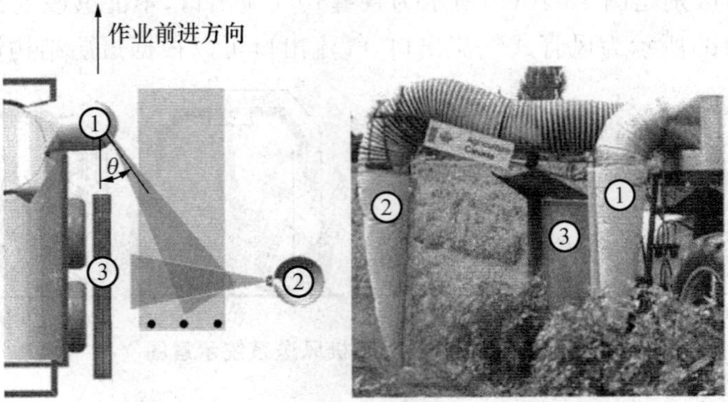

图 16-12　非隧道式循环喷雾机

1—内侧风囊　2—外侧风囊　3—栅格型雾滴拦截装置

17 防飘喷雾技术

17.1 概述

17.1.1 农药的飘失

农药飘失是指在喷雾作业过程中，农药雾滴或颗粒被气流携带向非靶标区域的物理运动，是造成农药危害的主要途径之一。农药飘失包括蒸发飘失和随风飘失（图17-1）。蒸发飘失是药液雾滴的活性物质从植物、土壤或其他表面蒸发变成烟雾颗粒，悬浮在大气中做无规则扩散或顺风运动，有时甚至会笼罩大片区域，直至降雨淋落而沉积到地面。在喷雾中和喷雾后都会发生蒸发飘失，主要受环境因素如温度和农药的挥发性影响。随风飘失是指农药雾滴飞离目标的物理运动过程，主要与环境因素如自然风速、农药使用方法和使用技术参数有关。随风飘失的农药雾滴可能仅仅飘移到离喷雾设备数十米的非预定目标，但是小的农药雾滴在沉降到非预定目标之前可能要飞行更远的距离。农药的飘失，不仅影响防治效果、降低农药的利用率，而且严重影响非靶标区敏感作物的生长，污染生态环境，甚至引发人、畜中毒。

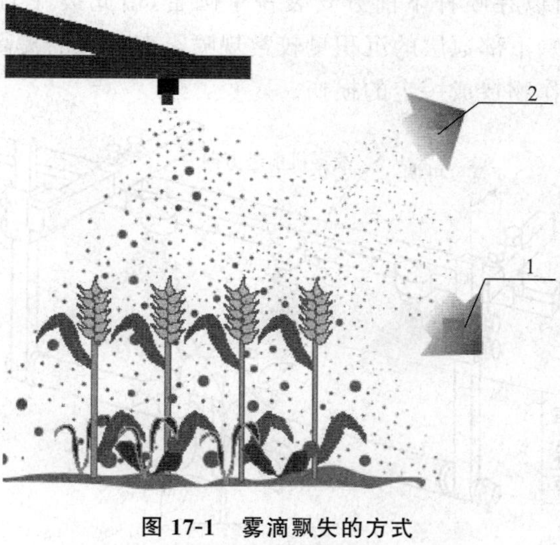

图 17-1　雾滴飘失的方式

1—随风飘失　2—蒸发飘失

17.1.2　减少农药飘失的途径

1. 减少易飘失小雾滴的产生

气象因素尤其是施药者不能控制的风速是产生和加剧飘失的重要因素，其他两个重要影响因素是农药剂型和施药参数，包括喷雾机具的正确选择与合理使用。影响飘失最为重要的使用参数是雾滴的大小。农药雾滴的飘移、沉积和覆盖在很大程度上取决于雾化装置产生的雾滴大小范围。细小的雾滴如果能沉积在靶标上，则能获得良好的覆盖和提高防治效果，但小雾滴最容易飘移。而大雾滴虽不容易飘移，但在低容量喷洒时覆盖效果会变差，难以达到满意的防治效果。

当用传统喷雾机具进行大容量喷洒时，尽管小于 100 μm 的雾滴占总容量的比例很少，但其对邻近生物产生的危害有时却会很严重。为此，有多种措施来减少农药雾滴的飘移，归纳起来主要是围绕 3 个理念：①在不利气象条件下，停止喷雾；②减少小雾滴的产生；③利用机械手段改变小雾滴的运动轨迹，提高其在靶标上的沉积率。

2. 缩短雾滴运动距离

除了减少易于飘失的细小雾滴的产生，也可以通过降低喷头高度来减小雾滴在空中运动距离，从而减小雾滴的飘失。在喷杆上加装一支拨杆器把作物推到倾斜状态，即可把喷头降低到离作物 5～10 cm 的高度将药液喷入株冠之中，可以增加雾滴在冠层中的穿透性和沉积性，但是这只适用于谷类作物，而且给喷杆增加了很大的负荷。也可以在喷杆下前方安装一个圆管，由此拨开上部冠层（图 17-2），使得药液在作物中、下部冠层的沉积量较常规喷雾有很大的提高，但是只适用于高茬作物，而且会对作物造成一定的损伤。

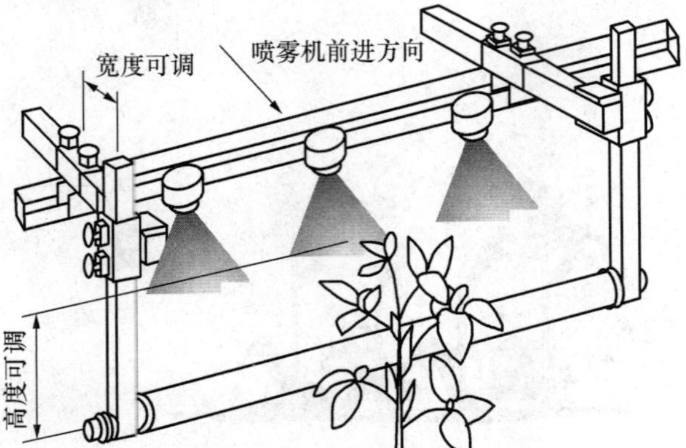

图 17-2　冠层拨开器

17.2 防飘喷头

17.2.1 雾化原理

为防止农药飘移污染及农药飘移给邻近敏感作物产生药害问题，研制出了一系列可以防止农药雾滴飘移的喷头，其基本原理是尽量减少喷头细小雾滴（100 μm 以下）的数量，使雾滴相对较粗，雾滴谱均匀。

利用大直径雾滴在对靶标运行时不易飘失的原理，喷头雾化的雾滴较大，雾滴谱较窄，特别是防飘、低飘喷头采用射流原理，在喷头体内气液两相流进行混合，经喷头喷出的是一个个液包气的“小气球”，每一个这样的“小气球”在达到靶标时，经作物叶面上的纤毛刺破和叶面的动量作用下，进行第二次雾化，得到更小的雾滴和较大的覆盖密度，防飘喷头的出现被称之为植保行业的“喷头革命”。

17.2.2 分类

1. 导流式喷头

导流式喷头（D）也称激射式或撞击式喷头，它的工作压力是 1～1.5 kPa，射流液体撞击到表面后扩展形成液膜，根据撞击表面的角度和形状，液膜形成一定的角度。这种喷头可以形成较宽的喷幅，在较低的工作压力下，能得到直径为 200～400 μm 的大雾滴，这特别适合除草剂的喷施。撞击式喷头（图 17-3）也是一种扇形雾喷头，药液从收缩型的圆锥喷孔喷出，即沿着与喷孔中心近于垂直的扇形平面延展，使成扇形液面，该喷头的喷雾量较大，雾滴较粗，飘失较少。

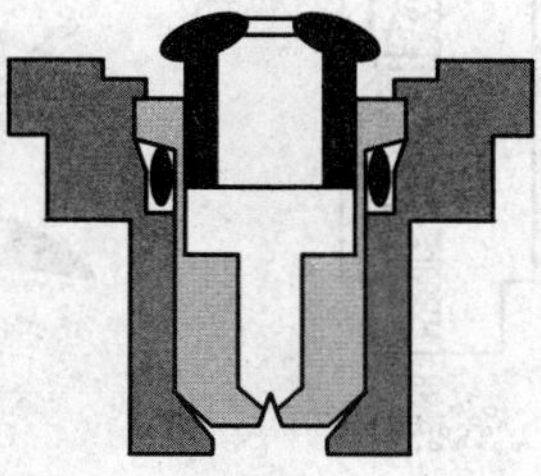

图 17-3　导流式喷头

2. 防飘失扇形雾喷头

防飘失扇形雾喷头（RD，AD 等）喷头与标准扇形雾喷头相比，外形尺寸不变，但内部构造有很大不同，标准型内部为直通道，药液直接流向喷孔喷出，而防飘喷头内部在喷嘴喷孔之前，均增加有前置小孔口及混合室（图 17-4），用以减少喷出之前的药液流速和压力，而且喷嘴喷孔也较大，从而显著减少小雾滴的产生。一般能比标准型减少 100 μm 以下的雾滴 50%～80%，这类喷头的特点是减少了雾滴飘失。当使用防飘喷头时，如果规定的工作压力不能维持稳定，就会影响喷雾质量。

3. 射流喷头

射流喷头（ID，IDK）由两部分组成，下部为圆锥雾或扇形雾喷嘴，上部为射流混合部件，其特点是在喷头的进液口处开有 1～2 个小孔，用以吸进空气。其工作原理是：利用文丘里原理，当高压药液进入喷头，流经空气孔时会产生负压，这样药液就会吸进空气并产生气泡，经喷孔后形成带气泡的雾滴(图 17-5)。由于"液包气"雾滴的体积变大，不易漂移。当雾滴到达作物表面时，含有气泡的雾滴与作物表面发生撞击，并破碎成细雾滴，再一次雾化。但这类喷头必须在较高的压力下，才能保证雾化质量，如 ID、IDK 喷头的最佳工作压力分别为 5～8 kPa、1.5～3 kPa，可以减少雾滴飘失 90％以上。这类喷头价格相对昂贵，目前在欧美国家常用在大田喷杆喷雾机和果园风送式喷雾机上。

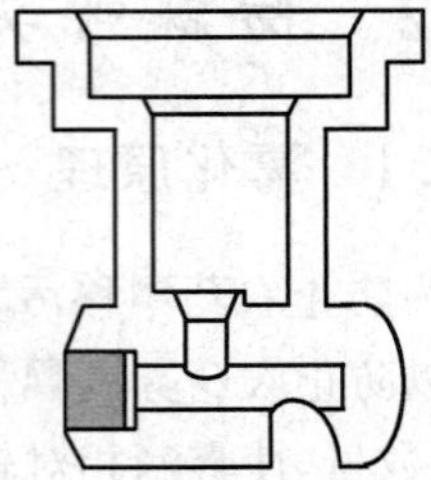

图 17-4 防飘失扇形雾喷头

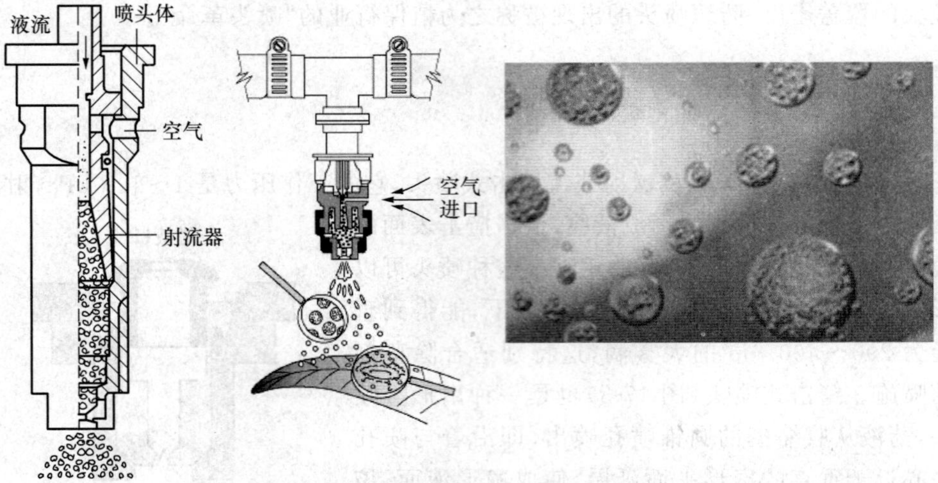

图 17-5 射流喷头工作原理及雾化效果

17.3 辅助气流喷雾技术

利用气流辅助技术，克服在喷雾机作业过程中喷头附近引起飘失的气流或涡流。辅助气流喷雾技术是通过在喷杆喷雾机上装配一种风罩，利用风罩产生的下行气流把农药雾滴强制喷入作物冠层中，可大幅度降低农药飘失量，增加雾滴的沉积及分布的均匀性(图 17-6)，但如果是针对裸露的地表或作物生长初期，反而因气流撞击地面后的反弹会增大雾滴的飘移，造成损失。尽管气流辅助技术已经证明能有效地增加沉积并减少飘失，但因机具成本太高，目前这种机具的商业化应用

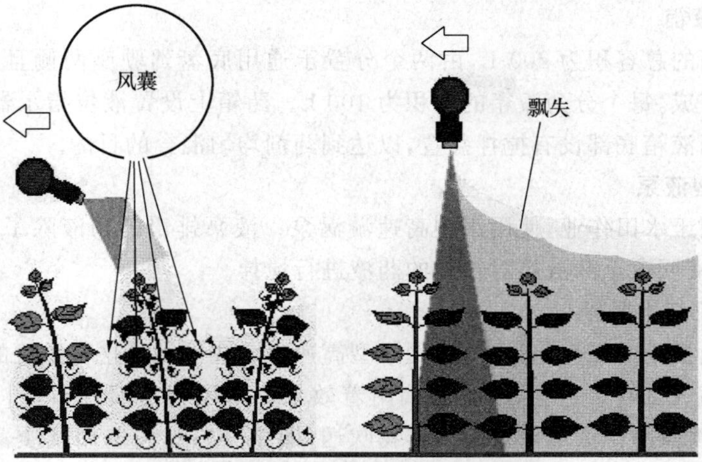

图 17-6　辅助气流喷雾技术防飘失效果

还不是很普遍，尤其在中小型喷雾机上难以实现。

下面以水田风送低量喷杆喷雾机为例，介绍一下辅助气流喷雾技术。

17.3.1　风送式喷雾机的结构组成

水田风送低量喷杆喷雾机主要由机架、药液箱、液泵、风机及出风管、喷杆及折叠机构、低量喷头及管路系统、喷幅标识系统等组成，如图 17-7 所示，喷雾机整机与水田四轮驱动通用底盘配套悬挂联结。

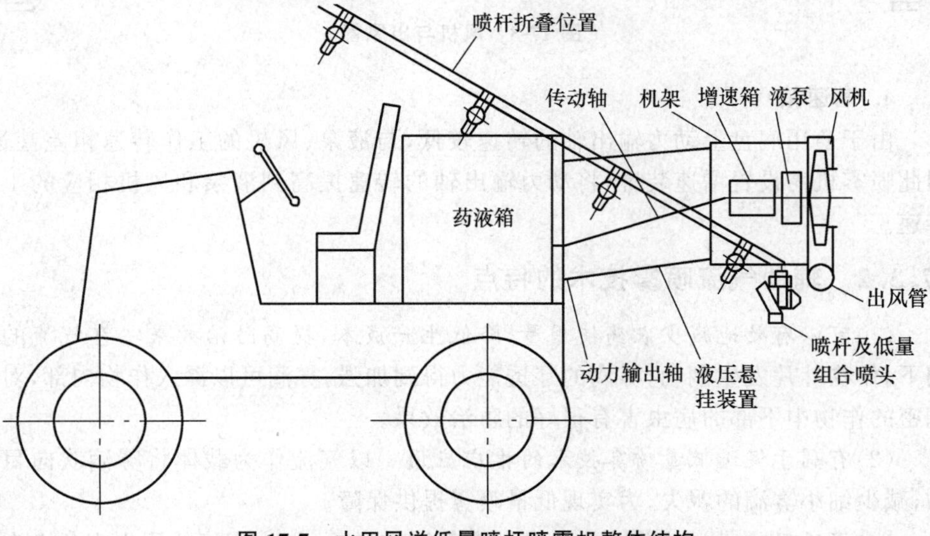

图 17-7　水田风送低量喷杆喷雾机整体结构

1. 药液箱

药液箱的总容积为200 L,由两个分置于通用底盘驾驶座两侧且相互连通的分药液箱组成,每个分药液箱的容积为100 L。药箱上设置液位指示器,方便操作者观察。药液箱底部设有搅拌装置,以达到药剂均匀混合的目的。

2. 轻型液泵

为了便于水田作业,使用小型高速漩涡泵。液泵排出的药液除了供喷头喷雾外,多余药液回流至药液箱对箱中的药液进行搅拌。

3. 风机与出风管

为实现机具的轻型化设计,使用小型高速离心式风机。这种风机的风压较高,有利于提高气流的穿透性,改善雾滴附着效果。出风管沿喷杆布置,位于喷头后方,便于将喷头喷出的雾滴及时向作物吹送(图17-8);材料选用优质薄膜软管,重量轻,便于折叠。

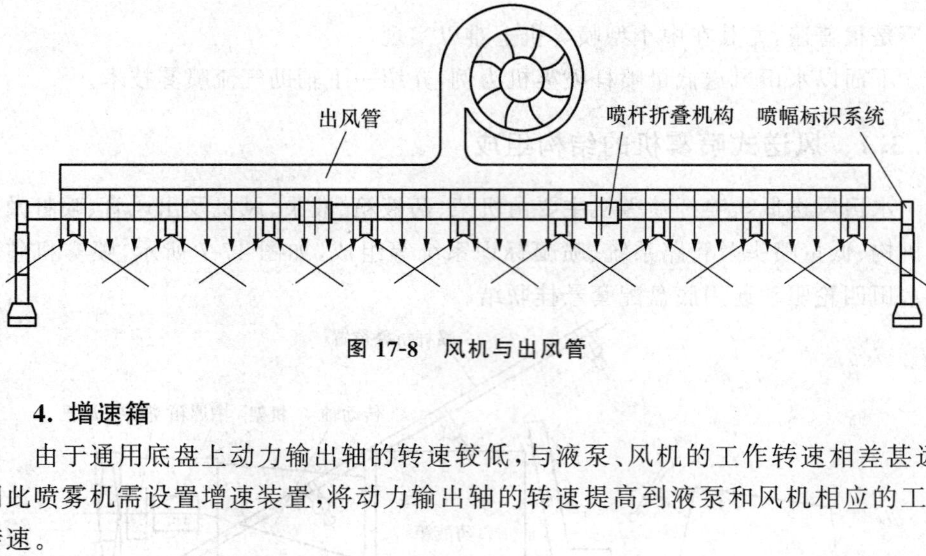

图17-8　风机与出风管

4. 增速箱

由于通用底盘上动力输出轴的转速较低,与液泵、风机的工作转速相差甚远,因此喷雾机需设置增速装置,将动力输出轴的转速提高到液泵和风机相应的工作转速。

17.3.2　辅助气流喷雾技术的特点

(1)可以有效地减少农药使用量,降低生产成本,提高防治效果　在气流的作用下,作物叶片发生翻动,雾滴的穿透能力得到加强,雾滴可以深入作物内部,对于稠密的作物中下部的病虫害有很好的防治效果。

(2)有利于促进低量喷雾技术的推广应用　以气流作为载体将雾滴吹向目标物,减少细小雾滴的飘失,为实现低量喷雾提供保障。

(3)提高了喷雾机的作业生产率　在气流吹送下,细小雾滴的飘失现象大大减少，因此喷雾机可以在较高的前进速度下喷雾。

(4)对喷雾环境要求低，时效性好　在一定的自然风速下能进行可靠的喷雾作业。即使在温度高和湿度低的情况下也可进行喷雾作业。

17.4 罩盖喷雾技术

采用罩盖技术被认为将是一种有效而经济的选择。罩盖喷雾通过在喷头附近安装导流装置来改变喷头周围气流的速度和方向，使气流的运动更利于雾滴的沉降，增加雾滴在作物冠层的沉积，减少雾滴向非靶标区域飘移，达到减少雾滴飘失的目的。

农药的使用效果与药液雾滴的直径紧密相关。小雾滴在病虫害防治上有独特效果，其附着性好，覆盖均匀，但极容易飘失，如果采用增大雾滴直径的方法来达到减少雾滴飘失的目的，在病虫害防治上是不合适的。因此，采用改变雾滴的运动轨迹来减少雾滴飘失是一个很好的办法。辅助气流和静电喷雾在一定程度上是通过改变雾滴运动轨迹来减少飘失的，但使用上存在一定的局限性，并且结构复杂和价格昂贵。而罩盖喷雾结构简单、投入少，在很多应用领域需要罩盖喷雾技术：如玉米地行间喷施除草剂、间套作种植模式的病虫害防治、高尔夫球场以及城市绿地的病虫害防治等。罩盖不仅可以引导气流增加雾滴沉积，同时可以隔离靶标和周围作物，减少农药对周围敏感作物的药害。

17.4.1 罩盖结构的种类

从罩盖的形式可分为气力式罩盖喷雾和机械式罩盖喷雾。气力式罩盖有风帘、风幕、气囊等形式。它是通过外加风机产生的气流来改变雾滴的运动轨迹，达到减少雾滴飘失的效果。

机械式罩盖即安装罩盖胁迫气流改变运动轨迹和气流流场，达到防飘的效果。机械式罩盖的材料有金属、塑料、网状、栅格等。罩盖结构从罩盖的形式可分为半封闭式罩盖(图 17-9)和封闭式罩盖(图 17-10)。

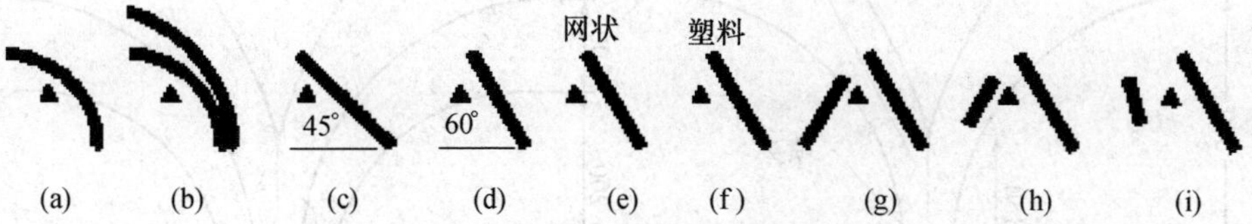

图 17-9　9 种半封闭式罩盖

从罩盖与喷头安装的相对位置可分为前挡型、后挡型、前后双挡型。

前挡型即罩盖安装在喷头的前方,作业过程中改变喷头前方的气流运动轨迹从而改变喷头周围的流场(图 17-11)。

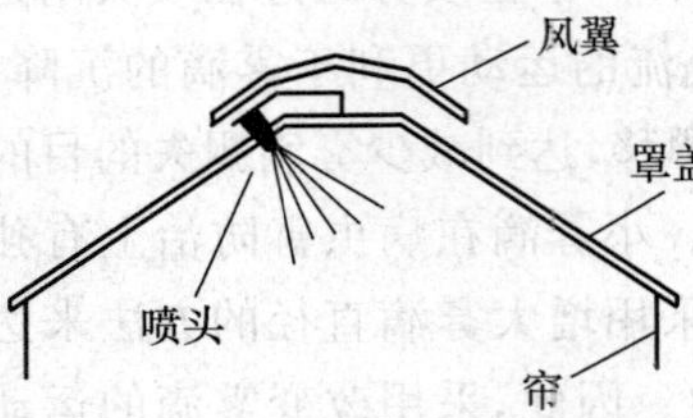

图 17-10 封闭式罩盖

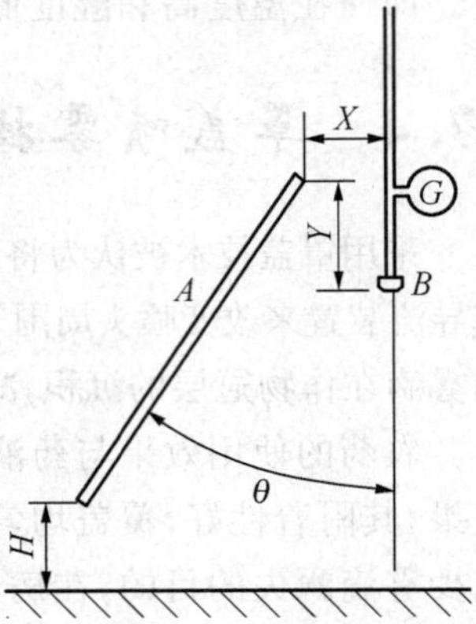

图 17-11 前挡型罩盖

后挡型即罩盖安装在喷头的后方,对气流有引导的作用。如图 17-9 中的(a)至(f)为后挡型罩盖。

前后双挡型即在喷头的前后都安装罩盖,减弱气流上游对雾流的作用,减小雾流前方气流速度,从而达到减少飘失的效果。如图 17-9 中(g)至(i)为前后双挡型罩盖。

从罩盖的形状可分为挡板型和圆弧罩盖型。如图 17-9 中的(c)至(i)即为挡板型。圆弧罩盖有单圆弧罩盖(图 17-9(a))、双圆弧罩盖(图 17-9(b))、对称双圆弧罩盖、对称三圆弧罩盖(图 17-12)。对称多圆弧罩盖是通过罩盖形成风道,而对雾滴风送,防飘原理类似于气力式罩盖,所以属于气流输送型。

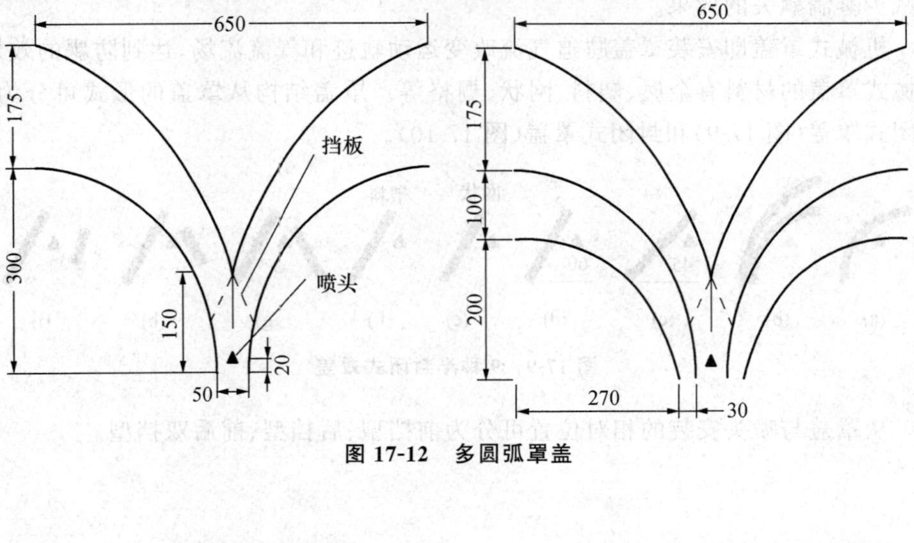

图 17-12 多圆弧罩盖

17.4.2 罩盖防飘失原理

前挡型和封闭型防飘失机理相同，都是通过罩盖结构减弱气流上游对雾流的作用，减小雾流前方气流速度，而达到减少飘失的效果。前挡型罩盖使得罩盖后方或者内部形成一个低压区域，在此区域内气流紊流强度很高，容易形成乱流，细小雾滴会因为紊流作用而附着在罩盖壁面上流失到地面，造成局部药害，同时也容易被罩盖底部的快速气流卷吸出罩盖而形成飘失。后挡型罩盖主要是对气流引导，使水平气流朝向靶标运动，胁迫气流中的雾滴沉积，同时因为罩盖的阻挡作用使得罩盖前方的气流速度减小，进一步增强防飘失效果。后挡型罩盖虽然减弱了作用于雾流的速度，但是气流还是有足够的能量将雾流中的细小雾滴吹出，因此后挡型罩盖所引导的气流中夹带着大量的细小雾滴，由于罩盖阻挡作用使气流在罩盖周围绕流，结果造成在罩盖底部与靶标之间区域的水平气流速度很大，削弱了罩盖对气流的胁迫作用，所以还是会有部分雾滴飘失。双圆弧罩盖主要是通过双圆弧结构形成一个风道，进一步增加气流的胁迫作用，因此较单圆弧结构能够提高罩盖的防飘失性能。虽然双圆弧罩盖能够有效地减少飘失，但是气流还是先将雾流中的细小雾滴吹出，然后再被罩盖引导，所以防飘效果还不是最优。理想的罩盖应该与气力式罩盖类似，使作用于喷雾扇面上的气流向靶标运动，输送雾滴沉积，对称多圆弧罩盖就实现了这一原理，但是由于其结构庞大、复杂丧失了实用性。

18 静电喷雾技术

农药静电喷雾技术是在控制雾滴技术和超低容量技术基础上结合静电理论而进一步发展的一种农药高效施用技术。该技术应用高压静电在喷头与目标之间建立静电场，药液流经喷头雾化后通过不同充电方法被充上电荷，形成群体荷电雾滴，然后在静电场力和其他外力联合作用下，雾滴做定向运动而被吸附在目标上。静电喷雾技术具有雾滴尺寸均匀、沉积性能好、飘移损失小、沉降分布均匀、穿透性强，尤其是在植物叶片背面也能附着雾滴等优点，与常规喷雾方式相比，极大提高了在作物表面的喷雾沉积率，增加了均匀性，同时减少了雾滴的无效漂移和药液流失。农药静电喷雾技术及机具已被成功应用于大田、果园和温室作物的植保作业。但静电喷雾需要高压静电发生设备，因此，静电喷雾机具结构比较复杂，成本较高。

18.1 农药静电喷雾技术研究进展

18.1.1 国外研究进展

Rayleigh 是静电雾化研究领域的先驱者，1882 年开始雾滴静电化研究，发现非静电雾化雾滴直径是静电雾化产生的雾滴直径的 1.9 倍。20 世纪 40 年代，法国的 Hampe 首次将静电应用于农药喷施作业。此后美国一些大学如佐治亚大学进行了正式的研究试验，试验结果表明，静电场可以大大提高农药药粉对植物的附着率。

静电喷头是静电喷雾的主要部件。美国佐治亚大学的 Law(1978)及其学生在气力雾化喷头的基础上研制了嵌入式感应荷电喷头，在卷心菜上的试验表明荷电喷雾的沉积效果是非荷电喷雾的 7 倍，在棉花上的沉积是非荷电喷雾的 2 倍，荷电喷雾可增加在靶标正面及背面的沉积量。经过多年的研究改进，该成果由美国 ESS(Electrostatic Spraying System)公司投入商品化生产，现应用于大田、果园和温室病虫害的防治。Marchant(1985)设计了离心雾化的感应式荷电喷头，静电感应装置和喷头转盘一起转动。Dobbins(1995)设计了基于背负式弥雾机的感应荷电喷头，该喷头呈扁平状出口，一边安装气流剪切式喷头，对面安装感应电极。由美国系列静电喷雾器(Spectrum Electrostatic Sprayers)公司制造的航空静电喷雾系统，静电喷头采用双极性感应荷电，适用于各种中小型螺旋桨飞机和直升机挂载，可广泛应用于森林、草原、果园及农作物的航空喷洒作业。

对于接触式静电喷头，Coffee(1979)研制的商品名为“Electrodyn”的手持静电喷雾器采用接触式静电喷头，使用油剂，电压为 25 kV，依靠高电压在液膜产生的驻波来实现喷液的雾化。该喷雾器的优点是超低量喷雾，不需要水，不需要外加机械力雾化或输送雾滴，雾滴可控(调节电压或流量，范围在 40～200 μm)，雾滴速度快，可以减少飘失，“包裹”效应明显，同时改善了雾滴在靶标背面的沉积；封闭式农药填装系统降低操作者接触高浓度农药的危险，而且减少了农药混配的错误，手持式喷雾机轻便且易于使用。Western 等设计的接触式静电喷头由两块聚甲醛塑料构成，其中一块作为储药箱，另一块接高压电源(25 kV)，塑料板之间是一个有 23 个小槽的夹铁。两个静电喷头并列固定在有机玻璃喷杆上使用，接地金属铜棒起到加强电场的作用，位于喷头的两边，距离 90 mm。使用油/醇混合液，不同配比具有不同的电导率和黏度，以改变雾滴的大小。

德国 Ganzelmeier(1980)和 Moser(1983)研发了液力式电晕荷电喷头，电极电压为 70 kV。田间试验表明：荷电喷雾可以在小麦旗叶上增加 90%的沉积量，在叶片背面增加 1 倍的沉积量；对于冠层下部的沉积量，静电喷雾则没有显著性增加，即使有风助(2.3 m/s)。在低矮植株上，风助可以增加冠层底部的沉积量达 50%。Cooper(1998)等研究了基于离心雾化的电晕荷电喷头，雾滴尺寸可以通过改变转盘转速和电压的方式调节。在棉花上的沉积试验表明，该款喷头可以增加总沉积量和叶片背面沉积量，雾滴在穿透性方面没有改善，可以使用常规的水基型农药。

18.1.2 国内研究进展

我国的农业静电喷雾技术始于 20 世纪 70 年代末，上海明光仪表厂、江苏太仓静电设备、丹阳电子研究所、北京农业大学等先后研发了手持转盘式静电喷雾器，河北省邯郸市机械研究所研发了接触荷电手持式静电喷雾器等。中国农业大学尚鹤言基于 WFB—18AC 型机动喷雾机研发的接触式荷电机具，用于大田和果树，防治尺蠖和麦蚜，取得良好的防效。1992 年，江苏大学研制了风送灭蝗静电喷雾装置。2002 年，中国农业大学何雄奎等研制了果园自动对靶静电喷雾机，结果表明，在苹果树上的有效附着率为 45.38%～53.46%，节省农药达到 50%～75%及以上。南京林业大学茹煜等研究了感应式航空静电喷雾装置，在 Y—5B 农用飞机上挂载静电喷雾系统，并进行了雾滴沉积、有效喷幅、雾滴飘失等方面的测试。结果表明，相比于常规航空喷雾，静电喷雾明显增加沉积，而且沉积分布均匀，雾滴漂失小。山西农业大学任惠芳研制了气力式感应荷电喷头，研究了气压、流量、液压、荷电电压、喷口直径等对雾化质量及荷电性能的影响。河南农业大学余泳昌等研制了组合式静电喷雾装置,采用感应和电晕荷电,使雾滴细化,改善雾滴谱的分布。中国农业大学何雄奎等研制了电晕式荷电喷头和感应式荷电喷雾系统,并对药液的理化性质对静电沉积效果的影响进行了基础研究。

18.2 静电喷雾原理

静电喷雾过程包括药液雾化、雾滴荷电、雾滴输送和荷电雾滴沉降过程。带电粒子在电场方向力的作用下,会沿电场方向即电力线运动。静电喷雾时,将高压静电发生器产生的高压负电加在喷头附近,在喷头和靶标之间建立静电场,如图 18-1 所示,根据静电感应原理,地面上的靶标将引起和喷头极性相反电荷,并在两者之间形成静电场。农药液体流经喷头雾化后,药液被充上负电荷,由于荷电雾滴带有和喷头极性相同的电荷,受到喷头同性电荷的排斥,在目标表面异性电荷的吸引下,带电雾滴受电场力推动将沿着电力线向靶标运移(由于雾滴离开喷嘴时有速度惯性,且受其自身重力等的影响,所以雾滴的运动轨迹并不完全和电力线重合),电力线分布于靶标的各个部位,从而使荷电雾滴被吸向靶标的各个部位,不仅能吸附到目标的正面,而且能吸附到目标的背面和隐藏部位。

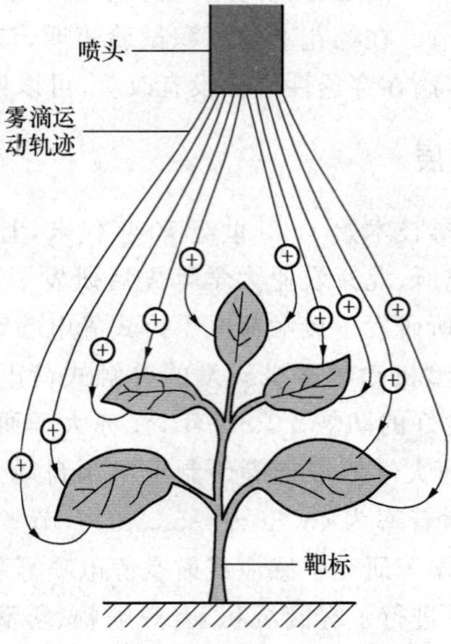

图 18-1 静电喷雾原理

18.2.1　药液雾化及输运过程

静电喷雾药液雾化可分成两个过程。第一个过程是通过液力、气力或者离心力使药液分散破碎，形成初始雾滴；第二个过程是静电雾化过程，喷出的喷液雾滴在整个喷雾形成过程中，雾滴置于高压电场中，在表面张力、剪应力、同性电荷之间排斥力以及重力的共同作用下，进一步雾化成更小的雾滴。

荷电雾滴输运沉积过程十分复杂，受到电场和流场的耦合作用。当荷电雾滴群射入周围大气中，与气体发生混合，并带动外部气体运动，射流与气体间发生着动量交换和质量交换，而且实际流场的随机性大，影响雾滴输送的因素很多，涉及空气环境及药液黏度、温度等。单个荷电雾滴除了受到喷头和接地靶标之间电场的作用，还受到荷电雾滴云自身产生的空间电场的作用。在雾滴的输运过程中，对荷电雾滴运动起主要作用的力为重力（在某些情况下也可以忽略，因为当雾滴荷电量高时，电场力超过重力的 50 倍以上）、曳力和电场力。

18.2.2　雾滴充电

1. 雾滴充电方式

雾滴的充电方式主要有电晕充电、接触充电和感应充电 3 种。

（1）电晕充电　是用静电高压发生器尖端放电，通过电离其周围的空气使雾滴荷电。如图 18-2 所示，当把 L_1 和 L_2 接地，L_3 接高压正极电源，就会在尖端电极 4 附近产生能够足以使周围空气电离的局部强电场，从而对喷嘴处正在雾化的雾滴进行充电。一般尖端电极上的电压超过 20 kV 才能获得所需要的电场。这种充电方式是药液雾化后在喷头外部充电，高压绝缘性好，可直接用于现有的普通喷头上。充电时，喷雾器接地，以防止操作人员遭受电击，同时要求药液具有较好的导电性。

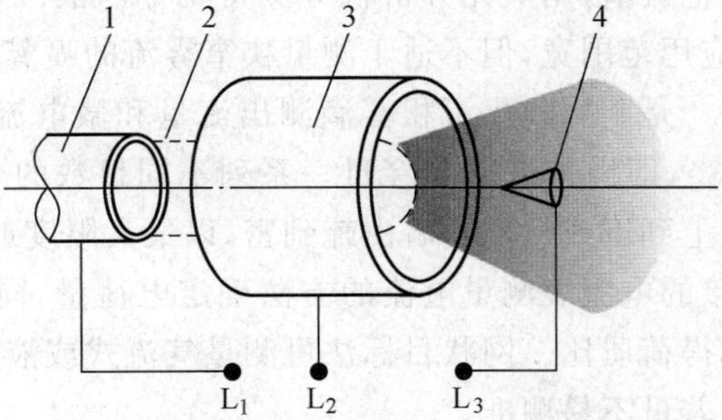

图 18-2　充电装置工作原理示意图

1—喷头　2—喷液流束　3—感应极环　4—尖端电极

(2)接触式充电　是把静电高电压直接与药液箱内部的药液连接,雾滴在流经喷嘴喷出后即可形成带电雾滴。即把高压正极电源与 L_1 相连,拿掉感应极环 3 和尖端电极 4,电荷则由导体直接对流经 L_1 正在雾化的雾滴进行充电。由于充电液体和地之间距离较大,所以要求充电电压较高,一般以 20 kV 最适宜。

(3)感应式充电　在外部电压电场作用下,使液体在喷嘴出口形成雾滴的瞬间,根据静电感应原理,使喷出的雾滴带有与外部电场电荷极性相反的电荷。即把尖端电极 4 去掉,在 L_1 和 L_2 之间加一电源,在喷头 1 和感应极环 3 之间建立电场,正电荷聚积在感应极环上,负电荷聚积在喷头和喷液流束上,这个电场便对正在雾化的雾滴进行充电。液体可以接地,药液箱不需要绝缘,但电极必须与药液绝缘,感应充电电压较低,只需几千伏。也可直接应用于现有普通喷头上。

对比 3 种充电方式:其中接触式充电效果最好,感应式充电次之。但接触式充电因绝缘比较困难而很少应用。电晕充电高压绝缘性好,可直接用于现有的普通喷头上,但所需电极电压较高;感应式充电电压较低,只需几千伏,低电压的使用对电源研制、操作者安全、静电喷雾装置在田间实际应用具有更多的实用价值,目前感应式静电喷雾系统的应用最为广泛。

2. 雾滴充电效果评定参数及测量方法

雾滴的荷电量与雾滴质量之比(即荷质比)是衡量喷雾器对雾滴充电的重要指标。荷质比越大,则喷雾效果越好,当荷质比为 3～5 mC/kg 时,带电雾滴就有较强的静电效果。荷质比测定的方法和手段,目前主要有 3 种:模拟目标法、网状目标法和法拉第筒法。

(1)模拟目标法　即实物模拟,是用金属材料制造模拟实物模型。如通过聚四氟乙烯使除靶标外的所有部分保持有效低电位,并将一尖端插头压进植物茎管,然后通过同轴电缆与电荷集电计连通。当含有标准示踪液的荷电雾滴沉降至靶标上时,通过集电计读出电流值,用荧光分析仪等测得靶标药液沉积量,从而计算出荷质比。模拟目标法应用范围宽,但不适于测量狭窄雾流的喷雾系统。

(2)网状目标法　是利用收集沉积雾滴测出流量和微电流值的原理来研究荷质比的方法(图 18-3),即当带电雾滴穿过一系列不同目数的金属筛网时(金属网分 3 层,而且网格从上到下或从左到右由疏到密,以最大限度地拦截带电雾滴),通过与金属网直接连接的电流表测量电流的方法确定电荷量,同时测出附着在筛网上的沉积量,即可算得荷质比。网状目标法可测量气流式或液力式喷雾系统,但在远距离测试时,其附着量不易测准。

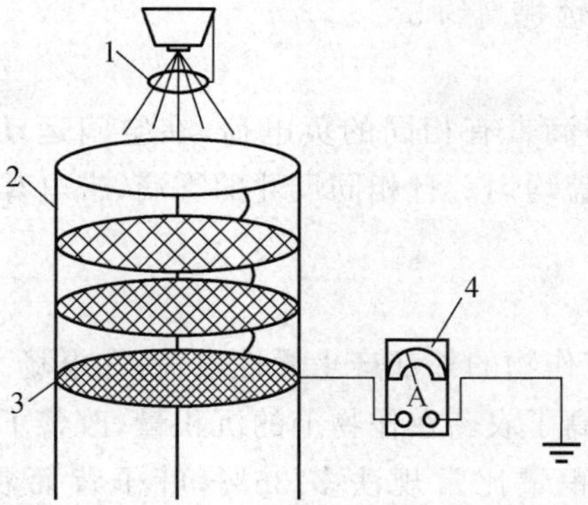

图 18-3 网状目标法测量荷质比原理图

1—静电喷头 2—绝缘支架

3—网状目标荷质比测量装置 4—微安表

(3)*法拉第筒法* 是传统荷质比测量方法,根据静电感应,利用内外相互绝缘的金属筒(图 18-4),测量电压、电容,计算带电量,同时测量带电体的质量,计算出荷质比。该方法要求将大气中的雾滴、粉粒全部收集在密闭的法拉第筒中,因此它只能测量狭窄雾流直接喷入内筒的喷洒系统。

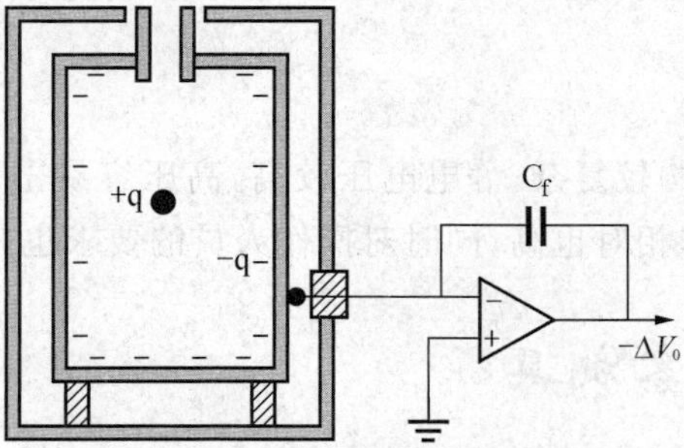

图 18-4 法拉第筒原理图

18.3 静电喷雾特点

与常规喷雾相比,静电喷雾在雾滴均匀、细化及提高雾滴在目标物的沉积量、均匀性、吸附性等方面有明显效果。

静电喷雾具有以下特点:

1. 雾滴均匀

有效地降低雾滴尺寸,提高雾滴谱均匀性,静电电压为 20 kV 时,雾滴尺寸降低约 10%,雾滴谱均匀性提高约 5%。

2. 电荷相同

静电喷雾形成的雾滴带有相同的负电荷,在空间运动中相互排斥,不发生凝聚,所以对目标作物覆盖均匀。且相同尺寸的雾滴,带电雾滴与叶面有较大的接触面积,作物更容易吸收。

3. 异性电荷

带电雾滴的感应使作物的外部产生异性电荷,在电场力的作用下,雾滴快速吸附到作物的正反面,提高了农药在作物上的沉积量,改善了农药沉积的均匀性。农药在作物表面上的沉积量比常规法多 36%,叶子背面农药沉积量比常规法多 31%,作物顶部、中部和根部农药沉积量分布均匀性都有显著提高,从而提高药剂的利用率,减少农药的使用量,降低施药成本。电场力的吸附作用减少了农药的飘失,降低了农药对环境的污染。

4. 持效期长

由于带电雾滴在作物上吸附能力强,而且全面均匀,施药率高,所以农药在叶子上黏附牢靠,耐雨淋,有较长的残效期。灭虫效果有较大幅度提高。如野外露天场地上对自由活动的苍蝇进行静电喷雾和常规喷雾 1 h 后,静电喷雾的平均杀伤率为 66.6%,而常规喷雾为 36.2%;草原灭蝗发现,静电喷雾在 48 h 后药效已高于标准 15%。

5. 条件限制

静电喷雾器械结构较复杂,静电电压较高,高压容易击穿绝缘层,因此对喷雾器械材料要求高,成本相对也高,同时对操作人员的要求也较高。

18.4 静电喷雾机具

18.4.1 手持式静电超低量喷雾机

"Electrodyn"手持式静电喷雾机由手柄、电池、高压发生器、喷头、药瓶等组成(图 18-5),采用接触式雾滴充电原理,使用油剂,药液在重力作用下流入高电压喷嘴,电压为 25 kV,依靠高电压在液膜产生的驻波实现药液雾化,雾滴以约 10 m/s 的速度沿喷嘴和靶标间的电力线运动。由于喷头体无转动部分,因此在耗能方面只有常规转盘式喷头 1/80。该喷雾机为超低量喷雾,不需外加的机械力雾化或输送雾滴,雾滴可控(调节电压或流量,范围在 25～200 μm),雾滴运动速度快,"包裹"效应明显,可改善雾滴在靶标背面的沉积效果。

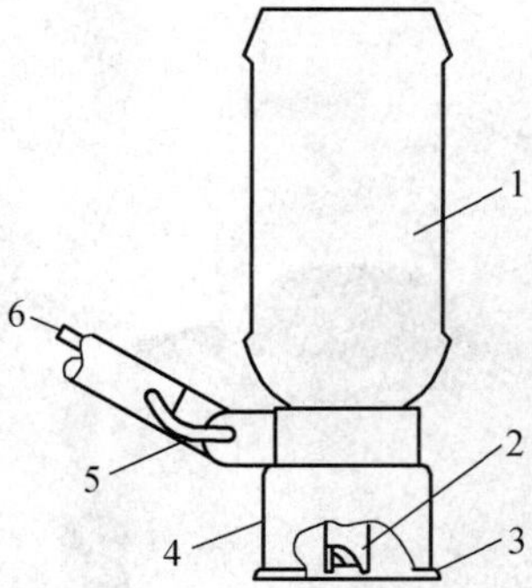

图 18-5　"Electrodyn"喷头示意图(a)和实物图(b)

1—药瓶　2—高电压喷嘴　3—低压相对电极　4—喷头罩
5—高压线　6—手柄(内置电池和变压器)

18.4.2　背负式静电喷雾机

1. 3WBJ—14DA 叶轮式静电喷雾机

苏州稼乐植保机械科技有限公司研制的 3WBJ—14DA 叶轮式静电喷雾机主要由药箱、叶片泵、蓄电池、静电发生器、叶轮式喷头等组成(图 18-6),蓄电池带动液电泵,将药液从药液箱中以一定的压力排出,经喷管进入电动机带动的叶轮式喷头,叶轮高速旋转风叶将药液打碎成微小的带电荷雾滴,大部分雾滴从风叶之间的间隙被向前吹出,小部分雾滴沿位于叶轮边缘轮廓内表面上的导流槽甩出。该机为电动背负式,液泵压力 0.03～0.04 MPa,药液流量 12～15 L/h,雾滴粒径 30～70 μm,由于雾滴被向前吹出,因此能够进入靶标内部,适用于较茂密农作物的病虫害防治和生长激素、液态肥料的喷洒。

2. 东方红—18 型静电喷雾机

1988 年,北京农业大学尚鹤言研制成功背负式机动静电喷雾机(图 18-7),该机由东方红—18 型背负式机动弥雾喷粉机加上静电喷头和高压静电发生器组成,是一种接触式静电超低量喷雾机。汽油机带动风机叶轮旋转,所产生的大部分高速气流经风机出口流往输液管,而少量气流进入药箱内,使药液箱中形成一定的气压。药液在压力的作用下,经输液管流到转盘式离心喷头,输液管上安装高压发生器,通过喷头分流锥上的导线孔将高压静电导线引入空心轴中,使药液接触充电。该机静电电压 15 kV,转盘式离心喷头齿盘转速(10 000±1 000)r/min,雾滴质量中径 45 μm。

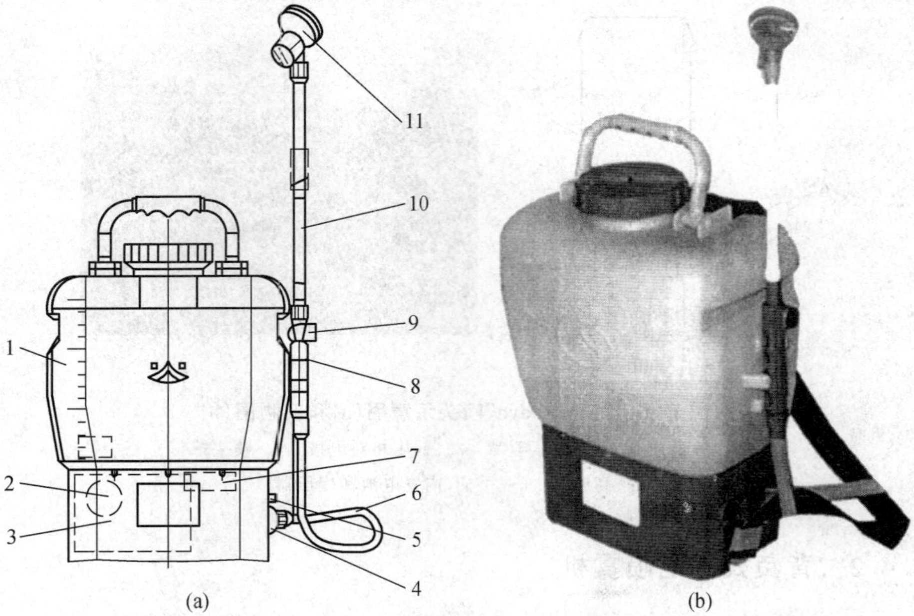

图 18-6　3WBJ—14DA 叶轮式静电喷雾机示意图(a)和实物图(b)

1—药箱　2—液电泵　3—蓄电池　4—电源开关　5—充电插座　6—连接软管

7—静电发生器　8—枪柄　9—药液开关　10—喷管　11—叶轮式喷头

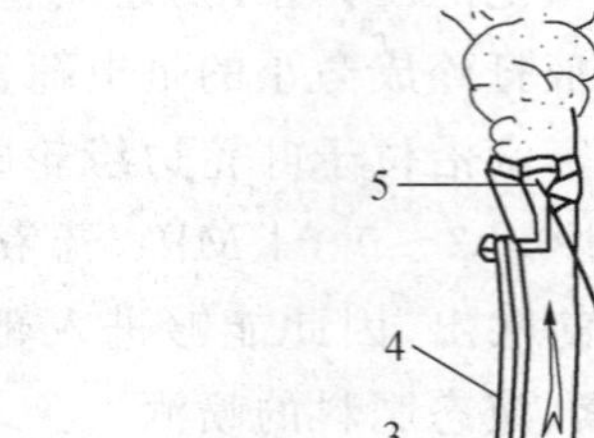

图 18-7　东方红—18 型静电喷雾机

1—风机　2—药箱　3—静电发生器　4—输液管

5—转盘式离心喷头　6—高压导线

18.4.3　大田静电喷杆喷雾机

由美国 ESS 公司生产的静电喷雾机，采用气助式嵌入电极静电感应喷头(图 18-8)，高速气流在喷头体内运行，在药液喷口处形成真空度，药液被吸入喷头，在喷头顶端与气流相遇，同时药液通道内的环形电极对雾流感应充电使药液薄膜表面积存电荷。气流和感应电场联合作用，药液薄膜形成带电液丝，液丝在气流和感应电场的持续作用下形成带电雾滴。雾滴粒径范围 25～60 μm，气体压力 0.103～0.413 MPa，静电电压 1.4 kV。

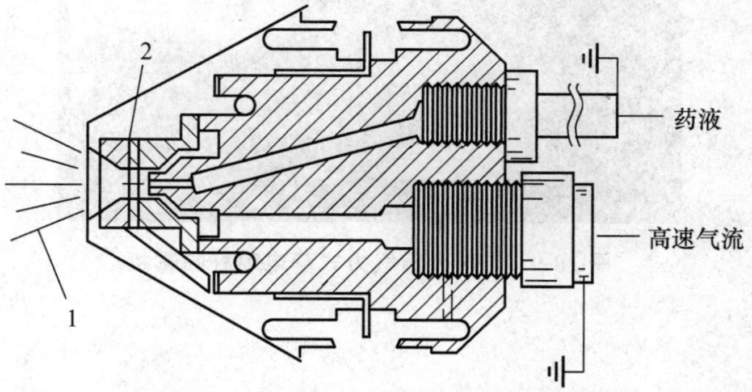

图 18-8　气助式嵌入电极静电感应喷头

1—荷电雾滴　2—电极

应用该喷头的气力式静电喷雾系统现已形成系列产品，应用于大田作物、温室、葡萄园等植保作业，比常规施药技术减少农药用量 50%。图 18-9(彩图-19)为该公司生产的大田气力式静电喷杆喷雾机，RC350 型采用全液压系统，该机净重 430 kg，配套拖拉机 48.1 kW 以上，药箱容积 567.75 L，气助式嵌入电极静电感应喷头 20/36 个，工作幅宽 4.8/9.14 m。

18.4.4　果园静电喷雾机

中国农业大学何雄奎研制了与中小马力拖拉机悬挂连接的果园自动对靶静电喷雾机。该机主要由机架、药箱、液泵、风机、低量喷头和静电系统、对靶系统和喷雾控制系统等部分组成，其整体结构如图 18-10 所示，药箱容积 300 L，整机外形尺寸为 1 500 mm×1 000 mm×1 200 mm。静电喷雾技术应用高压静电(电晕荷电方式)使雾滴带电，带电的细雾滴做定向运动趋向植株靶标，最后吸附在靶标上，其沉积率显著提高，在靶标上附着量增大，覆盖均匀，沉降速度增快，尤其是提高了在靶标叶片的背面的沉积量，减少了漂移和流失。为保证雾滴有足够的穿透和有效附

图 18-9　ESS 大田气力式静电喷杆喷雾机

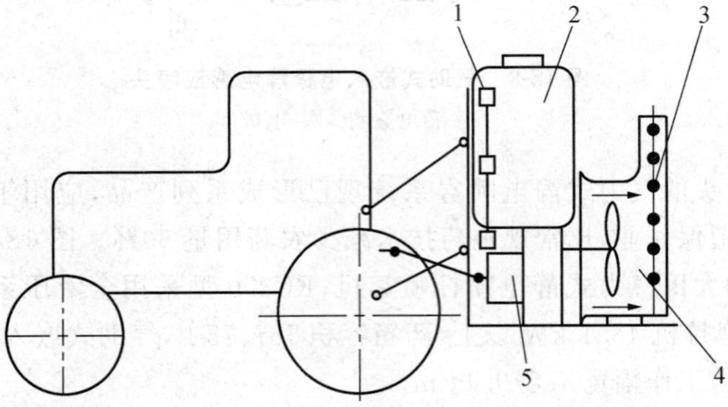

图 18-10　果园自动对靶静电喷雾机

1—靶标探测及电控系统　2—药液箱　3—低量喷头及静电喷雾装置
4—轴流风机及出风口　5—液泵及增速装置

着，利用风机产生的辅助气流使雾滴有效地穿透果树冠层，使果树枝叶振动，荷电的雾滴则可在靶标枝叶的正反两面有效、均匀地沉积。

美国 ESS 公司生产的 150VT 垂直葡萄园棚架静电喷雾机（图 18-11），专为垂直葡萄园棚架或 Y 形棚架系统设计，采用气助式嵌入电极静电感应喷头，可与

29.4 kW(40 hp)拖拉机挂接。

18.4.5 航空静电喷雾系统

图 18-11 ESS 公司生产的 150VT 垂直葡萄园棚架静电喷雾机

飞机在克服地形限制以及进行大面积喷洒作业方面发挥了重要的作用,但常规航空喷洒作业存在最大的不足是受气候影响大和飘移损失大。美国系列静电喷雾器公司(Spectrum Electrostatic Sprayers,Inc)制造的航空静电喷雾系统是自 20 世纪 90 年代以来最先进的航空静电喷雾器械,适用于各种中小型螺旋桨飞机和直升机挂载,该系统设备综合应用静电发生与航空低量和超低量喷雾技术,可广泛应用于森林、草原、果园及农作物的航空喷洒作业,可提高农药有效利用率,减少环境污染。航空静电喷雾系统采用双极性感应荷电喷头,工作时可产生静电高压 7～8 kV,喷雾雾滴粒径为 120 μm 的雾滴(图 18-12)。

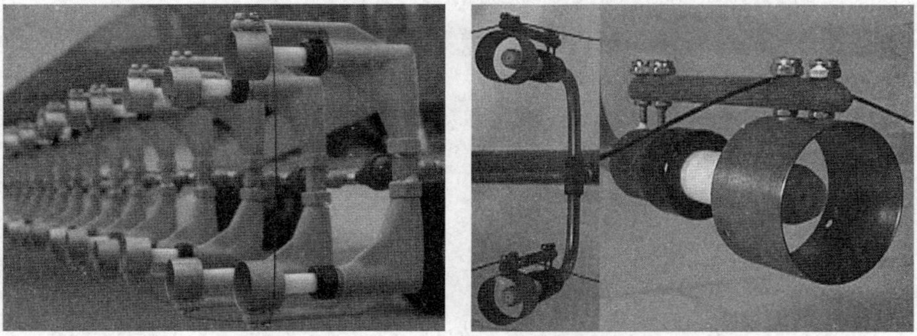

图 18-12 航空感应静电喷头

18.4.6 温室静电喷雾机

美国 ESS 公司生产的 XT 型号静电喷雾机由静电喷雾枪、药箱、空气压缩机等组成(图 18-13),工作原理是空气压缩机产生的高速气流一部分进入药箱,使药箱中药液产生一定压力,经药液管进入喷头。一部分高速气流由气管直接进入喷头,喷头采用气助式嵌入电极静电感应喷头,雾滴粒径 40 μm,药箱容积 11.35 L,空气压力 207 kPa,药箱压力 82～103 kPa,喷洒范围≤3.65 m。

图 18-13 ESS 生产 XT 型号静电喷雾机

19 保护地施药设备与施药技术

19.1 保护地施药技术要求及限制

我国保护地生产发展迅速，可周年生产蔬菜、花卉、水果等作物，保护地棚室种类繁多，除少量玻璃温室，多为简易塑料棚室，有小棚、中棚、大棚和日光温室等。保护地栽培作物较之露地作物更易于发生病虫害，其主要原因是：光照不足，作物本身对病虫害的抵抗力降低；独特的高温、高湿、密闭环境条件及连茬种植的特点，又加天敌减少，为病虫害的萌发、浸染和繁殖提供了适宜的气候条件、越冬场所，而且病虫害发生蔓延快，比露地生产来势猛。目前保护地生产中，使用化学农药还是控制病虫害最有效的手段之一，因为化学防治见效快，防效高，使用方便，尤其在病害流行，虫害猖獗发生的时候更是应急的措施。如果生产者缺乏经验和必要的植保知识，初发阶段不能及时识别出来，严重时只能靠加大药量和频繁打药来控制，不仅破坏了菜田生态环境，天敌种群衰弱，而且也使病虫害产生更强的抗药性，反过来又不得不加大农药用量，增加施药次数，从而形成恶性循环，容易造成蔬菜中农药残留量严重超标，污染环境，破坏生态平衡，消费者食用蔬菜中毒事件屡有发生，直接危害人身安全，而且农药残留超标也严重制约产品的销售和出口创汇。

由于保护地独特的栽培环境，传统的大容量喷雾技术反而容易增加棚室的湿度，不利于病害的防治，特别是在阴雨天气条件，温室不能通风换气情况下，更容易诱发病虫害的进一步发生。这就使大容量喷雾技术在保护地生产中受到很大限制，同时温室内高温高湿，喷洒时温室密闭，作物行间窄小，操作者负药液量大，劳动强度高，防护意识差，沐浴在药雾中，严重危害身体健康。目前发达国家在蔬菜病虫害防治中已广泛采用细雾滴低容量/超低容量、气流辅助喷洒技术取代大容量喷洒法，在达到同样防治效果的同时，大幅度提高农药利用效率，降低污染。因此，用常规的施药机具和施药方法已不能满足无公害蔬菜和绿色蔬菜的生产要求，应该采取适应性更广的施药技术体系。

19.2 保护地常用施药技术及施药设备

在保护地生产中，常用的施药技术主要包括植物叶面喷雾技术、喷粉技术、空间熏蒸消毒技术及土壤处理技术等。

19.2.1　喷雾技术

喷雾技术是保护地生产中最重要的农药施用方法，常用的喷雾方法有常量喷雾、低容量及超低容量喷雾，在我国还比较多的采用手动喷雾器进行常量喷雾，在作物苗期或对低矮作物进行针对性喷雾，低容量喷雾时既可飘移性喷雾，也可针对性喷雾，应针对不同作物、不同病虫害和农药，选用不同的喷雾方法，手动喷雾器的种类与大田使用的相同。但保护地采用细雾滴低容量、超低容量及气流辅助喷洒技术也广泛受到重视及应用，常用的超低量施药机具种类，按工作原理分有离心式和气液双流体雾化方式，如手持离心式超低容量喷雾器、电动离心式喷雾机等，气液二相流超低量喷雾机、吹雾机、静电喷雾机等。按作业方式有移动式和固定式，智能型喷雾机器人也在研究应用中，一般的，电动型机具要求配置电源、水源。

19.2.2　喷粉技术

所谓粉尘法，就是在温室、大棚等密闭空间里喷撒具有一定细度(10 μm 以下)和分散度的粉尘剂，使粉尘颗粒在空间扩散、飞翔、飘浮形成飘尘，并能在空间飘浮相当长的时间，因而能在作物植株冠层中很好地扩散、穿透，产生比较均匀的沉积分布。粉尘法的优点是工效高、不用水、省工省时、农药有效利用率高、不增加棚室的湿度及防治效果好等，但不可在露地使用，也不宜在作物苗期使用。常用的喷粉器械有手动喷粉器和机动喷粉机两大类，它们的工作原理都是由人力或动力驱动风机产生强大的气流用以吹送粉药剂，手动喷粉器适用于棚室内使用，其基本形式有胸挂横摇式、立摇式以及背负揿压式等。喷粉器械的结构组成，见相关章节。

19.2.3　烟雾技术

烟雾技术是指把农药分散成为烟雾状态的各种施药技术的总称，烟是由固态微粒在空气中的分散状态，而雾则是微小的液滴在空气中的分散状态，共同的特征是粒度细，粒径通常在 0.01～10 μm 范围内，在空气扰动或有风的情况下，烟雾微粒很难沉降，利用这一特性常用于相对密闭的温室内施药。如硫磺电热熏蒸技术、热烟雾技术和常温烟雾技术等，热烟雾机和常温烟雾机是典型的施药机具。

19.2.4　土壤处理技术

设施农业种植中的封闭条件和高密度的重茬复种，有利于土传病原物在土壤中积累，造成立枯病、猝倒病、枯萎病、黄萎病、根腐病以及根结线虫病等土传病虫害发生日趋严重，因此，除积极采用农业措施控制外，采取土壤药剂处理消灭土壤中的有害生物，也是解决此类问题的有效措施。土壤处理技术按操作方式和作用特点，可以分为土壤熏蒸消毒技术、土壤化学灌溉技术（或称灌溉施药技术，即英文Chemigation）、土壤注射技术、土壤颗粒撒施技术等。一般采用手动器械或机动器械将药剂撒施或注射到土壤中，施用前需要对土壤进行翻耕、平整，使土壤处于平、匀、松、润状态，在进行土壤熏蒸消毒处理时，还应进行覆膜处理，防治药剂逸出土面。化学灌溉技术是指对灌溉（喷灌、滴灌、微灌等）系统进行改装，增加化学灌溉控制阀和贮药箱，把农药混入灌溉水施入土壤和农作物中的施药方法。化学灌溉系统中需要装配回流控制阀，防止药液回流污染水源。这种施药方法安全、经济、防治效果好，避免了拖拉机喷施农药时机具对土壤的压实和对作物的损伤。

19.3 典型保护地施药设备及使用

19.3.1 常温烟雾机

常温烟雾机是利用压缩空气或高速气流，在常温下使药液雾化成小于 25 μm 的“烟雾”的机具。农业上主要用于保护地大棚温室内作物的病虫害防治，进行封闭性施药。具有省水、省药、雾量分布均匀、穿透性强等特点。作业时人、机分离，操作安全可靠，雾滴分布密度可达 3 000～5 000 粒/cm^2，能使作物各部位均匀受药，具有较好的防治效果。3YC-50 型常温烟雾机的主要结构、工作原理和使用技术见 14 章 14.1 节。

19.3.2 热烟雾机

热烟雾机（thermal aerosol generator）利用热能将药液雾化成均匀、细小的烟雾微粒，能在空间弥漫、扩散，呈悬浮状态，对密闭空间内的杀灭飞虫和消毒处理特别有效。它具有施药液量少、防效好、不用水等优点。在林业上主要用于森林、橡胶林、人工防护林的病虫害防治。在农业上适用于果园及棚室内的病虫害防治。机型如 6HY18/20 烟雾机，隆瑞牌 TS-35A 型烟雾机，林达弯管式 HTM-30 等。6HY 系列热烟雾机的性能规格、结构组成和使用与保养见 14 章 14.2 节。

20 航空施药设备及施药技术

航空施药是用飞机或其他飞行器将农药液剂、粉剂、颗粒剂等从空中均匀地撒施在目标区域内的施药方法，称为航空施药法(aerial application)。它在现代化大农业生产中具有特殊的和不可替代的重要地位和作用，其优越性主要表现在以下几个方面。

首先，作业效率高，作业效果好，应急能力强。飞机施药的工作效率一般为50～200 hm^2/h，适于大面积单一作物、果园、草原、森林的施药作业，以及滋生蝗虫的荒滩和沙滩地等的施药。飞机施药能以很快的速率控制住暴发性、突发性病虫害的发生。

其次，不受作物长势限制，有利于后期作业。随着农业高新技术的推广应用，许多新技术措施，如叶面施肥、喷洒植物生长调控制剂等，都是在作物生长的中后期进行，地面大型机械难以进入作业，而使用飞机作业就不受其影响。

第三，可适期作业，有利于争取农时。许多农业项目的最佳作业时间很短，由于受气候条件影响，尤其在涝灾严重的季节，地面机械无法进地作业；还有些情况，由于地形或作物，如森林地带或香蕉种植园，地面喷雾设施的应用受到限制。此时唯有采用飞机施药可以发挥其特殊功能，起到地面机械不可替代的作用，而且不压实和破坏土壤物理结构。

航空施药会产生农药飘移，对环境污染的风险高，尤其当作物面积太小时，使用飞机喷雾就会将大量的农药喷在相邻地块的作物上，造成浪费、污染或药害。另外，如果喷洒的面积不够大，还会因飞机喷雾成本太高而限制了它的使用。在有些发达国家已禁止飞机喷洒农药，认为它会对环境造成严重污染。航空施药均是由受过专门培训的专业人员和专业部门操作与管理，与一般的农药使用有很大的区别。

20.1 施药飞机的类型与使用性能

从国际发展趋势看，农用航空在农、林、牧、渔生产中的作业项目已经发展到10多类100余种。除了常用于传统的植物病虫害，造林种草，化学除草，根外追肥，人工降雨和航空遥感外，目前还用于繁殖生物、消除冰雹和防霜防冻等新用途。

航空施药采用的机型主要有两种类型:固定翼和旋翼式(直升机)飞机,定翼式飞机按其用途包括固定翼式施药专用飞机和固定翼式多用途飞机。

20.1.1 固定翼式施药专用飞机

一般装备单台发动机,功率 110～440 kW,作业飞行速度 100～180 km/h,载药量 300～800 kg。这类飞机结构轻巧,飞行机动灵活,驾驶安全,施药设备配置合理,施药质量好,作业效率很高,适合于作物单一、种植面积大、施药次数多、作业季节较长的农场和林场使用。

20.1.2 固定翼式多用途飞机

一般发动机功率为 440～730 kW,农用载重量 1 000～5 000 kg,飞行仪表齐全,速度快、航程远、低空性能好,除能喷施农药外还可用于客货运输、防火护林等,也是目前使用最多的一类飞机。我国生产的运五 B(Y—5B)、运十一(Y—11)等均属此类飞机。

固定翼式飞机施药使用成本低,消耗的动力也低于直升机,但要有地面设施(如跑道)且与喷洒点要有一定距离,而效率与直升机相差不多。其不足之处为固定翼式飞机高速飞行时,机翼下会产生涡流,影响雾滴顺利地向下喷向目标。又为考虑安全,飞机距地面高度应比直升机大,因而农药飘移问题可能性大。根据试验,解决两翼涡流的方法之一是缩短喷杆长度,即让喷杆长度小于机翼的长度。

中国目前使用的农用飞机,主要有国产运五 B(Y—5B)、运十一(Y—11)和农林五(N—5A)等机型;从国外引进的有 M—18A、GA—200、空中农夫(PL—12)等。它们的主要技术性能参数见表 20-1。

1. 运五 B(Y—5B)型飞机

该机型是我国工业、农业、林业生产上使用最广泛的小型飞机,双翼单引擎,设备比较完善,具有多种用途,低空性能良好,具有多种用途,可进行物资运输、抢险救灾物资空投、农业航空喷雾喷粉、护林防火、森林灭虫及草原森林播种等项作业。

为适应喷洒不同物料的要求,农用设备分喷粉、播撒干料和喷液 3 种。喷粉、播撒干料和喷液共用 1 个药桶,每次可装药 1 000 kg。作业高度在平原可距作物顶端 5～7 m,山区距树冠 15～20 m 的上空。喷粉有效喷幅为 60～70 m,喷液有效喷幅为 40～50 m。喷管上装 80 个喷头,喷头有 5 种型号用以调节喷洒量。

表 20-1 国内常用飞机主要技术性能参数

项目	运五 B 型 (Y—5B)	运十一型 (Y—11)	农林五 (N—5A)	空中农夫 (PL—12)	M—18A	GA—200
产地	石家庄	哈尔滨	江西洪都	澳大利亚	波兰	澳大利亚
发动机功率/kW	735	209×2(双)	294	294	735	184
油耗/(L/h)	140	80	—	90	160	60
空机质量/kg	3 450	2 100	1 328	1 111	2 670	765
载药量/kg	1 000	800	700	700	1 500	500
巡航速度/(km/h)	256	220	220	200	225	200
作业速度/(km/h)	150～170	150～170	170	168	180	168
起飞滑跑距离/m	180	160	296	200	458	210
着陆滑跑距离/m	230	140	252	197	250	290
起降最大允许风速/(m/s)						
45°侧风	8	11	11	11	10	11
90°侧风	6	8	8	8	6.5	8
逆风	15	15	15	15	15	15
喷施设备	喷头、旋转式雾化器、播撒器	喷头	喷头	喷头、旋转式雾化器、播撒器	喷头、旋转式雾化器、播撒器	喷头、播撒器
喷幅/m	50	45	35	20	40～45	18～20
作业高度(离作物)/m	5～7	3～6	3～5	3～5	3～5	3～5
作业效率(hm^2/h)	70～80	65～75	65～80	65～80	130～150	50～65
续航时间/h	7	6.6	5	4	4	3.5
调机可乘人员	12 人	8 人	2 人	3 人	2 人	2 人
跑道长×宽/m	500×30	500×30	500×30	500×30	500×30	500×30

注:数据来源于《农业航空技术指南》,郭庆才主编,中国农业出版社,2007 年 7 月。

2. 运十一(Y—11)型飞机

该机型是中国工农业生产使用较为普遍的飞机,以满足农业生产为主,兼顾地质勘探、短途运输、广告宣传等。双发动机单翼,具有低空爬升率大、机动性能好,超越障碍能力强,驾驶窗视野开阔的优点,并能在简易土跑道、草原跑道上起飞着陆,经济性好;缺点是无单发性能,故不能参加护林防火及山区作业。

3. 农林五(N—5A)型飞机

该机型是江西洪都飞机制造公司研制生产的农、林两用飞机,为我国自行生产的较先进的机型,目前在农业、森林巡护、森林化学灭火、森林灭虫等项工作中应用。

主要用途:叶面追肥、防治病虫害,在特定地区进行化学除草,水稻、草原、森林播种,航空护林,森林化学灭虫及飞行广告等。

喷洒设备使用美国产的 CP 喷头,采用国外先进低容量喷洒技术,化学灭草施药液量 20～25 L/hm^2,防虫 10～15 L/hm^2。作业飞行高度(距冠层)追肥、防病为 4～5 m,除草为 3～4 m。

4. 空中农夫(PL—12)型飞机

空中农夫是从澳大利亚引进的小型农用飞机,这种飞机可使用抛撒器喷撒干料,采用喷头或雾化器喷洒除草剂,可为农、牧、林场播种,远程巡视,包括对森林山火、害虫等进行农务检查,并装有照相机,可将检查结果拍照。

5. GA—200 型飞机

该机型是从澳大利亚引进的小型单发动机单翼农用飞机,适用于小块地作业,可用于喷雾、播撒干料、森林巡护、森林灭火和病虫草防治等作业。

主要用途:叶面追肥、化学除草、防治病虫害、水稻播种、航空护林、飞行广告。

喷洒设备使用美国生产的 CP 喷头。喷洒作业使用国外先进的低容量喷洒技术。喷液量:追肥防病施药液量 20 L/hm^2,防虫害 10～15 L/hm^2;喷幅:叶面追肥 20 m,防虫 25 m,除草 18 m;作业飞行高度(距冠层):追肥、防病 4～5 m,除草 3～4 m。

6. M—18 型农用飞机

M—18 型飞机是从波兰引进的较大型农林飞机,该机具有多种用途。单发动机单翼,可进行航空施药、护林防火、化学灭火、植树播种和草原、水稻播种等作业。超低空性能好,载重量大,设备仪器先进,适合于大面积作业。

20.1.3 旋翼式直升机

直升机飞行机动灵活,适合于地形复杂、地块小、作物交叉种植的地区使用。

但直升机造价昂贵，运行成本高，因此，只有少数国家用于农药喷洒。目前，在日本有一种微型无人驾驶遥控飞机也在用于空中喷雾，见20.5节介绍。

直升机飞行时螺旋桨产生向下的气流，可协助雾滴向植物冠层内穿透。并且由于直升机可距地面很低飞行、强大气流打到地面后又返回上空，迫使雾滴打在作物叶子的反面，所以可作小雾滴直径低量喷雾。例如，在用直升机进行大田作物和葡萄园喷雾时，可采用50～200 μm的雾滴直径、施药液量为15～100 L/hm^2。

20.2　施药设备

20.2.1　施药设备的组成及工作原理

航空施药系统有常量喷雾、超低容量喷雾、撒颗粒、喷粉等多种施药设备，也可喷施烟雾，根据需要选用。目前主要使用喷雾、喷粉系统。

1. 喷雾设备

喷雾设备分为常量喷雾和超低容量喷雾两种设备。主要由供液系统、雾化部件及控制阀等组成。供液系统由药液箱、液泵、控制阀、输液管道等组成(图20-1)。药箱安装在机舱内，液体农药、农药粉剂用同一药(液)箱装载。液泵安装在机身外部下侧，由风车或电机驱动。雾化部件由喷雾管与喷头组成，根据不同喷雾要求，可更换不同型号的喷头。工作时，利用飞机飞行中的相对气流推动风车高速旋转产生动力，驱动液泵从药箱中吸取药液，并输送至出液阀门，打开阀门，药液经喷雾管道进入雾化部件喷出。飞行员在座舱内操纵喷雾控制阀即可实施喷雾。

常量喷雾装置在飞机上的安装方式见图20-1(a)。在喷杆上安装一排不同数量或不同型号的喷头，喷头常采用圆锥雾喷头或扇形雾喷头。作业时，来自液泵的药液在压力的作用下，经喷杆进入各个喷头，按一定方向喷射出来，雾流随即受到飞行中高速气流的冲击，进一步破碎形成细小的雾滴洒向地面。

超低容量喷雾装置在飞机上的安装见图20-1(c)，雾化器数量4～6个不等。雾化装置以转笼式和转盘式应用较多，其他部件与常量喷雾设备大同小异。超低容量喷雾是一种工效很高的喷雾方式，与常量喷雾相比，其喷雾量很小、雾滴极细。超低量喷雾常使用的是油剂农药，非常适合地域辽阔的大面积农场、牧场、林场喷洒农药。

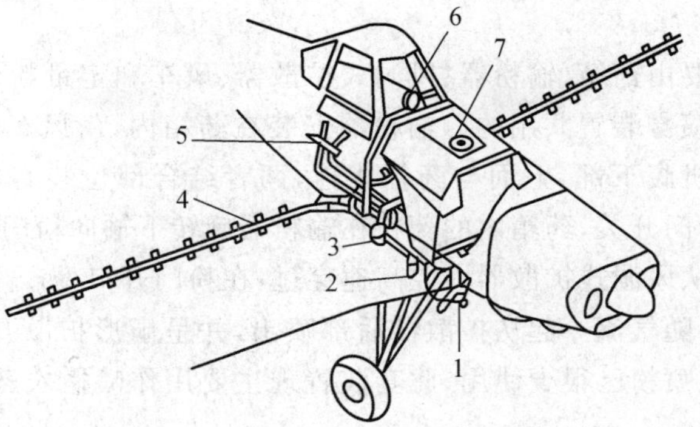

(a)

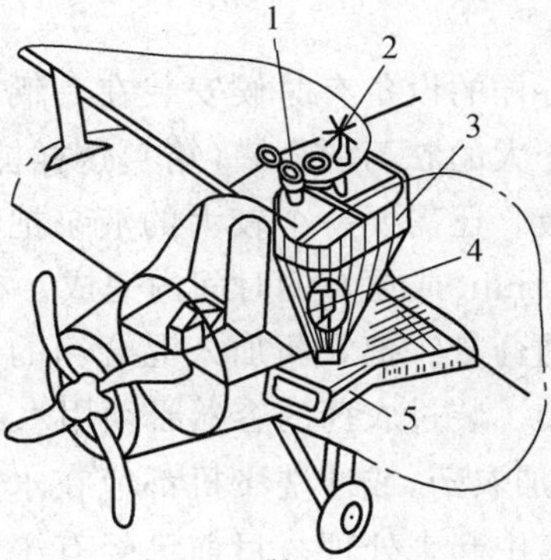

(b)

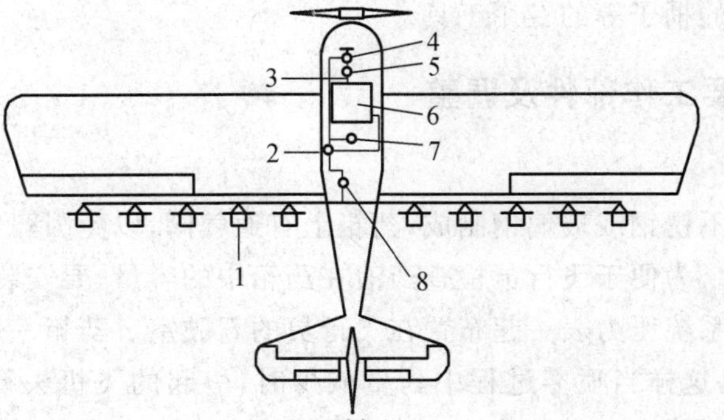

(c)

图 20-1 飞机施药设备的安装示意图

(a)飞机常量喷雾装置

1—泵 2—过滤器 3—三通阀 4—喷杆与喷头 5—操纵杆 6—压力表 7—药箱

(b)飞机喷粉装置

1—加药口 2—风车 3—药箱 4—输粉器 5—风洞式扩散器

(c)飞机超低容量喷雾装置

1—雾化装置 2—三通阀 3—供液管 4—液泵 5—过滤器 6—药箱 7—压力表 8—流量计

2. 喷粉设备

喷粉设备主要由药箱、输粉器、风洞式扩散器、风车和定量粉门等组成，图 20-1(b)。药箱是和喷雾装置共用的。输粉器安装在药箱内，由风车带动旋转。风洞式扩散器安装在机腹下部，上面与药箱相连，两者结合部位装有粉门开关。作业时，飞行员操纵粉门开关，药箱内的药粉在输粉器旋转下输向粉门开口处，此时，飞行中的高速气流从风洞式扩散器内腔高速穿过，在粉门开口处产生很大的吸力，将药粉吸入扩散器，随气流一起从扩散器后部喷出，并呈扇形扩散开，漂向地面。由于环保原因，飞机喷粉已很少使用，此套装置现主要用作喷撒农药颗粒剂、毒丸及飞播等。

3. 地面支持系统

地面所需的各种各样的设备有时候安装在一辆车上，这样可方便地进行地面转移。有必要准备一个大的农药混合罐(箱)，这样能够在飞机到达之前准备好一个飞机药箱容量的喷液。还需要一个较大的液泵把液体从预备箱泵入飞机药箱，这项工作一般要求在 1 min 或更短的时间内完成。在管路中需要安装一个流量表来记录输入飞机药箱的药量。把农药加入混合箱的装置应该是一个封闭系统，以减少对操作人员的污染。装过农药的容器必须用水或其他液体稀释清洗干净。如果条件允许，给飞机添加农药，或冲洗飞机都应在水泥地上进行，这样可以把冲洗用过的水或其他液体集中起来处理。目前已经有了专用的农药残液处理装置，如清洗装过农药的桶子等的专用工具。

20.2.2　主要工作部件及调整

1. 药箱

药箱可用不锈钢或玻璃钢制成，药箱上有通气阀，以免因药箱中药液的压力变化而影响流量。为便于飞行员检查药液在药箱中的容量，要安装液位指示器，这个容量表一般和系统压力表一起布置在飞行员的驾驶室。药箱一般被安置在靠近飞机重心的地方，这样当喷雾过程中药量减少时，引起的飞机失衡的可能性就会减小。在药箱的下面有一个排放阀，当飞机遇到紧急情况时，打开此阀，要求药箱中的药液必须在 5 s 内放完，不论飞机在天空还在地面，这都是必须要保证的。

药箱加药口有个网篮式过滤器，通过底部装药口可以较迅速而安全地从地面搅拌装置或机动加药车把药液泵入药箱；有时候农药是从药箱上面的开口处加入的，例如颗粒状的农药，但在一般情况下是把农药与基液提前混合好，然后通过一个带有快速接头的软管泵入药箱，这样可以减少对操作者的污染。快速接头在拆下后要尽量减少农药在接头处的残留。农药在运输过程和混合时都要密封好，同样是为了减少对操作者的污染。虽然每个喷头自身都有过滤网，为防止堵塞喷头，液泵输入管仍需安装精细滤网，网孔尺寸取决于喷头类型。一般网孔 50 目适用于大部分喷雾作业，尤其是喷洒可湿性粉剂。

2. 液泵

离心泵被广泛用于飞机喷雾，因为它能够在较低的压力下产生较大的流量。要获得高压，就必须要用其他的液泵，如齿轮泵或转子泵等。飞机上的液泵可以用液力来驱动，也可以由电力驱动，但大多数液泵是由风力来驱动的。电力或液力驱动的液泵有一个优点就是它们能够在地面进行校验。风力驱动的液泵，它所带的螺旋叶片的角度是能够调节的，这样可以在喷雾之前根据风速调节好流量。在液力驱动系统中，液泵连接在飞机的动力输出轴上，液泵把药液从药箱中泵出，使其通过一个压力表，然后再通过一个减压阀，减压阀的压力是可以调节的，操作压力在 10～20 MPa。为使一部分药液回流到药箱进行液力搅拌，要求泵具有足够的流量。一般在靠近泵的进口处装一截止阀，如果需要保养或者更换泵，不需要将装置中药液排空也能把泵拆下来。

3. 过滤器

在飞机喷雾系统中安装过滤器是非常重要的，因为在喷雾过程中，飞行员无法清洁堵塞的喷头。过滤器可以保护液泵，也可以阻止系统中任何地方的沉积物堵塞喷头。不同用途的过滤器的粗细程度区别很大，从药箱到喷头，过滤器的网孔逐级变细。每个喷头都有自己的过滤器保护，并且过滤网孔小于喷头的喷孔。液力喷雾系统一般用 50 目的过滤网，而旋转式雾化器用更细的 100 目过滤网。

4. 喷杆

液力式喷雾装置的喷杆由一些管件组成，上面装有喷头座、喷头和控制阀等，组合起来通常安装在飞机的机翼下方，靠近机翼后缘。大多数情况下，喷杆只到机翼末端 75%的地方，这样可避免翼尖区涡流把雾滴向上带。采用加长的喷杆是为了增加喷幅，专用喷药飞机有时采用符合空气动力学原理特殊设计的喷杆。喷杆采用耐腐蚀材料，可制成圆形管，为了减少阻力亦可制成流线型管，对黏度大的药液，输液管直径可大一些。安装液力喷头的喷杆，喷头一般都是可以单独开关，这样在喷雾过程中可以随时控制流量，并可调整空间雾形。

5. 雾化部件及其调节

飞机喷雾可选的雾化部件主要有液力式喷头、转笼式或转盘式雾化装置。

(1)液力式喷头　有圆锥雾喷头、扇形雾喷头和导流式喷头等。大多数飞机喷药都用液力式喷头，其中选用扇形雾喷头比较好，但空心锥形雾喷头也可以使用，或使用雨滴式喷头。扇形雾喷头要选择 65°～90°喷雾角。运五型飞机以往采用 5

种方孔型喷头，现已逐步被扇形雾喷头替代。喷头安装数量根据单位面积喷药液量而定，在喷杆上安装 40～100 个喷头不等。例如，Y—5B 飞机一般喷液量为 40 L/hm² 以上时安装喷头 80 个，30 L/hm² 时安装喷头 60 个，20 L/hm² 时安装喷头 40 个。喷头安装时应尽量使用同一型号，若混用不同型号喷头时，亦不应超过两种型号。

空中农夫(PL—12)采用两种扇形雾喷头，型号为 8008、8015。8008 型是小雾滴喷头，8015 型是大雾滴喷头，空中农夫型飞机喷头喷液量与喷头数选择参考表 20-2。

表 20-2 空中农夫型飞机喷头喷液量与喷头个数

类型	喷液量(L/hm²)					
	5	10	15	20	25	30
8008 型喷头数(小雾滴)	14	27	41	54	×	×
8015 型喷头数(大雾滴)	×	×	22	29	36	43

注：1. 此表飞行速度为 168 km/h，喷幅 25 m，泵压 2.1×10^5 Pa；
2. ×表示不能采用此喷头。

安装在喷杆上的喷头一般是可调的，通过喷头底座或转动整个喷杆进行调整。特别是当飞机飞行的方向(与风力的关系)影响雾滴大小的时候，调整喷头的位置非常重要，如果安装的喷头指向机尾，则喷出的雾体的速度与飞机滑流的进度相近，在这种情况下所产生的雾滴要比喷头指向机头所产生的雾滴大。因此，控制雾滴大小，一般采用两种办法。一是选用喷头型号；二是改变喷头在喷杆上的角度。一般地，随着喷头向机后偏转，喷头朝向与飞行方向的夹角增大，产生的雾滴将明显增大。如图 20-2 所示，对同一型号喷头，偏角为 180°时(喷头指向机尾)产生大雾滴，135°角产生中雾滴，90°角产生小雾滴，45°角产生细雾滴。

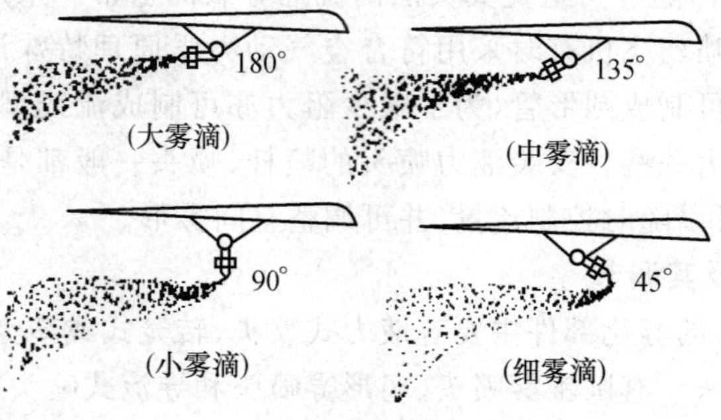

图 20-2 喷头偏角与雾滴细度

由美国生产的CP型喷头为导流式扇形雾喷头(图20-3),是目前许多飞机(如N—5A,GA—200)安装的喷洒设备,特点是单个喷头有3种导流角度可变换和3种流量可调节。导流角度有30°、45°、90° 3种,流量孔有高、中、低3挡,工作压力150～400 kPa,适应飞行速度100～160 km/h。喷液量准确,雾化性能好,耐腐蚀,有防后滴作用。应根据作业项目不同,选择不同型号及不同数量的喷头。

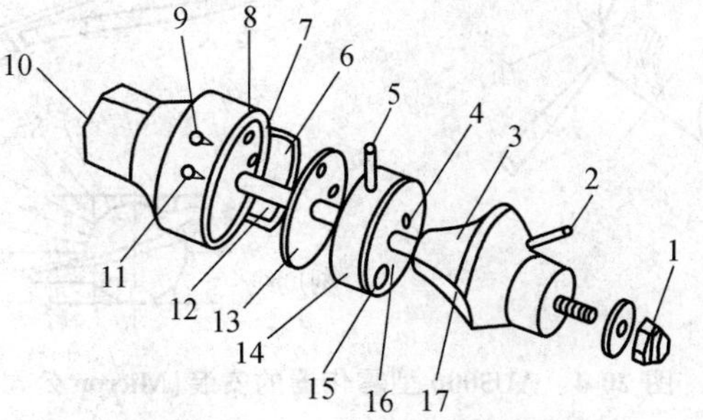

图20-3 CP可调导流式喷头

1—锁紧螺母 2,5—调节柱 3—90°导流面 4—中流量孔 6—右挡块 7—喷头输液孔 8—清洗孔 9—限位点 10—底部 11—喷头顶部位点 12—左挡块 13—密封板 14—调节板 15—大流量孔 16—小流量孔 17—30°导流面

(2)超低容量雾化装置 目前国内外飞机上最通用的是旋转式雾化器,主要有转笼式和转盘式两种,超轻型飞机使用转盘式雾化器。转笼式雾化器通常采用英国Micron公司生产的AU3000和AU5000型两种,中国自行研制的CYD—1型转笼式雾化器由民航徐州设备修造厂生产。AU3000型已在运五B型飞机上使用,空中农夫安装的是更新的AU5000型。雾化器为一个圆柱形(图20-4),外罩是抗腐蚀的合金丝纱笼,纱笼的网目为20目。进口的AU3000型转笼式雾化器装有5个风动桨叶,AU5000型装有3个风动桨叶,靠飞机飞行时的风力吹动桨叶,使其高速旋转,药液被离心力甩到纱网上,分散成微小的雾滴。转笼的转速依靠桨叶安装角度来调节,桨叶的角度大则转速小,形成的雾滴就粗;桨叶的角度小则转速大,形成的雾滴就细。AU3000型转速调幅为 3 000～8 000 r/min,AU5000型的转速范围为1 800～10 000 r/min。因此,调节桨叶角度就能控制雾滴大小,超低容量喷雾常用10°和15°角,低容量喷雾一般以45°角为宜,但在早晚气温低、湿度大时,采用35°或40°角可增加雾滴数量。CYD—1型转笼式雾化器的转速范围为1 800～10 000 r/min,桨叶角度30°～70°可调,单个雾化器的流量范围2.36～49.14 L/min。可以从厂家的产品目录上查到叶片的大小、角度及对应的流量等,以获得合适的雾滴粒径。但这些资料一

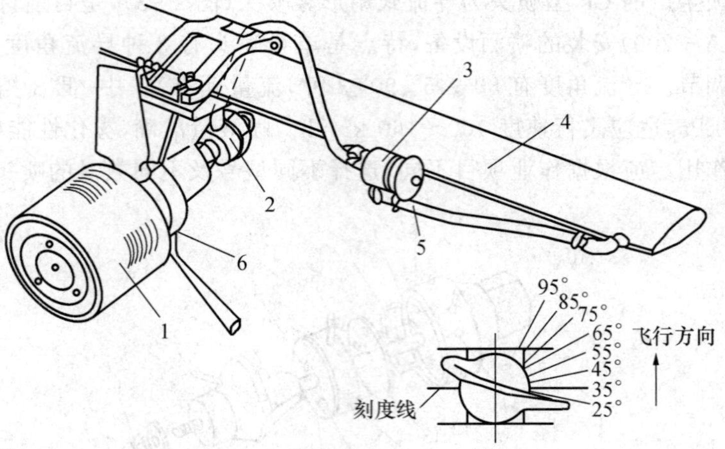

图 20-4　AU5000 型雾化器的安装(Micron 公司)

1—雾化装置　2—膜片式防滴阀　3—可调节流阀　4—流线型喷杆
5—次级输液管　6—扇叶角度调节(图示设定 35°)

般都是基于喷水试验,对于不同的液体要进行校验。

转笼式雾化器的优点是雾滴大小比较容易控制,每架飞机只安装几个雾化器,调节也省时间。雾化器喷头可喷洒苗后除草剂,在整地条件好、土壤水分适宜的地块,也可用来喷洒苗前土壤处理除草剂。

雾化器安装数量由翼展、预定喷幅和所采用的喷头而定。一般 AU3000 型安装 4 个时,其雾滴密度、回收率和分布都较好。AU5000 型一般安装 4～10 个,M—18A 型和 Y—5B 型飞机安装 10 个。喷液量可以通过调整可调节流阀控制,可调节流阀是一个带有系列量孔的孔板,1～7 号用于超低容量喷雾,8～14 号用于常规低容量喷雾。标准孔板具有 1～13 号全部奇数和 2～14 号全部偶数的节流尺寸,并有可换的孔板。AU5000 型的可变节流器孔板仅用 1～13 号的全部奇数,号数越大流量越大,13 号为大流量,0 是关闭位置,不同喷液量应对准不同的孔眼,当喷液量确定之后,就要准确调整到所需要的孔眼。

20.3　影响飞机施药质量的因素

20.3.1　航空喷雾中飞机翼尖的涡流

固定翼飞机翼尖涡流是飞机喷洒作业过程中,机翼下表面的压力比上表面的压力大,空气从机翼下表面绕过翼尖部分向上表面流动而形成的。机翼两股翼尖涡流中心之间的距离是翼展的80%～85%，涡流直径大小占机翼半翼的10%。平飞时两股涡流不是水平的，而是缓缓地向下倾斜，在两股翼尖涡流中心的范围以内，气流向下流动，在两股翼尖涡流中心的范围以外，气流向上流动。因此，飞机翼尖和螺旋桨引起的涡流使雾滴变成不规则分布，尤其涡流使小雾滴不能达到喷洒目标。为避免翼尖涡流影响，一般用低容量和超低容量喷雾时喷杆长度是翼展的70%～80%，喷头安装至少离飞机翼尖1～1.5 m。目前运五B型飞机为加宽喷幅，多装喷头紧靠翼尖，作业时翼尖涡流大，应认真调整。

20.3.2 气象因素的影响

飞机施药时的气象状况影响到雾滴或粉粒的扩散、飘移和沉积，影响的主要因素是风向和风速、上升气流、气温和相对湿度等。

1. 风速风向

风速影响雾滴飘移距离，风向决定雾滴飘移方向，雾滴的飘移距离与风速成正比。

①无风条件下，小雾滴降落非常缓慢，并飘移很远甚至几千米以外，可能造成严重的飘移危害。

②易变化的微风也是不可靠的，有时可能会突然静止下来，有时会变成阵风，从而造成喷洒间距很大的漏喷条带。因此，在这种风中作业要十分谨慎，否则会使喷洒不均匀，出现飘移药害和漏喷条带。

③在稳定风条件下，空中喷洒(撒)作业是最理想的，实际这种风很少见。只要偏风或偏侧风，而不是逆风或顺风飞行，就不会造成飘移危害。

④阵风对喷洒小雾滴影响并不大，这是因为真正的喷幅只是相重叠的多少，它会自动地进行补偿。飞机的喷幅是固定的，而得到的实际喷幅要比飞行喷幅宽，这就克服了两喷幅相接的差异和不均匀。在阵风中喷幅的不均匀大部分会被下一个喷幅所补充。

⑤在强风中喷洒(撒)作业很少出现喷幅相接不均匀现象，因为这种风向不易变化。最适宜的风速为3 m/s。

2. 温湿度与降雨

温湿度和降雨对航空喷洒除草剂影响很大，特别是对于低容量喷雾，相对湿度和温度是主要影响因素。由于蒸发飘失，使许多雾滴特别是小雾滴飘散到空中，不能全部到达防治目标，尤其是以水为载体的药液更容易蒸发飘失。在空气相对湿度60%时，使用低容量喷雾会使回收率更少，在此条件下必须采用大雾滴喷洒或停止施药。降雨可将药液从杂草叶面冲刷掉。因此，作业前要熟读各种苗后除草剂说明书，了解各种除草剂施后与降雨间隔时间，并要了解天气预报，以便决策是否作业。

为了减少除草剂蒸发和飘移损失，空气湿度低于 60%、大气温度超过 35℃、上午 9 时至下午 3 时上升气流大，应停止喷洒作业。

20.3.3 作业参数的影响

为保证作业质量，飞行时须按照必要的技术参数，遵守规程操作。

1. 作业时间

飞机作业需要空中能见度在 2 km 以上，因而一般是在日出前 0.5 h 和日落前 0.5 h 内才能进行，但如条件具备，也可夜间作业。

正确的喷雾时间是最为重要的因素，这不仅与病虫害的生长期有关，气象因素也很重要，特别是在不同的地形条件下，除了由于气流与作物摩擦产生的涡流、温度和风速等的影响外，飞机本身产生的涡流也会影响雾滴在作物上的分布。温度也很重要，因为飞机喷洒的雾滴在空中飞行的时间要长于地面喷雾，在干热的条件下，雾滴的体积将会因蒸发而很快变小。大多数飞机在喷药时要避免一天中最热的时间，因为那时热空气会把小雾滴带走。所以在田间作业时应随时检测温度和湿度的变化，如果太干和太热，就应及时停止作业。选择环境条件的标准当然也取决于所喷洒药液的成分和雾滴的大小。对于水溶液，如果喷量为 20～50 L/hm^2，用 200 μm 的雾滴，当温度超过 36℃或湿球低温超过 8℃时，就应当停止喷药。油基溶液的抗挥发性能好一些，可以在较干燥的气候下喷雾，但对于小雾滴，气温的掌握仍然非常重要，当外界环境影响雾滴附着时就应当停止喷雾。一些计算机模型已经被开发出来，可帮助用户决策什么时候喷雾最为理想。

2. 飞机的高度

如果飞机飞得太高，发生雾滴飘移的现象就比较严重，并有可能在雾滴到达目标之前就被完全蒸发掉。一般建议低量喷洒水基药液时的飞机高度在作物上面 2～3 m，而超低量喷雾时应为 3～4 m，但是在一些有障碍物的地方，为了安全考虑，飞机要飞得高一些。有些飞行员为了使雾滴有较好的穿透性而飞得很低，这除了危险外，也不能形成合理的雾形，而使雾滴的分布不理想。飞机喷洒农药时，雾滴落到地面所形成的幅宽总是不规则的，这与当时的风力、风向和一些其他因素有关。雾滴的分布密度也是中间高，两边低，选择飞机航道时要考虑到两个航行所形成的幅宽要有足够的重叠部分，这样可以减小雾滴分布不均匀的情况。例如，运五 B 型和运十一型飞机喷粉或喷雾时，大田作物为 5～7 m（指距作物顶端的高度），复杂地形或林区为 10～15 m；撒颗粒剂时为 25 m。飞行过高，会使药剂飘移、蒸发和散失；飞行过低会因雾滴或粉粒分散不开而产生“带状”沉积。

3. 喷幅宽度与航道

喷幅宽度因飞机型号而异。欧美等国家的机型小，喷幅较窄。我国运五 B 型飞机和运十一型飞机较大，喷幅较宽，一般喷粉的喷幅宽度为 60～80 m，喷雾为 50～60 m，撒颗粒剂达到 25 m。

如果喷头太靠近机翼末端，喷出去的雾滴会被涡流卷走。喷头也不能离机身太近，喷头间隔不能太大，不然飞机在低空飞行时喷杆下面的雾流在作物上就会形成带状。大多数情况下，喷头的间隔是相等的，但是由于螺旋桨的涡流作用，雾流会偏向飞机的一侧，造成雾滴分布不均匀。在喷雾时飞机的飞行路线要尽可能与风向保持正确的角度，并且飞机在作物上面要有一定的高度，以使雾流在进入作物之前能够较好地分散。

两个航道之间的距离要在地面做出标记，在确定航道间隔时要考虑不同飞机的特点、所用的喷头、飞行高度、气象条件和作物种类等因素。最小的航距一般是让飞机穿过侧风，然后根据两次航行之间喷幅的衔接状况确定。校验幅宽时，根据喷洒液体的性质，可在目标上摆放水敏或油敏试纸。在正确的航道上直线飞行是保证喷雾质量的基本要素，精确的航道引导系统是应用合适剂量的农药、均匀分布、避免出现药害和漏喷的关键因素，同时这也是保证地勤人员安全和飞行员安全的重要因素。

4. 雾滴大小和覆盖密度

雾滴大小的选择取决于所要喷雾的目标。实践证明，一般喷洒苗前除草剂每平方厘米沉积的雾滴不少于 20 个，喷洒苗后除草剂每平方厘米雾滴数不少于 40 个，才能收到好的除草效果。再提高雾滴沉积密度也很少能提高防治的效果。对不同的喷液量都需要沉积密度 20～40 滴/cm^2。因此，喷液量越多雾滴越大，喷液量越少雾滴越小。施药液量和雾滴直径大小的关系见表 20-3。如果所喷的是水基药液，雾滴中的水分会蒸发，使雾滴变小，雾滴会在空气中飘移较之地面喷雾更长的时间才能到达目标，一些很小的雾滴很可能会完全蒸发而变成纯农药粒子，这些粒子将会在上升空气的作用下飘移到离目标很远的地方。喷洒除草剂，一般选用的雾滴都大于 200 μm，但这也并不能完全避免飘失，因为在产生大雾滴的同时也会产生一些小雾滴。

表 20-3 施药液量和雾滴直径大小的关系

施药液量/(L/hm^2)	雾滴直径(VMD)/μm	
	苗前除草剂	苗后除草剂
50	650	550
40	600	450
30	550	400
20	450	350

5. 施药液量

根据民用航空作业标准规定：施药液量大于或等于 30 L/hm^2 为常量喷洒，5～30 L/hm^2 为低容量喷洒，小于或等于 5 L/hm^2 为超低容量喷洒。减少施药液量可以使一次装载的药液喷洒更大的面积，这样不但可以减少装药时间，而且可以降低作业成本。施药液量的大小部分取决于所选雾滴的大小，用 3 L/hm^2 或更少的施药液量就够了。一般地，在作物上（如棉花）20 滴/cm^2 被认为是足够了，但这并不适用于所有的情况。例如，在作物生长后期喷洒除草剂，特别是喷洒杀菌剂就需要更多的雾滴。在大多数情况下，需要较多的雾滴来提高覆盖率，但所需的施药液量也较高。

目前，大多数水基溶液采用低容量喷洒技术，施药液量一般在 20～30 L/hm^2。根据作业项目的不同，施药液量也稍有不同，苗前土壤处理除草剂为 25 L/hm^2，其他农业作业为 20 L/hm^2。超低容量喷洒作业目前主要用于森林灭虫（3 L/hm^2）和草原灭蝗（1.5 L/hm^2）。

喷头的喷量调试工作是航空施药作业中的一项重要工作，调试一般是在空中完成的，在飞机中加入一定数量的清水（一般调试以水为介质），根据作业项目计算每分钟喷量，飞机在空中按作业速率飞行，计算时间。根据事先计算好的时间及喷洒所用的时间来确定喷液量的准确性。

喷头的喷量与航道间隔、总喷量、飞机的飞行速率等因素有关。喷量一般要根据飞机飞行速率、喷幅和施药液量加以调整，其计算公式如下：

$$\text{喷头总喷量(L/min)}=\frac{\text{飞行速率(km/h)}\times\text{喷幅(m)}\times\text{施药液量(L/hm}^2)}{600}$$

计算出喷头喷量后，要按正常的飞行速率进行检验，一般步骤如下。

①在药箱里注入 40～80 L 的水。

②当飞机速率达到实际喷雾速率时，打开喷雾系统进行喷雾，一旦压力开始下降，立即关闭阀门，这样系统中的每个部分就都注满了水。有些飞机，喷雾装置在地面就可以注满水。

③飞机落地后，按照计算的总喷量给药箱加水。

④做完以上程序后，重新起飞，并以实际喷雾速率飞行，打开喷雾阀门开始喷雾，从打开喷雾阀到压力开始下降所经历的时间，如果时间正好是 1 min，则表明一切正常，喷雾准确，然后在阀上做一标记（开关大小的位置），下一步还要用实际农药进行试验。如果喷雾时间少于 1 min，则表明喷量太大，阀门位置需要进一步调整，直到符合要求为止。如果时间长于 1 min，则意味着喷量调得太低，阀门需

要调大一些。如果阀门已经开到最大，则需要换大一些的喷头，并重新调节工作参数，使其符合喷量的要求。

以上进行的流量调试，是在飞机下场作业前所做的工作，虽然调试准确，但在下场后作业前，还要再找一标准地块进行验证，误差部分再进行调整，方可进行作业。

⑤用实际农药再次检验。任何时候飞行员都不能接触农药，也不能帮助搅拌药液和装载农药。对飞行员的任何污染都可能因危害飞行员的健康而引起严重后果。

20.4 航空施药的导航

飞机施药早期采用地面信号旗、荧光色板等人工导航。地势平坦的农牧区视野开阔，以移动信号旗为主。当面积大、田块大小一致时，可利用规整的道路、渠道和防护林带等作为导航信号。

当航道的引导由旗手给出时，这需要地面工作人员与飞行员之间有良好的配合。旗手的每个位置应该沿地块横向测量给出，并做出标记，这样在喷雾开始后旗手可以很快找到下一个位置，而不至于耽误飞行员确定航线。

应该让飞行员明确知道航道的位置，旗手的第一个位置应该是在地块横向第一个喷幅一半的地方，并且第一个航道应该在下风向一侧。一旦飞机上了正确的航道，旗手应该立即移到下一个位置。一个训练有素的旗手应该总是面向飞机，并站在上风向的位置，以避免农药的污染。后续的航道应该逐渐移向上风方向。这样飞机就不会进入上一航线喷出的雾流中，造成污染。为了防止万一出现的污染情况，飞行员要有防毒设备。旗手应该带有说明喷雾作业注意事项和出现意外时处理办法的卡片，以应付各种可能出现的意外情况。

目前，全球卫星定位系统(GPS)已经开始用于导航喷洒农药，这个导航系统有一个专用的计算机，可以通过卫星提供的数据精确给出飞行员的位置，并记录下每一个航道的方位。如果应用地面辅助系统的话，定位精度还能进一步提高，特别是对起伏不平的地面，效果更加明显。虽然这种系统的初始投资较高，但它能够大幅度地减少地勤人员，并可改善航道定位精度和提高安全性。

20.5 农用型无人驾驶直升机及低空施药技术

20.5.1 概述

农用型无人驾驶直升机不需要飞行员驾驶，风险小；不需要飞机跑道，田间地头即可起降，机动灵活，适用于中小地块的田间作业。选择轻型无人直升机用于农、林业生产及病虫害防治，特别是低空遥感技术可做到早期监测、早期防治。低空喷洒农药，机动性强，作业成本低、速度快、效果好，而且可以大大提高工作效率，减少农药对人员的危害和对环境的污染。适合特定地区的农业生产情况，如以种植中小块、梯田、坡田的水稻，高秆甘蔗、玉米等作物，需要轻小型无人直升机这样高度机械化的航空施药技术。但农用型无人直升机一般有效载荷比较小，续航能力差，作业期间需频繁起降，一般需配置 2～3 个专业化机组轮流起降作业，进一步提高作业效率。

日本农业以水稻生产为主，种植面积超过 170 万 hm^2；农业经营规模相对较小，常规的大型地面施药技术装备难以适应。1990 年，日本山叶公司率先推出世界第一架主要用于喷洒农药的无人机。无人驾驶的农用轻型直升机因其外形尺寸小、重量轻、操控灵活、农药喷洒效果好、作业效率高等优点，近年来在日本发展迅猛，主要用于水稻、麦类、大豆、栗子、柑橘、甘蔗、芦笋、甜菜、玉米及蔬菜等的病虫草害防除或播种等。截至 2009 年年底，日本登记在册的农用无人驾驶直升机保有量达 2 341 架；用于农林业方面的无人直升机，仅 YAMAHA—RMAX 系列就有 1 200 多架(图 20-5，彩图-20)，取得执照的操作人员 13 722 人，防治面积达 93 万多 hm^2，已经超过了有人驾驶农用直升机的防治面积。

图 20-5　日本农用无人直升机田间作业

据韩国农业无人机协会统计，从 2003 年拥有无人机 1 台，培养操作人员 3 名，作业面积 250 hm^2，至 2011 年，拥有无人机 113 台，作业面积达到 7 万 hm^2，预计到 2015 年，无人机数量达到 500 台，培养操作员 1 500 名，作业面积将达到 35 万 hm^2。

美国农业多以大面积农场为主，农用飞机以作业效率较高的有人驾驶固定冀飞机为主，目前拥有农用飞机 20 多个品种 9 000 多架(13%为农用直升机)，占世界总拥有量的 28%，65%的农业化学处理是由飞机承担。美国农业航空协会正展开有关无人机在航空喷洒方面开展专项研究。

我国农用型无人驾驶直升机发展处于初级阶段；我国 20 世纪 50 年代就已经开展航空施药技术的研究和应用，主要以在大面积的森林、垦区和农场进行载人机农业航空喷洒作业为主；目前部分民营公司和无人机研制院所在相关课题和演示项目中进行了低空施药可行性探索。如珠海银通航空器材有限公司、广西田园生化股份有限公司与中航工业自控所等投入巨资开发了具有完全自主知识产权的农林植保无人机系列，开展试验示范。中国农业大学、农业部南京农业机械化研究所等进行了不同区域的无人直升机施药技术研究。

20.5.2 农用型无人直升机的系统组成

无人直升机依据其动力配置及任务载荷，可分为微型/小型、轻型/中型、重型/大型，有军用、民用、农用之分。农用型无人直升机以轻便灵巧为主要特点，结构组成除飞机平台外，还主要包括机上系统和地面系统。飞机平台包括发动机动力传动结构、旋翼头结构、尾传动结构、发动机、机身结构件和起落架等(图 20-6，彩图-21)。

1. 机上系统

机上系统包括动力、控制与航电、测控系统、农用任务设备等。

(1)动力　有电动机(电源)用于微型/小型无人直升机；两冲程内燃机用于小型机；四冲程以上内燃机用于轻型/中型机；涡轴发动机用于大型/重型机。农用型无人直升机常规采用的是二冲程/四冲程/三角转子内燃机动力。

(2)机体布局　农用型无人直升机，通常采用单旋翼带尾桨或共轴双旋翼式布局，农用载荷便于在机身及起落架附近挂载，靠近重心附近，对气动和动力学特性的影响较小。如日本 RAMX TYPE Ⅱ的单旋翼带尾桨布局。

(3)控制与航电

机载电源——包括电池或发电机。

(a) 中国农业大学研制的无人机带施药系统平台

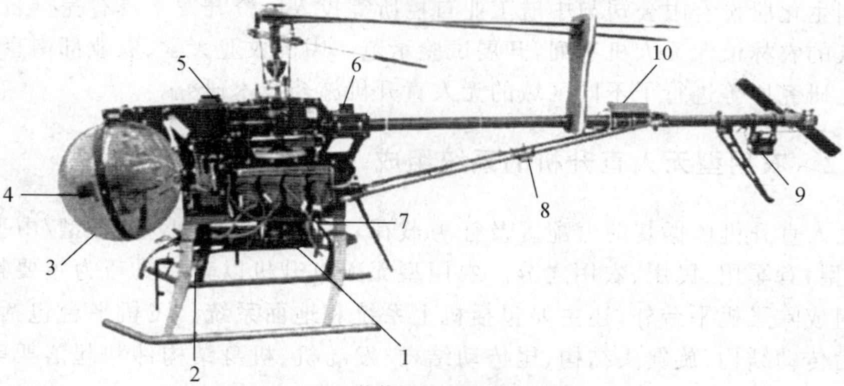

(b) 装载摄录系统的无人机

图 20-6 电动无人直升机及系统主要组成实物图(a)和示意图(b)

1—IMU(包含三轴传感器三轴加速器气压高度计) 2—图像传输设备 3—二轴云台 4—摄像头 5—无刷马达 6—陀螺仪 7—电池电源 8—LED 指示灯 9—无刷舵机 10—GPS(包含指南针)

飞控计算机——计算处理单元、传感器模块、机上数据链模块。

测量传感——如发动机参数,姿态角及角速率测量,位置与高度测量,速度测量,自检测量。

伺服执行——伺服舵机,开关量。

航电系统——有分布式和集成式,分布式:部件多,系统复杂,军用。集成式:集成化程度高,系统简单,民用、农用型。

(4)测控系统

商用数传——农用型：带监测数据，商用数字图传系统。

专用链路——专用图传，扩频宽带，卫星通信系统。

(5)农用任务设备 农药喷洒设备，如药液箱、液泵、喷头等；种子、肥料、播撒、害虫天敌播撒设备等。图 20-7(彩图-22)为常见的机载药液喷洒系统组成。

(6)遥感探测 如摄像头，用于农情监测，灾害评估，施药效果评估等。

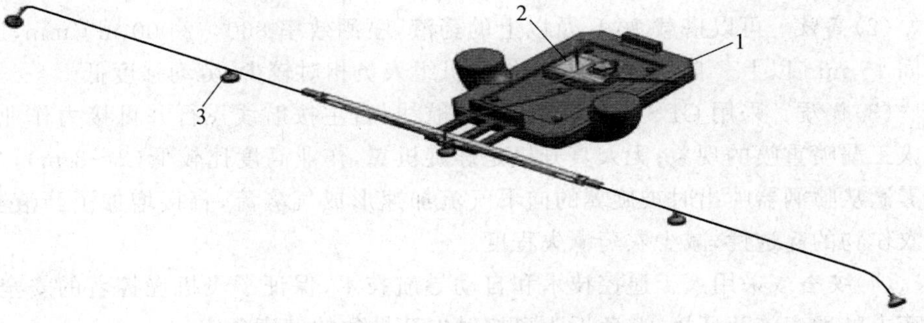

图 20-7 无人直升机施药系统主要组成

1—药液箱 2—液泵 3—喷杆及喷头

2. 地面系统

包括控制终端和辅助设备。

(1)控制终端 地面站系统：控/显设备、DGPS 基站、数据链地面部分等。有车载式和便携式，车载式：单车系统，多车系统，军用或专用。便携式：如人工遥控设备、手持标地设备。

(2)辅助设备 常规无人机系统的辅助设备包括检测设备、地面供电设备、储运装置、载荷信息收集与处理设备和地面组网通信设备等。

农用型的辅助设备主要实现飞行信息监控和航路规划功能。采用 Android 平台移动终端，利用其内置的 GPS 地图功能进行田块的航线规划，使用蓝牙功能与飞控计算机进行数据交互。辅助 PDA 设备用于飞行信息监控，航路规划。

(3)农用型无人直升机的关键技术 航路规划和调整。包括航电采集：采集田块外形及作业幅宽；自动航线规划：自动解算并生成飞行航线；航点修正：由于 GPS 点具有时间漂移特性(在一定的作业时间内可以保证相对的作业精度)，根据基准点的偏差进行所有航点及航线的自动调整。

3. 农用型无人直升机施药技术

无人直升机具有多种应用功能，如航拍、监测、救灾、防疫、种植、农药喷洒等，农药喷洒可用于水稻、甘蔗、玉米、棉花、小麦等农作物及林业病虫害防治。如果采用无人直升机进行超低容量施药，具有显著的优点。

(1)全能　空中飞行，特别适合小地块及地面设备无法行走的水稻、中后期的玉米和甘蔗等作物，以及森林病虫害防治，具有直升机的高效作业性能和良好喷洒效果。

(2)高效　可以搭载 10 L 及以上的药液，喷洒效率 860～2 000 m^2/min，巡航时间 15 min 以上。自动化程度高，作业机组人员相对较少，劳动强度低。

(3)优质　采用 GPS 导航，自动规划航线，自主按航线飞行并可接力作业，减少人工漏喷重喷的现象；无人直升机是螺旋机翼，作业高度比较低(2～3 m)，当药液雾滴从喷洒器喷出时被旋翼的向下气流加速形成气雾流，直接增加了药液雾滴对农作物的穿透性，减少农药飘失程度。

(4)安全　采用人工遥控技术和自动导航技术，保证了飞机操控者的安全性；施药人员远离施药环境，避免近距离接触农药导致的健康危害。

(5)节水　实验表明，使用超低容量液剂、热雾剂及超低容量静电制剂等，每 667 m^2 施药仅 200～500 mL(兑水)，用药量少，每亩(667 m^2)节省农药 30%～40%，而且喷洒均匀度是人工喷洒的 3～5 倍，减少农药残留量。

(6)便利　无人机机体重量轻，转运方便。垂直起降，对场地基本无要求，可在田间地头起降，可实现自主起降、自主悬停，减少人为误操作风险，特别适用于中国土地集中度不高的国情。

可以预见农用型无人直升机在我国具有巨大的市场发展空间，但无人直升机的专业理论复杂，远不及固定翼飞机成熟，还有许多直升机的关键技术需要攻克，如低技能要求的操做功能开发，超低空飞行控制，航路规划和调整，高精度航线控制，低成本高可靠性航电系统等。

农用型无人直升机在施药应用中，目前遇到的限制因素主要有：购机成本和专业化操作要求较高，需要政策扶持和良好的市场运作模式；小型无人直升机有效载荷比较小，电动动力续航能力差，作业期间需频繁起降；需要研制配套的低空低量喷雾制剂及进行施药技术研究，制定防治规范标准和监督管理等。

图 20-8 为小型无人直升机农药喷洒作业流程图示例。

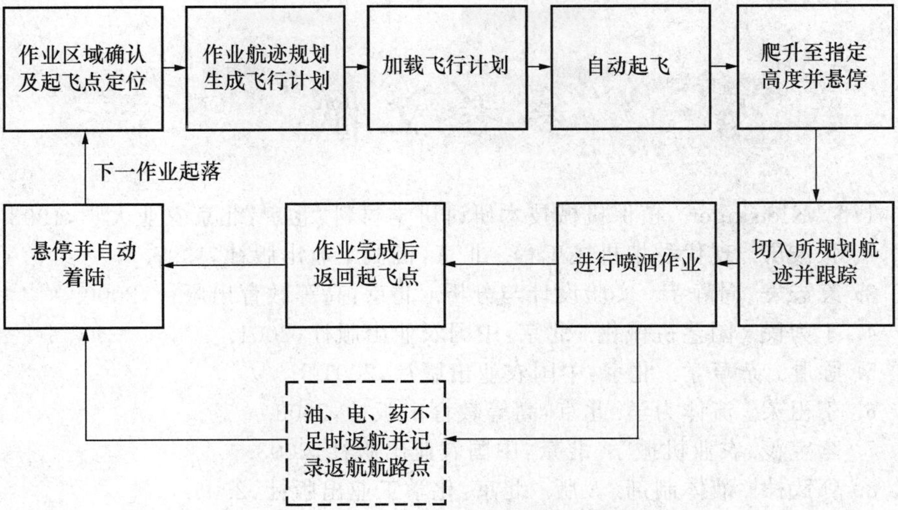

图 20-8 小型无人直升机农药喷洒作业流程图

参考文献

1. S. Kleisinger. 植保机械技术研讨讲学材料. 北京:北京农业大学,1993.

2. 张波屏. 现代种植机械工程. 北京:机械工业出版社,1997.

3. 袁志发,周静芋. 实验设计与分析. 北京:高等教育出版社,2000.

4. 丁为民. 园艺机械化. 北京:中国农业出版社,2001.

5. 强胜. 杂草学. 北京:中国农业出版社,2001.

6. 丁祖荣. 流体力学. 北京:高等教育出版社,2003.

7. 李宝筏. 农业机械学. 北京:中国农业出版社,2003.

8. 郭武棣. 液体制剂. 3 版. 北京:化学工业出版社,2003.

9. 傅泽田,祁力钧. 农药喷施技术的优化. 北京:中国农业科学技术出版社,2003.

10. 颜肖慈,罗明道. 界面化学. 北京:化学工业出版社,2004.

11. 沈钟,赵振国. 胶体与表面化学. 第 3 版. 北京:化学工业出版社,2004.

12. 何雄奎,刘亚佳. 农业机械化. 北京:化学工业出版社,2006.

13. 屠豫钦,李秉礼. 农药应用工艺学导论. 北京:化学工业出版社,2006.

14. 陈英旭. 农业环境保护. 北京:化学工业出版社,2007.

15. 徐映明,朱文达. 农药问答精编. 北京:化学工业出版社,2008.

16. P J Gullan,P S Cranston. 昆虫学概论. 3 版. 北京:中国农业大学出版社,2009.

17. 关成宏. 绿色农业植保技术. 北京:中国农业出版社,2010.

18. 梁帝允,邵振润. 农药科学安全使用培训指南. 北京:中国农业科学技术出版社,2011.

19. 袁会珠. 农药使用技术指南. 2 版. 北京:化学工业出版社,2011.

20. 农业部种植业管理司,全国农技推广服务中心. 农作物病虫害专业化统防统治手册. 北京:中国农业出版社,2012.

21. 何雄奎. 高效施药技术与机具. 北京:中国农业大学出版社,2012.

22. G A Mathews. Pesticide Application Methods. Blackwell Science,2000.

23. Hunt,Donnell. Farm Power and Machinery Management. Ames: Iowa State University Press,2001.

24. H Ohkawa,H Miyagawa,P W Lee. Pesticide Chemistry. Crop Protection, Public Health, Environmental Safety,2006.